普通高等教育"十三五"规划教材暨智能制造领域人才培养规划教材

机器人技术基础

主　编　黄俊杰　张元良　闫勇刚
副主编　张业明　代　军　朱文亮
　　　　李艳琴　绳　飘

华中科技大学出版社
中国·武汉

内 容 提 要

本书主要介绍机器人技术的内涵和技术体系、本体结构、运动学分析、动力学分析、感知系统、控制系统、运动规划、语言与编程、应用及发展趋势等内容。本书可供高等学校机械电子工程、机械设计制造及其自动化、测控技术与仪器、自动化控制和计算机应用等专业作为本科生和研究生专业课程的教材，同时也可为从事机器人制造业研究的科研人员提供参考。

图书在版编目(CIP)数据

机器人技术基础/黄俊杰，张元良，闫勇刚主编．—武汉：华中科技大学出版社，2018.8(2023.2 重印)
普通高等教育“十三五”规划教材暨智能制造领域人才培养规划教材
ISBN 978-7-5680-4148-5

Ⅰ．①机…　Ⅱ．①黄…　②张…　③闫…　Ⅲ．①机器人技术-高等学校-教材　Ⅳ．①TP24

中国版本图书馆 CIP 数据核字(2018)第 191354 号

机器人技术基础　　黄俊杰　张元良　闫勇刚　主编
Jiqiren Jishu Jichu

策划编辑：汪　富
责任编辑：吴　晗
封面设计：刘　婷
责任监印：周治超
出版发行：华中科技大学出版社(中国·武汉)　　电话：(027)81321913
武汉市东湖新技术开发区华工科技园　　邮编：430223
录　　排：华中科技大学惠友文印中心
印　　刷：武汉市首壹印务有限公司
开　　本：787mm×1092mm　1/16
印　　张：14.75
字　　数：362 千字
版　　次：2023 年 2 月第 1 版第 3 次印刷
定　　价：45.00 元

前　言

21 世纪是一个科技引领世界的世纪，而在广泛的科学领域，机器人的发展总是引人注目的。上到空间机器人，下至水下探险机器人，遍及工业、农业、服务业等诸多领域，随着行业间的深度融合，机器人应用范围将不断得到拓展。

机器人的研发、制造、应用是衡量一个国家科技创新和高端制造业水平的重要标志。要大力围绕汽车、机械、国防军工等工业机器人、特种机器人，医疗健康、教育娱乐等服务机器人应用需求，积极研发新产品，促进机器人标准化、模块化发展，扩大市场应用。

青年一代，特别是在校的本科生和研究生，是实现科技强国的主力军。机器人技术的相关课程实质上是培养人才并迎接未来挑战的强有力武器。机器人技术涉及力学、机械、电子、控制技术与自动化、传感与检测等学科，是一门跨学科的综合技术，本书旨在较系统地介绍串联和并联机器人本体结构、运动及动力分析、控制以及发展趋势等基础知识，能够作为机械电子工程、机械设计制造及其自动化、测控技术与仪器、自动化控制和计算机应用等专业本科生教材，也适合这些专业研究生中的初学者使用。

全书共分九章。第 1 章介绍机器人的发展、分类与基本参数，结合学科和科技的发展探讨了机器人的发展趋势；第 2 章介绍串联、并联和移动机器人的本体结构，给出结构设计要点和常用的结构形式，并分析典型的结构原理和特点，重点分析了常用的传动机构，介绍机器人的定位、消隙等关键技术；第 3 章讨论机器人坐标系及其位姿在坐标系内的描述，齐次坐标及其变换，D-H 表示法，正向运动学和逆向运动学；第 4 章分析机器人的速度和速度雅克比矩阵，介绍拉格朗日方法和牛顿-欧拉方法两种常用的动力学分析方法，对 Stewart 并联机器人进行了动力学分析；第 5 章讨论机器人内部和外部传感器的类型、工作原理及技术，多传感器信息融合技术及应用实例；第 6 章介绍机器人控制系统，包括电动机驱动的系统动力学建模，单关节位置控制、多关节位置控制，四种基于位置控制的力控制方式，力/位混合控制，神经网络 PID 控制和滑模变结构控制；第 7 章讨论在关节空间和笛卡儿空间运动的轨迹规划和轨迹生成方法，插补方式的分类、插补算法，移动机器人的全局规划方法和局部规划方法；第 8 章阐述机器人编程要求、编程语言系统与功能，常用编程语言，示教编程、离线编程的组成与特点；第 9 章结合最新的行业动态介绍常用机器人的类型和应用情况，以及未来发展趋势及特点。

本书是编者在积累多年的教学、科研实践的基础上编写而成的。本书由河南理工大学黄俊杰、闫勇刚、张业明、代军、李艳琴、绳飘，淮南工学院张元良、朱文亮编写，其中第 1 章、第 3 章和第 8 章由黄俊杰和绳飘编写，第 2 章、第 4 章和第 9 章由代军、李艳琴编写，第 5 章由闫勇刚编写，第 6 章由张业明编写，第 7 章由张元良、朱文亮编写。本书的编写得到了河南省教研教改重点项目(2017SJLX039)的资助。

机器人是一门常更常新的技术，许多问题有待进一步探讨，也有待继续发展，加上编者的水平和时间有限，本书的疏漏和不当之处在所难免，恳切希望读者不吝指正，不胜感激。

编　者

2018 年 4 月

目 录

第1章 绪 论

21世纪是一个科技引领世界的世纪，科技的快速发展使得各领域不断涌现新的发现，取得新的成就，而在广泛的科学领域中，机器人的发展总是非常引人注目的。上到空间机器人，下至水下探险机器人，遍及工业、农业、服务业等诸多领域，机器人技术的发展已经成为衡量国家高科技发展水平的重要标志。机器人的发展、研究和应用深刻影响着工业制造模式的变革以及人类文明的发展。随着科学技术水平的提高和时代的进步，机器人将向着智能化、柔性化及与人类社会更加融合的方向发展。

1.1 机器人发展及定义

1.1.1 机器人发展简史

1. 机器人的由来与起源

自古以来，有不少科学家和杰出工匠制造出了具有人类特点或具有动物特征的机器人雏形，以代替人来完成各种各样的工作，体现了人类长期以来以机器代替人的一种愿望。

早在西周时期，我国的能工巧匠偃师就研制出了能歌善舞的机器人，这是我国最早记载的机器人。春秋后期，我国著名的木匠鲁班曾制造过一只能在空中飞行"三日而不下"的木鸟。东汉时期，著名科学家张衡发明了地动仪、计里鼓车和指南车，这些发明都是具有机器人构想的装置。三国时期，蜀国丞相诸葛亮制造了"木牛流马"，用来运送粮草，并利用其中的机关"牛舌头"巧胜司马懿，被后人传为佳话。"木牛流马"虽已失传，但其明显具有机器人的功能和结构。

第一次工业革命后，随着各种自动机器、动力机械的问世，制造机器人开始由梦想转入现实，机械式控制的机器人——各种精致的玩具和工艺品便应运而生。

1662年日本的竹田近江利用钟表技术发明了自动机器玩偶。1738年法国天才技师杰克·戴·瓦克逊发明的机器鸭，不仅会叫、喝水和游泳，还会进食和排泄。1768—1774年间瑞士钟表匠罗斯父子三人设计制造了三个像真人一样大小的写字偶人、绘图偶人和弹琴偶人，这三个偶人是由弹簧驱动和凸轮控制的自动机器，至今还保存在瑞士纳切特尔市艺术和历史博物馆。1770年美国科学家发明一种报时鸟，每到整点，该鸟的翅膀、头和喙就会运动，靠活塞压缩空气而发出叫声，报时鸟由主弹簧驱动齿轮转动，带动凸轮转动，从而实现翅膀和头的驱动。1893年加拿大的摩尔设计制造了以蒸汽为动力的能行走机器偶人"安德罗丁"。这些事例标志着人类制造机器人从梦想到现实前进了一大步。

1920 年捷克作家卡雷尔·卡佩克(Karel Capek)在其剧本 *Rossum's Universal Robots*(《罗萨姆的万能机器人》)中把具有人的外表、特征和功能的机器人描写成能充当劳力代替人类劳动。根据剧中 Robota(捷克文,原意为“劳役、苦工”)和 Robotnik(波兰文,原意为“工人”)而创造出“Robot(机器人)”一词。

1942 年著名科普作家艾萨克·阿西莫夫(Isaac Asimov)在科幻小说《流浪者》中提出了机器人学(Robotics)一词,预测了机器人所涉及的科学领域及其存在的问题。

1950 年 Asimov 在小说《我是机器人》中,提出了有名的“机器人三原则”:

(1) 机器人必须不危害人类,也不能眼看着人类受害而袖手旁观;

(2) 机器人必须绝对服从人类,除非这种服从有害于人类;

(3) 机器人必须保护自身不受伤害,除非为了保护人类或者人类命令它做出牺牲。

上述三条原则给机器人赋以新的伦理观,至今仍被研究人员、研制厂家和用户共同遵守。

20 世纪 40 年代中后期,机器人的研究与发明得到了更多国家和学者的关注。第二次世界大战期间,美国橡树岭国家实验室为搬运放射性材料研制出了连杆结构的遥控主从式操作器,如图 1-1 所示。该系统为主从式控制系统,系统中加入力反馈,使操作员可感觉到从机械手与环境之间产生的力。主从式机械手系统的出现为机器人的产生及近代机器人的设计与制造奠定了基础。1949 年由于研制新型飞机对零件加工的需求,美国空军发起了对数控铣床的研制,并于 1953 年由麻省理工学院研制出将伺服技术与数字技术相结合的数控铣床。

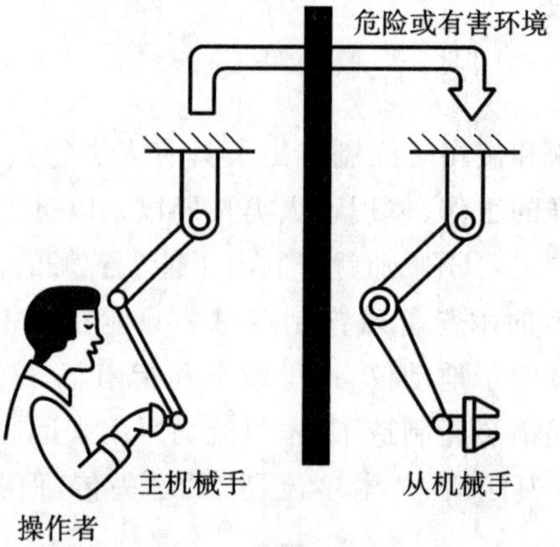

图 1-1　遥控主从式操作器

2. 机器人的发展和现状

1954 年美国的戴沃尔(George Devol)提出机器人不一定要像人的样子,但要能做人的工作,并具体描述了如何建造能由人控制的机械手。依据这一想法,他于 1961 年研制了世界上第一台采用伺服控制技术的工业机器人——一台将遥控操作器的连杆机构与数控技术结合的装置。借助伺服技术控制机器人的关节,利用人手对机器人进行动作示教,机器人能实现动作的记录和再现,现有的机器人几乎都采用这种控制方式。1958 年,被誉为“工业机器人之父”的 Joseph Engelberger 创建了世界上第一个机器人公司——Unimation,他还参与设计了第一台 Unimate 机器人,如图 1-2 所示为一台用于压铸的五轴液压驱动的 Unimate 机器人,手臂的运动由计算机控制完成。

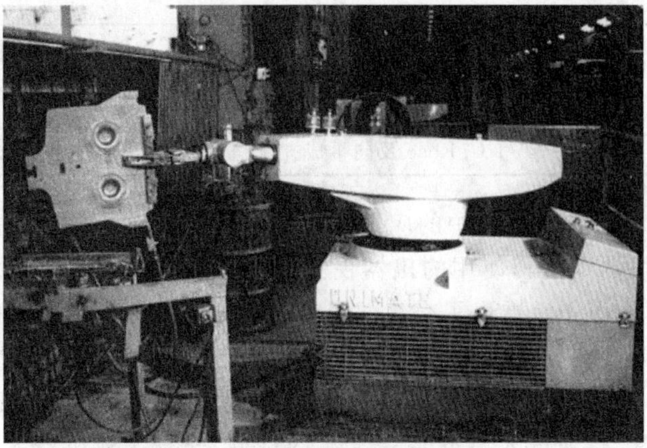

图 1-2 Unimate 机器人

20 世纪 60 年代，工业机器人进入成长期，机器人开始向实用化方向发展，被用于焊接和喷涂作业。1967 年，日本的川崎重工与 Unimation 公司谈判，购买了机器人专利。70 年代，出现了更多的机器人商品，机器人进入实用化时代，日本成为"机器人王国"。1969 年，机器人出现了不寻常的新发展，美国通用电气公司研制了试验性步行车，同年和次年分别研制出了"波士顿"机械手和"斯坦福"机械手等。1974 年 Cincinnati Milacron 推出了第一台计算机控制的工业机器人，可举起质量为 100 lb(1 lb≈0.45 kg)的物体，能够跟踪装配线上的工件。

20 世纪 60 年代和 70 年代是机器人发展最快、最好的时期，这期间的各项研究发明有效地推动了机器人技术的发展和推广。这一时期发生的推动机器人技术发展的事件如表 1-1 所示。

表 1-1 机器人技术发展编年表

年份	领域	与机器人发展有关的事件
1961	技术	有传感器的机械手 MH-1，由 Emst 在麻省理工学院发明
1961	工业	Versatran 圆柱坐标机器人商业化
1965	理论	L. C. Roberts 将齐次变换矩阵应用于机器人
1968	技术	斯坦福研究院发明带视觉的计算机控制的行走机器人 Shakey
1969	技术	V. C. Sheinman 及其助手发明斯坦福臂
1969	理论	用于行走机器人导向的机器人视觉在斯坦福研究院展开
1970	技术	发明出带视觉的机器人
1971	工业	日本工业机器人协会(JIRA)成立
1972	理论	Paul 用 D-H 矩阵计算轨迹
1972	理论	D. E. Whiney 发明操作机的协调控制方式
1975	工业	美国机器人研究院成立
1975	工业	Unimation 公司发布其第一次利润

续表

年份	领域	与机器人发展有关的事件
1976	技术	在斯坦福研究院完成用机器人的编程装配
1978	工业	C. Rose 及同事成立了机器人智能公司，生产了第一个商业视觉系统

20 世纪 80 年代机器人在工业中的应用开始普及，高性能机器人所占比例不断增加，尤其是各种装配机器人、机器人配套使用的机器视觉技术和装置正在迅速发展。1985 年前后，日本 FANUC 和 GMF 公司先后推出了交流伺服驱动的工业机器人产品。此时日本工业机器人进入鼎盛时期，日本开始在各个领域使用机器人，极大地缓解了国内劳动力短缺的现象。

20 世纪 80 年代后期，传统工业机器人市场趋于饱和，许多厂家被兼并或倒闭，国际机器人学研究和全球机器人行业进入萧条期。直到 1995 年，全球工业机器人市场才开始复苏。90 年代后期，丹麦乐高公司推出了机器人套件，让机器人制造像搭积木一样相对简单又能任意拼装，使机器人开始进入个人世界；2002 年丹麦 iRobot 公司推出了吸尘器机器人 Roomba，它能避开障碍，自行设计路线，自动驶向充电器完成充电，为目前销量最大、最商业化的家用机器人。

我国的机器人研究较晚，约为 20 世纪 70 年代末 80 年代初才开始研究。2012 年点焊机器人和弧焊机器人等四种新型工业机器人在哈尔滨研制成功，标志着我国已掌握了第一代工业机器人的生产技术，新的机器人产业已经在我国诞生。2017 年《机器人商业评论》公布了 2016 年全球最具影响力 50 家机器人企业，我国的沈阳新松机器人自动化股份有限公司、深圳市大疆创新科技有限公司等名列其中。同时在国家多项科技计划的资助下，精密装配机器人、仿生机器人、特种机器人和微型机器人等的研制及其关键技术与世界先进水平的差距进一步缩小。

进入 21 世纪后，全球机器人技术与产业步入新的阶段。第三代机器人涌现，人工智能、仿生、柔性材料等技术被更加广泛地应用。同时工业机器人产业发展速度加快，年增长率达到了 30%左右。

国际数据公司(IDC)预测，在全球机器人区域分布中，亚太市场处于绝对领先地位，预计其 2020 年支出将达 1330 亿美元，全球占比达 71%；欧洲、中东和非洲为第二大市场；美洲是第三大市场。近年来，我国各地发展机器人积极性较高，行业应用快速推广，市场规模明显增速。2017 年，我国机器人市场规模达到 62.8 亿美元，2020 年预计超过 100 亿美元。

2017 年国产机器人应用范围持续增加，已服务于国民经济 37 个行业大类 102 个行业中类，工业机器人继汽车制造和电子信息行业后，正深度融入制造业，在家居、化工、食品、制药等行业取得应用；服务机器人、特种机器人大量用于医疗康复、抢险救援等专业场景，并可提供情感娱乐、家庭陪护等服务。

机器人技术的发展推动了机器人学的建立，许多国家成立了机器人协会，美国、日本、英国、瑞典等国家设立了机器人学学位。随着机器人学的发展，相关的国际学术交流活动也日趋增多，目前最有影响的国际会议是 IEEE 每年举行的机器人学及自动化国际会议，此外还有国际工业机器人会议(ISIR)和国际工业机器人技术会议(CITR)等。

当前，世界正掀起新一轮科技革命和产业革命，在大数据、云计算、认知科学和人工智能等科技的深度融合下，机器人不断进入新行业并形成新的发展形态，而且智能化的发展方向日益突出。

1.1.2 机器人的定义

机器人是机构学、控制论、电子和信息技术等现代科学综合应用的产物，虽问世将近百年，目前更是被广泛应用，且越来越受重视，但至今还没有机器人统一的定义，原因之一是机器人仍在发展，新的机型和功能等不断涌现。不同国家、不同研究领域的学者给出的定义不尽相同，为了规范技术、开发机器人的工作能力、比较不同国家和公司的成果，其定义的基本原则大体一致，但之间仍有较大差别。

关于机器人的定义，国际上主要有如下几种。

1. 英国牛津字典定义

机器人是“貌似人的自动机，具有智力和顺从于人类的但不具有人格的机器”。这一定义并不完全准确，因为还不存在与人类相似的机器人在运行，这是一种理想的机器人。

2. 美国机器人协会(RIA)的定义

机器人是“一种用于移动各种材料、零件、工具或专用装置的，通过可编程序动作来执行任务，并具有编程能力的多功能机械手”。这一定义较实用，偏向工业机器人。美国国家标准局(NBS，现更名为国家标准和技术研究所(NIST))的定义为：机器人是一种自动的、位置可控的、具有编程能力的多功能机械手，这种机械手具有几个轴，能够借助可编程序操作来处理各种材料、零件、工具和专用装置，以执行种种任务。

3. 日本工业机器人协会(JIRA)的定义

工业机器人是：一种装备有记忆装置和末端执行器，能够转动并通过自动完成各种移动来代替人类劳动的通用机械。或分两种定义：

①工业机器人是一种能够执行与人的上肢类似动作的多功能机器。

②智能机器人是一种具有感觉和识别能力，能够控制自身行为的机器。

4. 联合国标准化组织(ISO)的定义

机器人为：一种可编程和多功能的操作机；或是为了执行不同的任务而具有可用电脑改变和可编程动作的专门系统。

5. 我国对机器人的定义

《中国大百科全书》对机器人的定义：能灵活地完成特定的操作和运行任务，并可以再编程序的多功能操作器。而对机械手的定义为：一种模拟人手操作的自动机械，它可以按固定的程序抓取、搬运物件或操持工具完成某种特定操作。

我国科学家对机器人的定义：机器人是一种自动化的机器，具备一些与人或生物相似的智能能力，如感知能力、规划能力、动作能力和协同能力，是一种具有高度灵活性的自动化机器。

一般来说，可将机器人定义为由程序控制，具有人或生物的某些功能，可替代人进行工作的机器。

这里所定义的机器人主要指具备传感器、智能控制系统、驱动系统等要素的机械。随着数字化的进展、云计算等网络平台的充实和人工智能技术的进步，一些机器人能通过独立的智能控制系统驱动，联网访问现实世界的各种物体或人类。下一代机器人将会涵盖更广泛的概念。

1.2 机器人的组成与分类

1.2.1 机器人的组成

一般来说，作为一个系统，机器人由三个部分六个子系统组成，如图 1-3 所示。这三部分是机械部分、传感部分、控制部分；六个子系统是驱动系统、机械系统、感知系统、控制系统、机器人-环境交互系统和人机交互系统。

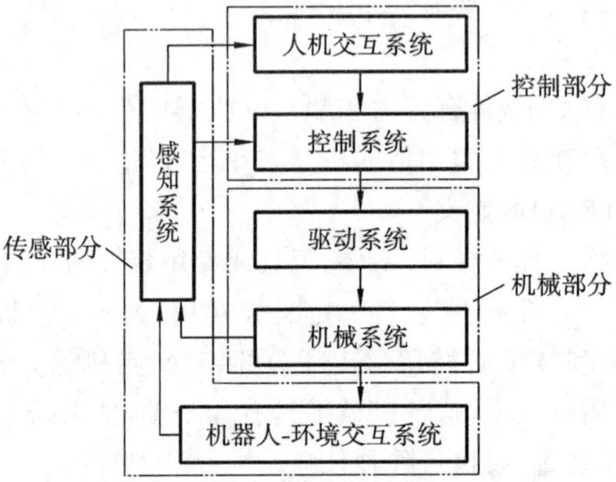

图 1-3 机器人的基本组成

1. 机械部分

机械部分为机器人的本体部分，也称为被控对象，这部分可分为两个子系统。

1）机械系统

机械系统又称操作机或执行机构系统，由一系列连杆、关节或其他形式的运动副组成。工业机器人的机械系统由机身、手臂、末端执行器三大件组成，每一大件都有若干自由度，从而构成一个多自由度的机械系统。

2）驱动系统

驱动系统主要指驱动机械系统的装置。根据驱动源的不同，驱动系统可分为电力、液压、气动系统三种以及把它们结合起来应用的综合系统。驱动系统可与机械系统直接相连，也可通过同步带、链条、齿轮、减速器等传动部件与机械系统间接相连。

伴随着科技发展，出现了按新的工作原理制造的新型驱动器，如压电驱动器、静电驱动器、人工肌肉及光驱动器等。

2. 控制部分

控制部分相当于机器人的大脑，可直接或通过人工对机器人的动作进行控制，控制部分也分为两个子系统。

1）控制系统

控制系统根据机器人的作业指令程序以及从传感器反馈回来的信号，支配机器人的执行机构完成规定的动作。工业机器人被控输出端和控制输入端不具备信息反馈系统或装置的称为开环控制系统；否则称为闭环控制系统。

根据运动的形式，控制可分为点位控制和轨迹控制。点位控制中，控制的运动是空间点到点之间的运动，在作业过程中只设定和控制几个特定工作点的位置，不需对点与点之间的运动过程进行控制；轨迹控制中，控制的运动轨迹可以是空间的任意连续曲线，机器人在空间的整个运动过程都处于控制之中，且能同时控制两个以上的运动轴，这对焊接和喷涂作业是十分有利的。

2）人机交互系统

人机交互系统是使操作人员参与机器人控制并与机器人进行联系的装置，如计算机的标准终端、信息显示板及危险信号报警器等。简单地说，此系统具备两大功能，即指令给定功能和信息显示功能。

3. 传感部分

传感部分好比人类的五官，为机器人工作提供感知，使机器人的工作过程更加精准。这部分主要可分为两个子系统。

1）感知系统

感知系统由内部传感器模块和外部传感器模块组成，用以获得内部和外部环境状态中有意义的信息。内部传感器主要是用来检测机器人本身状态的传感器，如位置传感器、角度传感器等；外部传感器主要是用来检测机器人所处环境及状况的传感器，如力传感器、距离传感器等。智能传感器是传感器与微处理机相结合的系统，具有采集、处理、交换信息的能力，它的使用提高了机器人的机动性、适应性和智能化水平。

2）机器人-环境交互系统

该系统是实现机器人与外部环境中的设备之间相互联系和协调的系统。工业机器人与外部设备可集成为一个功能单元如加工制造单元、装配单元、焊接单元等，多台机器人、多台机床或设备和多个零件存储装置等也可以集成为一个执行复杂任务的功能单元。

1.2.2 机器人的分类

机器人按照其功能、结构、驱动方式等分成多种类型，目前国内外尚无统一的分类标准。参考国内外有关资料和发展现状，对机器人的分类进行探讨如下。

1. 按应用环境不同分类

国际上将机器人分为工业机器人和服务机器人两大类。

工业机器人是集先进技术于一体的现代制造业的自动化装备，主要用于完成工业生产过程中的某些作业。依据具体应用目的的不同，常常以其主要用途命名，如焊接机器人、装配机器人、搬运机器人和码垛机器人等。

服务机器人是机器人家族中的年轻成员，通常通过在一个移动平台上安装一只或几只手臂构成，代替或协助人完成为人类提供服务和安全保障的各种工作，又分为专业领域服务机器人如医用机器人（如图 1-4 所示的达·芬奇手术机器人）、物流用机器人（见图 1-5）和个人/家庭服务机器人（如图 1-6 所示的智能扫地机器人）、残障辅助机器人（见图 1-7）等。

中国的机器人专家从应用环境出发将机器人分为工业机器人和特种机器人两大类。所谓

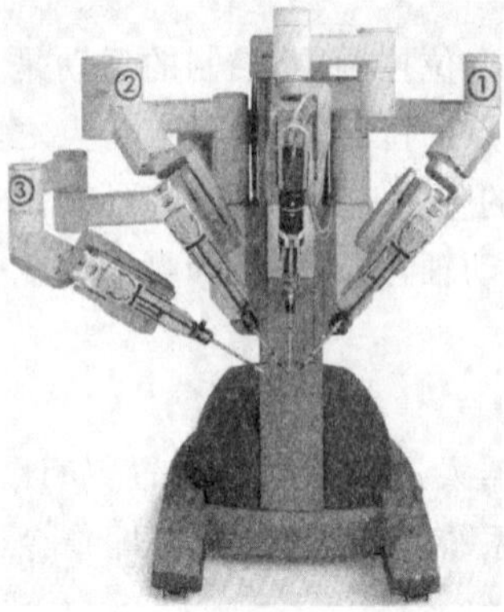

图 1-4　达·芬奇手术机器人

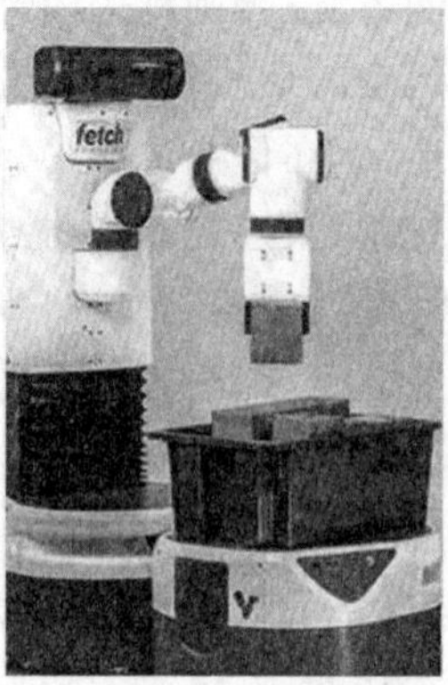

图 1-5　Transwheel 机器人(物流用机器人)

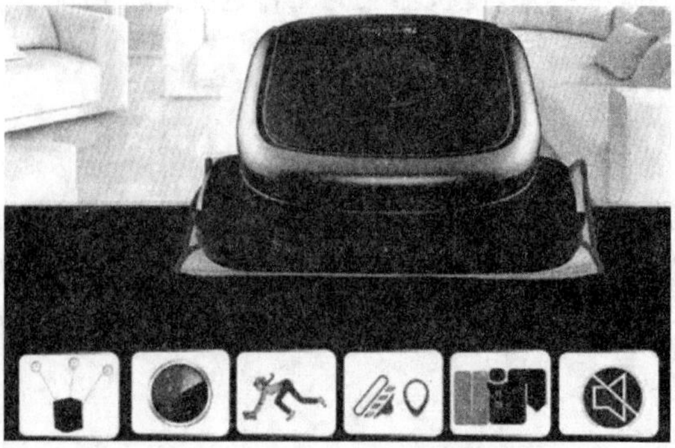

图 1-6　JoJo 智能扫地机器人

图 1-7　外骨骼康复机器人

工业机器人就是面向工业领域的多关节机械手或多自由度机器人；而特种机器人则是用于非制造业并服务于人类的各种先进机器人。这与国际上机器人分类基本一致。

2. 按机器人的技术发展水平分类

按照从低级到高级的发展水平，机器人可分为第一代机器人、第二代机器人和第三代机器人。

1）第一代机器人

第一代机器人指只能以示教再现方式工作的工业机器人，称为示教再现型机器人。这类机器人按照人类预先示教的轨迹、行为、顺序和速度重复作业，比较普遍的方式是通过控制面板示教，即操作人员利用控制面板上的开关或键盘控制机器人一步一步地运动，机器人自动记录下每一步，然后重复。目前在工业现场应用的机器人大多采用这一方式。

2）第二代机器人

第二代机器人带有一些环境感知的装置，通过反馈控制，能在一定程度上适应变化的环境。以焊接机器人为例，在机器人焊接的过程中，一般由操作人员通过示教方式给出机器人的运动曲线，机器人携带焊枪按此曲线运动进行焊接，这要求工件的一致性好，即工件被焊接的位置必须十分准确，否则机器人行走的曲线和工件上的实际焊缝位置将产生偏差。第二代机器人采用焊缝跟踪技术，在机器人末端加上一传感器，通过传感器感知焊缝的位置，进行反馈控制，机器人自动跟踪焊缝，从而对示教的位置进行修正。即使实际焊缝相对于原始设定的位置有变化，机器人仍然可以很好地完成焊接工作。

3）第三代机器人

第三代机器人是智能机器人，它带有多种传感器，具备多种感知功能，能知道自身的状态（如所处的位置、自身的故障情况等），且可通过装在身上或者工作环境中的传感器感知外部的状态如自动发现路况、测出与协作机器的相对位置及相互作用力等。更为重要的是根据获取的信息进行复杂的逻辑推理、判断及决策，在变化的内部状态和外部环境中能自主决定自身的行为。

这类机器人具有高度的适应性和自治能力，经过多年来的不懈努力，已出现了各具特点的试验装置和大量的新方法、新思想，目前还处于研究阶段，该类机器人和技术是今后发展的方向。

3. 按机器人的结构形式分类

按结构形式机器人可分为关节型机器人和非关节型机器人两大类。其中根据关节型机器人的机械本体是否封闭又可分为串联机器人（或称机械臂，见图 1-8）、并联机器人（见图 1-9）和混联机器人（见图 1-10）。串联机器人的机械本体为若干关节和连杆串联组成的开链机构，其控制简单，运动空间大，但存在累积误差等；并联机器人的机械本体为若干关节和连杆首尾相连的闭式链机构，其刚度大，精度高，但运动空间小等；混联机器人是开式链机构和闭式链机构并存的混合机构，混联机器人兼具串联和并联机器人的优点。

图 1-8　ABB IBR 6620 机械臂

图 1-9　ABB IRB360 并联机器人

图 1-10　Sprint Z3 主轴头

4. 按机器人的运动坐标形式分类

通常关节机器人依据运动坐标形式的不同分为直角坐标型、圆柱坐标型、球坐标型以及关节坐标型。

1）直角坐标型机器人

这一类机器人末端空间位置的改变是通过沿三个互相垂直的轴移动，即沿 X 轴的纵向移动、沿 Y 轴的横向移动及沿 Z 轴的升降运动（见图 1-11）来实现的。此形式机器人的位置精度高、控制无耦合、简单，避障性好，但体积庞大，动作范围小，灵活性差。

2）圆柱坐标型机器人

这类机器人通过两个移动和一个转动实现末端空间位置的改变，Versatran 机器人是该型机器人的典型代表(见图 1-12)。该机器人的运动由沿垂直于立柱平面的伸缩和沿立柱方向的升降两个直线运动及绕立柱的转动复合而成。圆柱坐标型机器人的位置精度仅次于直角坐标型的，控制简单，避障性好，但结构也较庞杂。

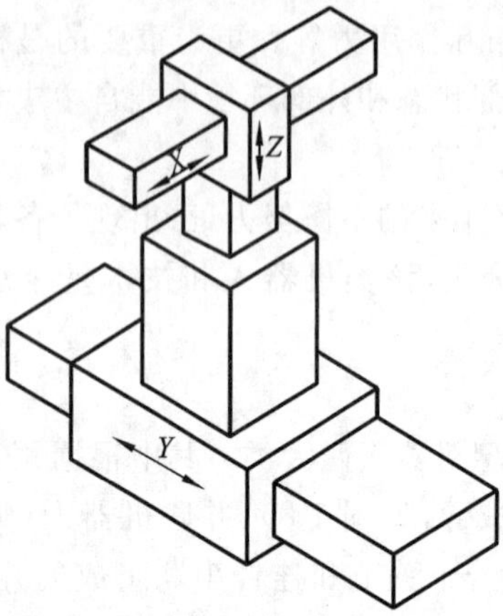

图 1-11　直角坐标型机器人

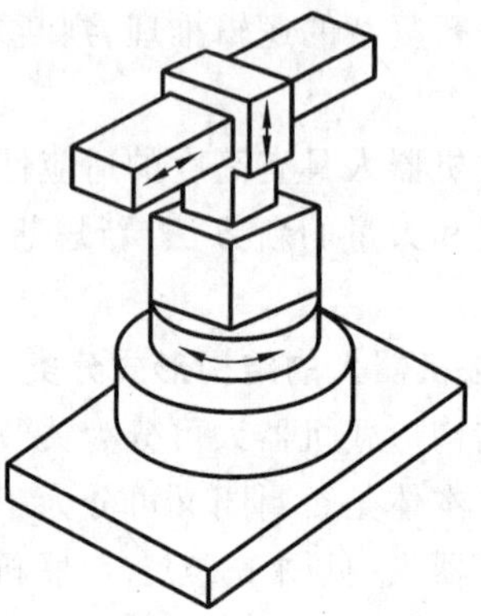

图 1-12　Versatran 机器人

3）球坐标型机器人

这类机器人的运动由一个直线运动和两个转动所组成，即沿 X 轴的伸缩、绕 Y 轴的俯仰和绕 Z 轴的回转，如图 1-13 所示。Unimate 机器人是其典型代表，这类机器人占地面积较小，结构紧凑，位置精度尚可，质量较小，但避障性差，存在平衡问题，位置误差与臂长有关。

4）关节坐标型机器人

这类机器人主要由立柱、前臂和后臂组成，如图 1-14 所示。PUMA、ABB 机器人是其代表，其运动由前臂、后臂的俯仰及立柱的回转构成。其结构最紧凑，灵活性好，占地面积最小，工作空间最大，避障性好，但位置精度较差，存在平衡和控制耦合问题，故较复杂。这类机器人目前应用最为广泛。

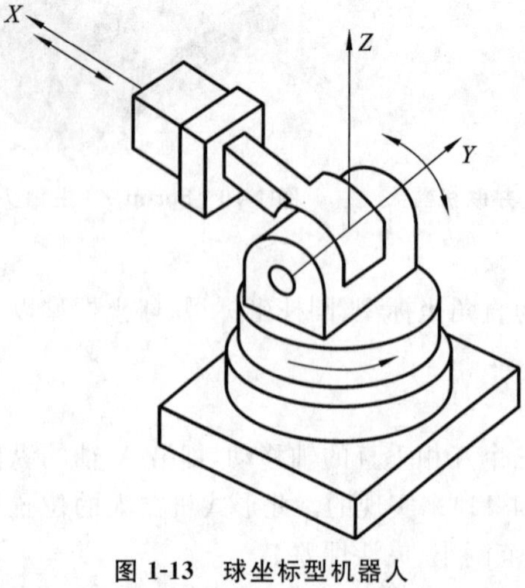

图 1-13　球坐标型机器人

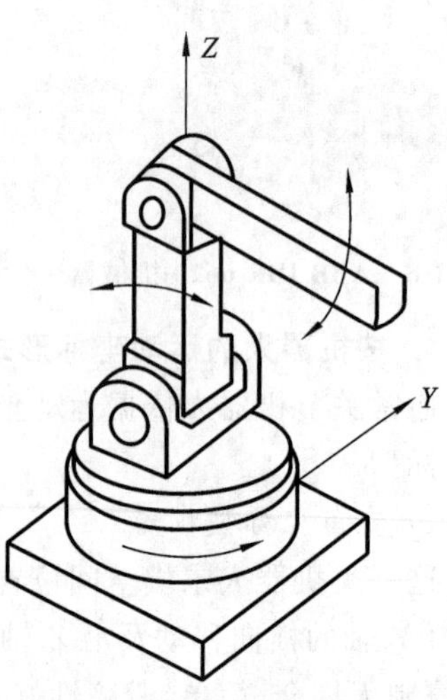

图 1-14　关节坐标型机器人

1.3 机器人的技术参数

1.3.1 机器人的主要技术参数

机器人的技术参数反映了机器人可胜任的工作、具有的最高操作性能等情况，是选择、设计和应用机器人时所必须考虑的内容。机器人的主要技术参数包括自由度、精度、工作范围、最大工作速度和承载能力等。

1. 自由度

自由度是指机器人所具有的独立运动坐标轴运动的数目，一般不包括末端执行器的开合自由度。在三维空间中表述一个物体的位置和姿态（简称位姿）需要 6 个自由度。但是，工业机器人的自由度是根据其用途而设计的，可能小于 6 个也可能大于 6 个自由度。例如，日本日立公司生产的 A4020 装配机器人有 4 个自由度，可在印制电路板上插接电子元器件。

从运动学的观点出发，完成某一特定作业时具有多余自由度的机器人称为冗余机器人或冗余度机器人。PUMA 700 型机器人执行印制电路板上接插电子器件作业时就成为冗余度机器人，冗余的自由度可增加机器人的灵活性，便于机器人躲避障碍物和改善其动力性能。人的手臂（大臂、小臂、手腕）共有 7 个自由度，手臂从一个构型移动到另一个构型时保持末端机构始终不动，可实现回避障碍物，从不同的方向到达同一个位置，则工作时更灵活。

2. 精度

定位精度和重复定位精度是机器人的两个精度指标。

定位精度是指机器人手部实际到达位置与目标位置之间的差异，用反复多次测试的定位结果的代表点与指定位置之间的距离来表示。

重复定位精度是指机器人重复定位手部于同一目标位置的能力，以实际位置值的分散程度来表示。重复定位精度是精度的统计数据，任何一台机器人，即使在同一环境、程序等条件下，每一次动作到达的位置也不可能完全一致。如北京科技大学机器人研究所的测试结果为：在 20 mm/s、200 mm/s 的速度下分别重复 10 次，其重复定位精度为±0.04 mm，即所有的动作位置停止点均在中心的左右 0.04 mm 范围之内，如图 1-15 所示。

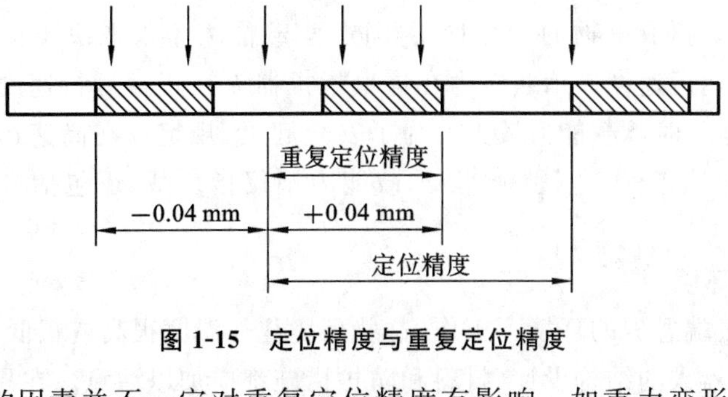

图 1-15　定位精度与重复定位精度

引起定位误差的因素并不一定对重复定位精度有影响。如重力变形对定位精度影响较大，但对重复定位精度没有影响，故常用重复定位精度作为衡量示教-再现工业机器人水平的重要指标。

3. 工作空间

工作空间是指机器人运动时手臂末端或手腕中心所能到达的所有点的集合，也称为工作区域，一般是指不安装末端执行器的工作区域或范围。工作空间的大小不仅与机器人各连杆的尺寸有关，并且与它的总体构型有关。

工作空间的形状和大小是十分重要的，机器人在执行某作业时可能会因为手部无法到达作业死区而不能完成任务，如图 1-16 所示为 ABB IRB1410 型机器人的工作范围。

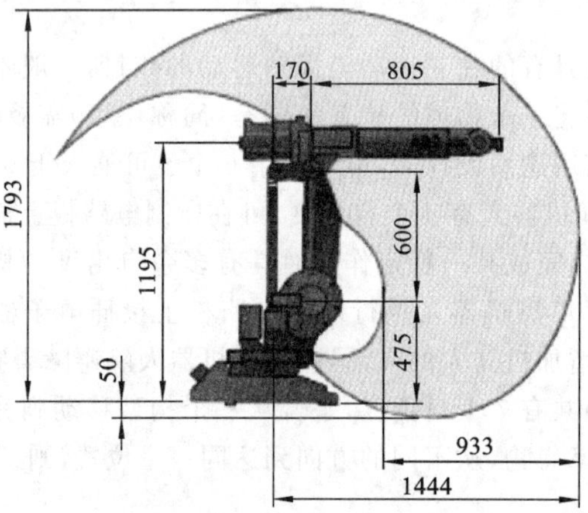

图 1-16　ABB IRB1410 机械臂的工作范围

4. 最大工作速度

不同厂家对最大工作速度的定义亦有不同，有的厂家指工业机器人自由度上最大的稳定速度，有的厂家指手臂最大合成速度，通常欧洲的厂家对比技术参数中有说明。工作速度越高，工作效率就越高。但是工作速度高则需要花费更多的时间去升速或降速，或对工业机器人最大加速度变化率及最大减速度变化率的要求更高。但过大的加、减速会使惯性力增加，影响工作的平稳性和定位精度。另外在不同的运行速度之下，应综合考虑机器人的负载能力和稳定性。

5. 承载能力

各类机器人搬运、抓取重物的能力均不相同，承载能力不仅取决于构件尺寸和原动机容量，还取决于机器人运行速度。承载能力在这里指机器人在正常运行速度下所容许抓取的物体质量。一般低速运行时承载能力较大。为了安全起见，规定以在高速运行时所能抓取物体的质量作为承载能力的指标。特别强调，承载能力不仅指负载，还包括机器人末端执行器的质量。

6. 机器人运行环境

机器人能够在极端恶劣的环境下工作，这些环境往往温度很高或很低，具有高气压、潮湿、腐蚀性等，因而对机器人的结构设计、材料和防护措施都应加以注意。在易燃和易爆环境中对机器人的设计和驱动方式都有特殊要求，如鉴于防火和防爆，喷漆机器人大多采用液压驱动。

1.3.2 ABB IRB1600-6/1.2 技术参数

ABB IRB1600-6/1.2 工业机器人应用于弧焊、压铸、装配、物料搬运、包装等，其技术参数如表 1-2 所示。

表 1-2 ABB IRB1600-6/1.2 机器人的技术参数

	机械结构	垂直多关节型
	自由度数	6
	载荷/到达距离	6 kg/1.2 m
	重复定位精度	0.02 mm
	本体质量	250 kg
	总高	1069.5 mm
	机器人底座	484 mm×648 mm
	安装方式	落地式、壁挂式、倒置式、倾斜式
	防护等级	IP54、IP67
	电源电压/功耗	200～600 V,50～60 Hz/0.58 kW
轴号	最大运动范围/(°)	最大速度/(°/s)
轴 1	－180～＋180	150
轴 2	－63～＋136	160
轴 3	－235～＋55	170
轴 4	－200～＋200	320
轴 5	－115～＋115	400
轴 6	－400～＋400	460
环境	操作期间温度	5 ℃～45 ℃
	储运期间温度	－25 ℃～55 ℃
	短期(最多 24 h)温度	达 70 ℃
	相对湿度	恒温下最高为 95%
	安全性	双回路监控、紧急停机和安全功能

1.4 机器人的发展趋势

1.4.1 发展趋势

机器人研究包括基础研究和应用领域研究两方面内容，主要为机器人机构学、运动学与动力学分析、传感与控制技术、智能算法与优化、计算机接口与系统、机器人装配、机器人语言和机器人适应性等。在不同技术和学科的交叉和融合下，机器人发展趋势体现在以下方面。

1. 软硬融合

机器人的轨迹规划、数字化车间布局、自动化搬运和上料、机器人间的协作等都需要软、硬件相结合，只开发硬件还不够，还需要大量的软件人员来进行软件方面的开发，而机器人软件则更为重要。因此，从长远来看，发展智能机器人，研发人员既要懂机械，又要会信息技术，尤其是机器人的控制技术。

2. 虚实融合

在计算机技术和仿真软件快速发展的今天，通过大量仿真、虚拟现实等方式把实际的运动过程或轨迹进行模拟和重建，这是发展趋势之一。比如在数字车间的机器人应用中，通过大量仿真、虚拟现实等方式把车间实际加工过程展现出来，一方面更直观地控制此过程，另一方面也让整个自动化生产过程更加透明和高效。

3. 人机融合

人和机器人在未来会变得更加密不可分。目前来看，人和机器二者之间的关联度还不大，高效地关联机器和人，机器人便是最好的表现形式，人、机器及机器人三者有效互动，才能加强工作过程中的协作，三者有机融合将是未来发展的主要趋势之一。

1.4.2 发展特点和涵盖内容

根据机器人的三大发展趋势，总结其具体发展特点和涵盖内容如下。

1. 从串联机器人到串并混联机器人

早期的机器人以串联居多，随着机器人研究的深入和市场需求的变化，并联的机器人因响应快、误差小等得到快速发展和应用。串并混联机器人兼具并联机构的刚度大和串联机构工作空间大等优点，这也是机构学研究的重点，同时也为进一步研究和应用机器人指明了方向。

2. 从刚体机器人到柔体机器人

刚体机器人由于关节尺寸太大，难以在狭小空间内完成作业。而柔性是工业机器人的关键性特点，通过柔体可提高机器人末端或本体的可达性和灵活性，如：美国斯坦福大学模仿葡萄藤生长，发明了新型的柔体机器人；哈佛大学研发了一款章鱼形状的全柔体机器人“Octobot”；浙江大学研发了“电子鱼”柔体机器人等。可达性也是柔体机器人最大的优点，比如在航空构建上加工深孔，采用常规方法无法加工，而用柔体机器人则可较方便解决可达性和灵活性的难题。

3. 从单机器人作业到多机器人协同工作

单机器人在制造空间、功能的分布性、任务的并行性和任务作业的容错性等方面存在局限性，比如构建数字化、智能化车间，特别是大尺度的焊接装备，灵活性、可靠性、负载能力等都需要多机器人来协同工作。

4. 机器人技术与物联网技术相结合

通过物联网的连接属性和人工智能技术，工业机器人具备感知能力，开始具有视觉、触觉，甚至味觉，能够采集生产过程中的各种数据，并对这些数据进行实时分析；通过物联网的网络化信息传递和人工智能分析决策功能，工业机器人被赋予了初级的“智力”，将生产过程中的人、物、数据流进行集成整合，完成大部分需要人来完成的工作。

5. 机器人技术与虚拟现实相结合

在虚拟环境中通过人机交互来完成机器人虚拟示教编程，具有直观简便的特点，可减少对真实机器人的依赖度，从而降低生产成本，提高生产效率，进一步消除安全隐患。基于多传感器、多媒体和虚拟现实以及临场感技术，能实现机器人的虚拟遥操作和人机交互式遥控。

6. 机器人技术与模式识别技术结合

模式识别用于机器人的检测非常有效，能检查机器人末端运动状态与轨迹、加工零件质量瑕疵以及技术条件等，这也将是未来机器人技术需要重视的。

7. 机器人技术与人工智能相结合

机器人通过固定的指令，来替代人工完成作业，而人工智能时代，机器人像是被赋予了一个“大脑”，能独立进行思考和学习。故人工智能赋予了机器人思考的能力，而机器人为人工智能的外在表现。随着时代的进步，两者相互促进，使得未来机器人更加智能化。

本章小结

本章首先系统地阐述了机器人发展概况，给出了不同国家和组织的机器人定义；其次分析了机器人的组成并对机器人的分类进行了探讨；接着讨论了机器人的技术参数，并给出了ABB IRB1600-6/1.2 的主要技术参数；最后结合学科和科技的发展探讨了机器人的发展趋势。

习　　题

1. 简述机器人的基本组成及各部分之间的关系。

2. 简述机器人技术参数，包括自由度、工作空间、重复定位精度、最大工作速度、承载能力的含义。

3. 什么是冗余度机器人？

4. 机器人按机械结构形式和运动坐标进行分类可分为哪几类？

5. 题图 1-1 所示为二自由度平面关节型机械臂，图中 $L_1=2L_2$，关节的转角范围是 $0°\leqslant\theta_1\leqslant180°$，$-90°\leqslant\theta_2\leqslant180°$，画出该机械手的工作范围（画图时可设 $L_2=3$ cm）。

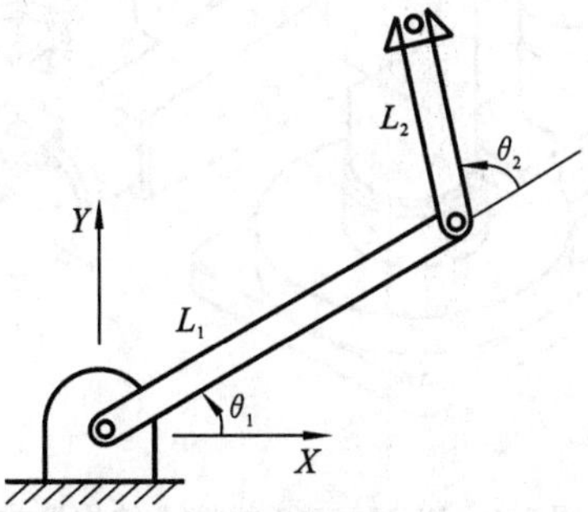

题图 1-1

6. 从机器人发展趋势谈谈你对其中某一方面的理解。

第2章　机器人的本体结构

本章主要介绍常见机器人的本体结构。机器人本体结构指其机体结构和机械传动系统，也是机器人的支承基础和执行机构。同时，所有的计算、分析和编程最终都要通过本体的运动和动作来体现，所以，它是机器人的重要组成部分。本章以串联、并联和移动机器人为主要对象，阐述机器人本体组成和典型结构。

2.1　串联机器人的结构

串联机器人可以定义为将串联机构作为操作臂机构的机器人。串联机器人的组成一般可分为三大部分，即机械系统、控制系统和驱动系统。机械系统的功能是实现机器人的运动机能，完成规定的各种操作。机械系统主要包括机座、臂部（大臂和小臂）、手腕和末端执行器四部分。

图 2-1 所示的 PUMA-262 机器人是由美国 Unimation 公司制造的直流伺服电动机驱动的六自由度关节型机器人。其中立柱可以垂直回转，称作腰关节，内部安装腰关节的回转轴及其轴承、轴承座等。大臂与小臂的结构很类似，它们的回转轴分别称作肩关节和肘关节。

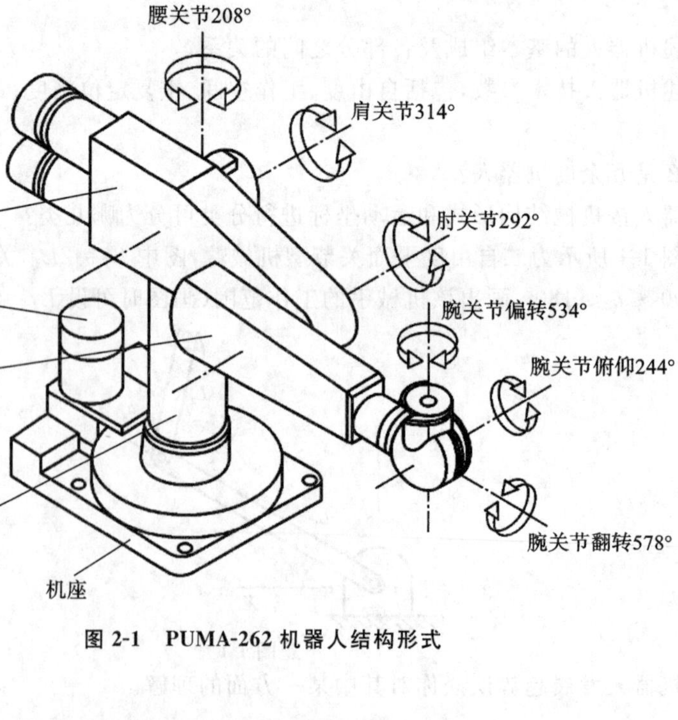

图 2-1　PUMA-262 机器人结构形式

2.1.1 机座

机座是机器人的基础部分，起支承作用，可分为固定式和行走式两种，一般的工业机器人为固定式。固定式机器人的机座直接连接在地面上，既是机器人的安装和固定部分，也是机器人的驱动系统，还是电线电缆、油管气管的输入连接部分。

以 PUMA 机器人机座的传动机构（见图 2-2）为例，机座的回转运动，是经齿轮 1、3、4、5 组成的两级减速齿轮组，由伺服电动机 6 驱动实现的。

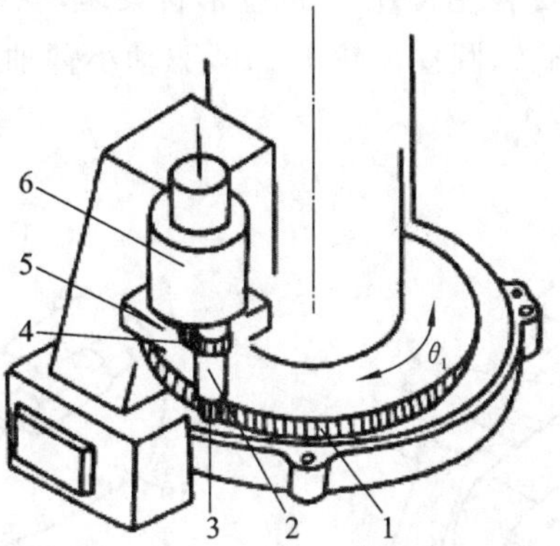

图 2-2　PUMA 机器人机座传动机构

1,3,4,5—齿轮；2—偏心套；6—伺服电动机

2.1.2 臂部

臂部是机器人执行机构中的重要部件，它的作用是支承手部和腕部，将抓取的工件运送到指定的位置上。臂部结构一般包括手臂的伸缩、回转、俯仰和升降等运动机构以及与其有关的构件，如传动机构、驱动装置、导向定位装置、支承连接件和位置检测元件等。因此，它不仅仅承受被抓取工件的质量，而且承受末端执行器和手腕的质量。工业机器人的臂部一般与控制系统和驱动系统一起安装在机座上。

手臂的结构、工作范围、臂力和定位精度都直接影响机器人的工作性能，所以臂部的结构形式必须根据机器人的运动形式、动作自由度、运动精度等因素来确定。同时，机器人手臂设计时还要考虑手臂的受力情况、油气缸及导向装置的布置、内部管路与手腕的连接形式等因素。

1. 臂部的设计要求

(1) 刚度要求高。为防止臂部在运动过程中产生过大的变形，要合理选择手臂截面形状，常用空心钢管做臂杆及导向杆，用工字钢和槽钢做支承板。

(2) 导向性要好。为防止手臂在直线运动中沿着运动轴线发生相对转动，一般设计方形、花键等形式的臂杆。

(3) 质量要轻。机器人手臂在携带工具或抓取工件并进行作业或搬运的过程中，所受动、静载荷以及被夹持物体及手部、腕部等机构的质量均作用在手臂上，所以设计时尽可能结构紧凑，质量小，这对提高臂部的动作精度和运动速度很重要。所以，一般选用高强度轻质材料。

(4) 精度要高。臂部的运动速度越高，惯性力引起的冲击就越大，造成运动不平稳，定位精度也不高。因此要求结构紧凑，具有缓冲措施和定位装置来提高定位精度。

2. 臂部的典型结构

以如图 2-3 所示 PUMA 机器人为例，其大臂和小臂是用高强度铝合金材料制成的薄壁框形结构。该机器人采用齿轮传动，传动刚度较大。驱动大臂的传动机构如图 2-3(a)所示，大臂 1 的驱动电动机 7 安装在大臂的后端，运动经电动机轴上的小锥齿轮 6、大锥齿轮 5 和一对圆柱齿轮 2、3，驱动大臂轴转动。4 为偏心套，用来调整齿轮传动间隙。图 2-3(b)所示为驱动小臂 17 的传动机构。驱动装置安装在大臂 10 的框形臂架内，驱动电动机 11 也安装在大臂的后端，运动经驱动轴 12，锥齿轮 8、9，圆柱齿轮 14、15，驱动小臂轴转动。偏心套 13 和 16 用来调整锥齿轮和圆柱齿轮传动间隙。

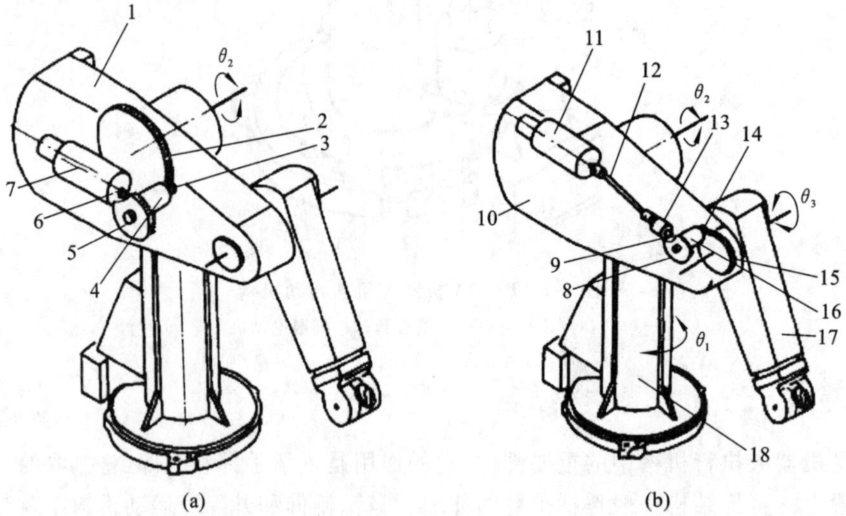

图 2-3 PUMA 机器人大臂内的传动机构

1,10—大臂；2,3,5,6,8,9,14,15—齿轮；4,13,16—偏心套

7,11—驱动电动机；12—驱动轴；17—小臂；18—机座

小臂端部装有三个自由度的手腕，如图 2-4 所示，在小臂根部装有关节 1、2 的驱动电动机，在小臂中部装有关节 3 的驱动电动机，关节 1、2 均采用两级齿轮传动，不同的是关节 1 用两级圆柱直齿轮，而关节 2 采用第一级直齿轮，第二级锥齿轮。关节 3 采用三级齿轮传动，第

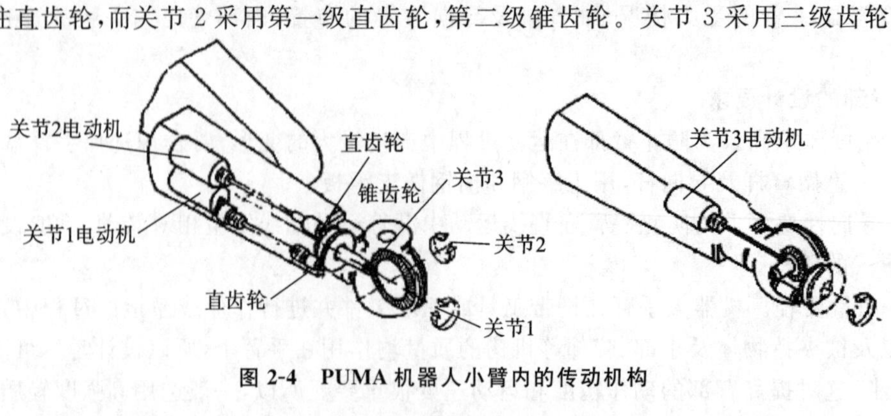

图 2-4 PUMA 机器人小臂内的传动机构

二级为锥齿轮，第三级为直齿轮，关节1、2、3的齿轮组，除关节1的第一级齿轮装在小臂内，其余的均装在手腕内部。

串联机器人的结构类型繁多，图2-5为圆柱坐标机器人的结构图，其臂部具有回转、升降和伸缩自由度，臂部的回转采用液压马达驱动蜗轮蜗杆机构，升降运动采用的是活塞杆固定，油缸移动的方式。

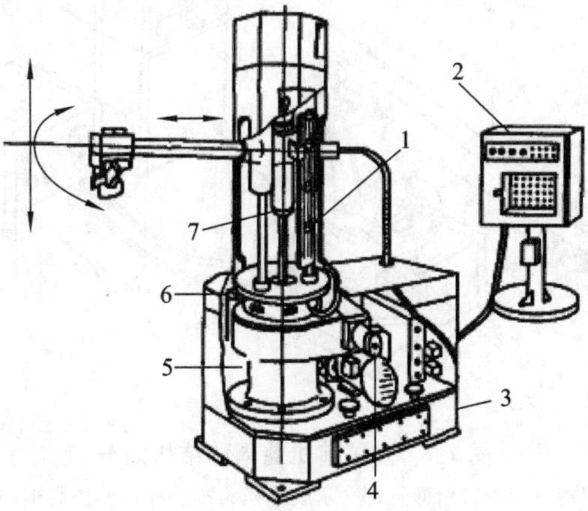

图2-5　圆柱坐标机器人的结构

1—升降位置检测器；2—控制器；3—液压源；4—回转机构；5—机身；6—回转位置检测器；7—升降缸

图2-6所示为极坐标机器人的结构图。臂部回转机构采用齿轮齿条缸，臂部俯仰机构、臂部伸缩机构均采用直线油缸。

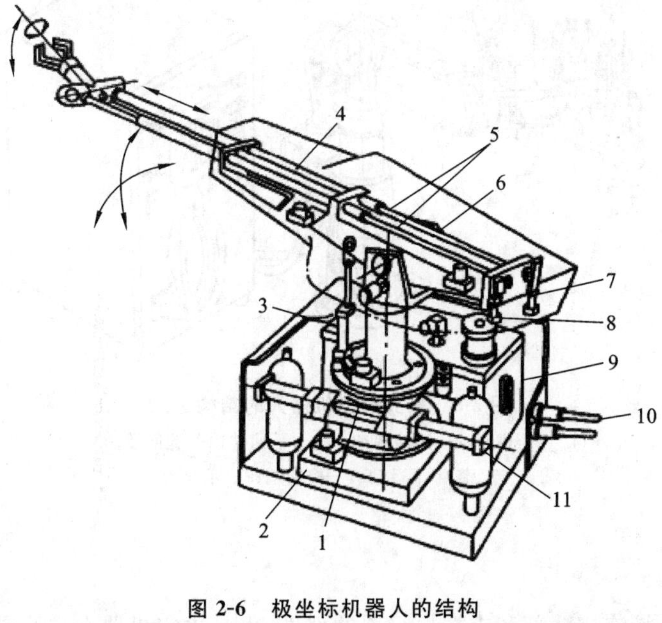

图2-6　极坐标机器人的结构

1—回转用齿轮齿条副；2—机身；3—俯仰缸；4—伸缩缸；5—花键轴；6—俯仰回转轴；7—手腕回转用油缸；8—手腕弯曲油缸；9—液压源；10—接控制柜端口；11—回转齿条缸

图 2-7 所示为多关节型机器人的结构图，喷漆机器人多采用该结构类型，其臂部有三个回转机构，大臂回转机构采用齿轮齿条缸结构，另外两个回转机构均采用铰接油缸驱动。关节型在相同的几何参数和运动参数的条件下具有较大的工作空间。

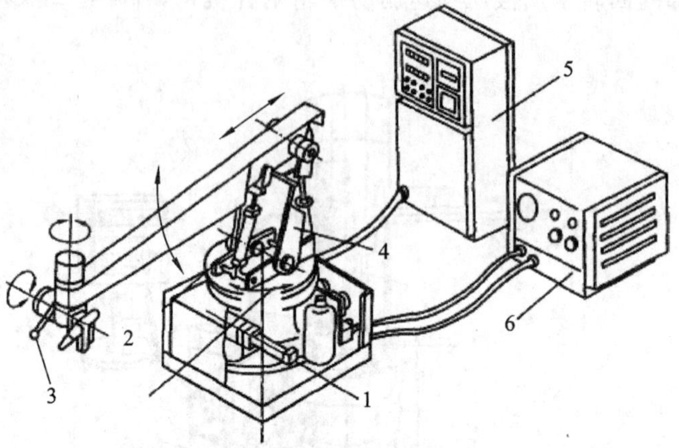

图 2-7　多关节机器人的结构之一

1—回转用油缸；2—臂俯仰缸；3—示教手柄；4—连杆；5—控制柜；6—液压源

图 2-8 所示属于水平多关节机器人的结构图，是 SCARA 型机器人的一种形式，用上下回转轴可以调整臂部的高低位置。水平回转 6 和水平回转 3 分别由马达 M_1 和 M_2 通过谐波齿轮减速器驱动，腕部回转 4 和上下运动 5 分别由马达 M_3 和 M_4 来驱动。

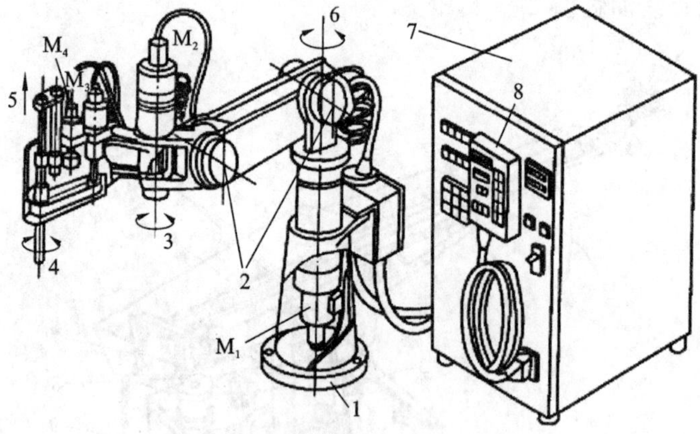

图 2-8　多关节型机器人的结构之二

1—机座；2—回转轴；3，6—水平回转；4—腕回转；

5—腕上下运动；7—控制柜；8—示教盒

2.1.3　腕部

机器人的腕部是连接臂部和末端执行器的部件，也是决定机器人作业灵活性的关键部位，起着支承末端执行器和改变末端执行器姿态的作用。手腕按自由度个数可分为单自由度手腕、二自由度手腕和三自由度手腕。为了使末端执行器处于空间任意姿态，要求腕部能实现绕空间三个坐标轴 X、Y、Z 的转动，即具有翻转、俯仰和偏转三个自由度，以使机器人末端执行器能够执行复杂的动作。

1. 腕部的设计要求

(1) 结构应尽量紧凑、质量小。对于自由度数目较多以及驱动力要求较大的腕部，其结构设计要求较高。因为腕部的每一个自由度都要配有一套驱动件和执行件，使腕部在较小的空间内同时容纳几套元件，难度较大。为了提高作业速度和精度，必须要求结构紧凑，质量小。

(2) 适应工作环境要求。如果用于高温作业或腐蚀性介质中，设计必须充分考虑环境对手腕的不良影响，并预先采取相应措施，以保证手腕具有良好的工作性能和较长的使用寿命。

(3) 要综合考虑各方面要求，合理布局。手腕除了应保证本身的动力和运动性能要求，具有足够的刚度和强度之外，还应全面地考虑腕部与手部、臂部的连接结构，管线布置以及润滑、维修、调整等问题。

2. 腕部的结构形式

根据作业要求，为了实现手腕的三自由度控制，串联机器人常用的结构形式如图 2-9 所示。将能够在四个象限内进行 360°或接近 360°回转的旋转轴，称为回转轴，简称 R 型轴，其特点是组成手腕的两个零件，自身的几何回转中心和相对运动的回转轴线重合；由于受到结构的限制，相对转动角度只能在三个象限进行 270°以下回转的旋转轴，称为摆动轴，简称 B 型轴。

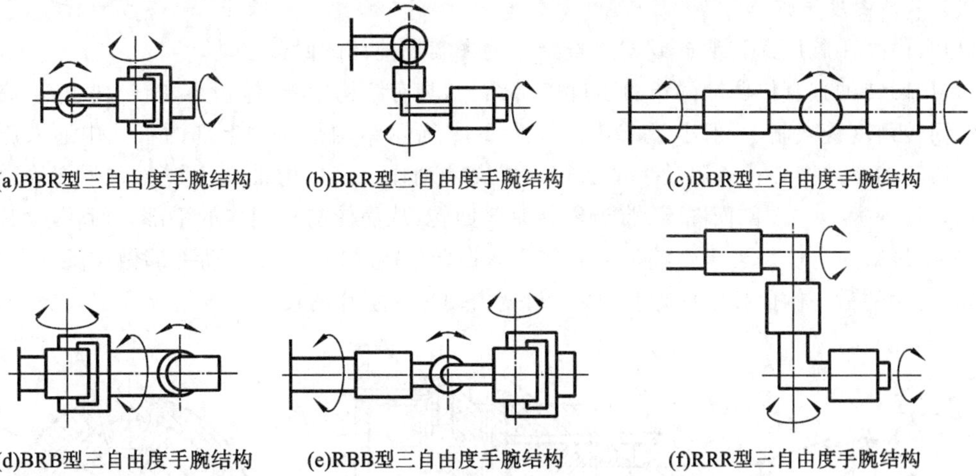

图 2-9　6 种三自由度手腕的结合方式示意图

3R(RRR)结构为 3 个回转轴组成的手腕，如图 2-10 所示。3R 结构手腕多采用锥齿轮传动，3 个回转轴的回转范围通常不受限制，其结构紧凑，动作灵活，可最大限度地改变操作器的姿态。但是，由于手腕上的 3 个回转轴中心线相互不垂直，增加了控制的难度，因此，在通用工业机器人中使用相对较少。

BBR 或 BRR 结构为"摆动轴＋摆动轴＋回转轴"或"摆动轴＋回转轴＋回转轴"组成的手腕。其操作简单，控制容易，应用较为普遍。图 2-11 所示机器人所用的手腕，便是 BBR 结构，通常，它的第一个 B 型轴执行俯仰动作，第二个 B 型轴执行摆动动作，最后一个 R 轴执行回转

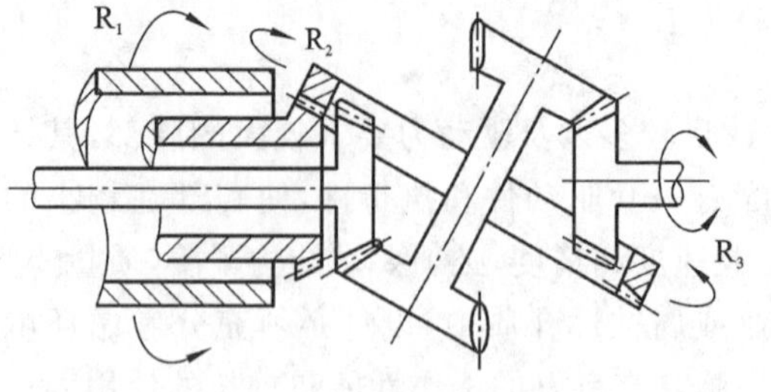

图 2-10　RRR 型手腕结构图

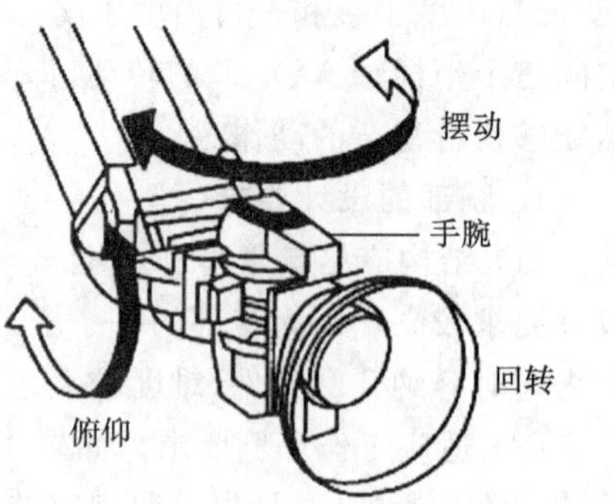

图 2-11　BBR 型手腕结构

动作。但是，这种结构的手腕外形通常较大，结构相对松散，因此，多用于大型、重载的工业机器人。在机器人作业要求固定时，BBR 结构的手腕经常被简化为 BR 结构的二自由度手腕。

RBR 结构为"回转轴＋摆动轴＋回转轴"组成的结构。其操作简单、控制容易，且结构紧凑、动作灵活，它是目前工业机器人最为常用的手腕结构。

3. 典型腕部的结构原理

机器人腕部的结构类型、驱动类型多种多样，有的采用回转缸或活塞缸直接驱动，也有的通过机械传动装置如链轮链条以及同步带传动。下面介绍一些典型的腕部结构原理。

1）单自由度手腕

单自由度手腕用回转油缸或气缸直接驱动来实现腕部的回转运动。

采用回转油缸直接驱动的单自由度腕部结构，具有结构紧凑、体积小、响应快、精度高等优点，但回转角度受限制，一般小于 270°。如图 2-12 所示结构是向右上部的管孔中通入压力油液、经回转轴 3 的中心孔道驱动手部活塞完成夹持动作。当压力油从主视图右下部管道通入时，使动片 4（从 *A*—*A* 剖面图看）带着回转轴 3 回转，从而使与其相连的手部 5 回转，动片转至与定片 2 接触时定位。当压力油从另一侧进入回转油缸 1 时，动片带动手部做相反方向回转，直到与定片的另一侧面接触而定位，回转角度由动片和定片的接触位置情况决定。

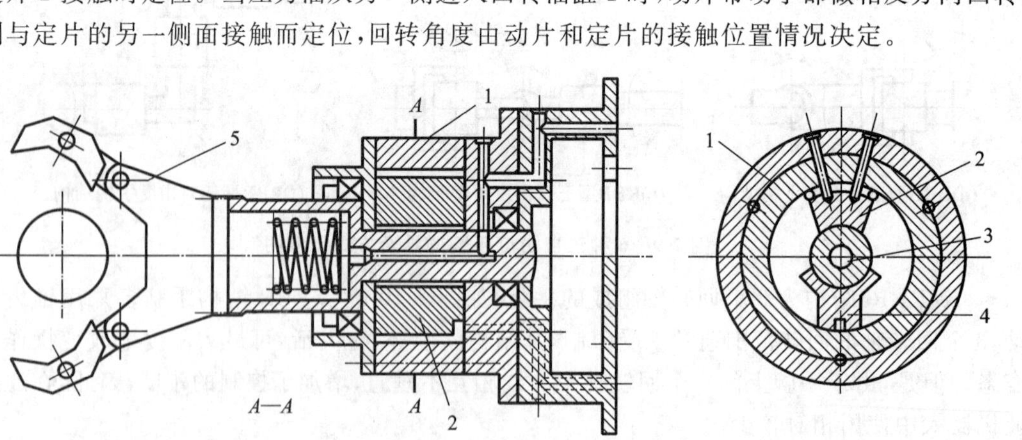

图 2-12　回转油缸直接驱动的单自由度腕部结构

1—回转油缸；2—定片；3—回转轴；4—动片；5—手部

2）二自由度手腕

图 2-13 所示为采用两个轴线互相垂直的回转油缸(5 和 8)驱动的腕部结构，$V—V$ 剖面为腕部摆动回转油缸，工作时动片 6 带动摆动回转油缸 5 使整个腕部绕固定中心轴 3 摆动，$L—L$ 剖面为腕部回转油缸，工作时动片 6 带动回转中心轴 2，实现腕部的回转运动。

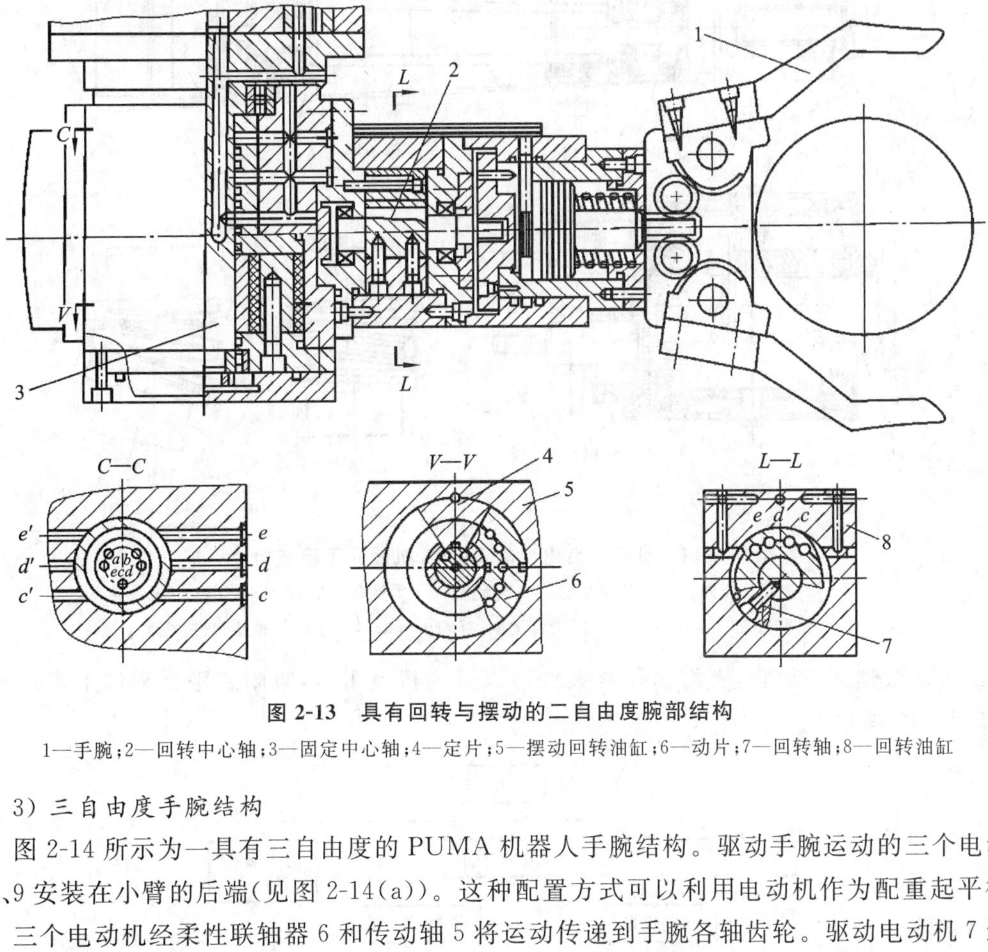

图 2-13　具有回转与摆动的二自由度腕部结构

1—手腕；2—回转中心轴；3—固定中心轴；4—定片；5—摆动回转油缸；6—动片；7—回转轴；8—回转油缸

3）三自由度手腕结构

图 2-14 所示为一具有三自由度的 PUMA 机器人手腕结构。驱动手腕运动的三个电动机 7、8、9 安装在小臂的后端(见图 2-14(a))。这种配置方式可以利用电动机作为配重起平衡作用。三个电动机经柔性联轴器 6 和传动轴 5 将运动传递到手腕各轴齿轮。驱动电动机 7 经传动轴 5 和两对圆柱齿轮 4、3 带动手腕 1 在壳体(支座)2 上做偏摆运动。电动机 9 经传动轴 5 驱动圆柱齿轮传动副 12 和圆锥齿轮传动副 13，从而使轴 15 回转，实现手腕的上下摆动运动。电动机 8 经传动轴 5 和两对圆锥齿轮传动副 11、14 带动轴 16 回转，实现手腕机械接口法兰盘 17 的回转运动。图 2-14(c)表示这种柔性联轴节的形状。

2.1.4 末端执行器

机器人的末端执行器也称手部，它是装在机器人手腕上直接抓握工件或执行作业的部件，是最重要的执行机构。它具有模仿人手动作的功能，并安装在机器人手臂的末端。末端执行器与机器人的作业要求、作业对象密切相关，一般由机器人制造商结合用户需求设计与制作，因此工业机器人末端执行器是多种多样的，可以是类人的手爪，也可以是喷漆、焊接等专业作

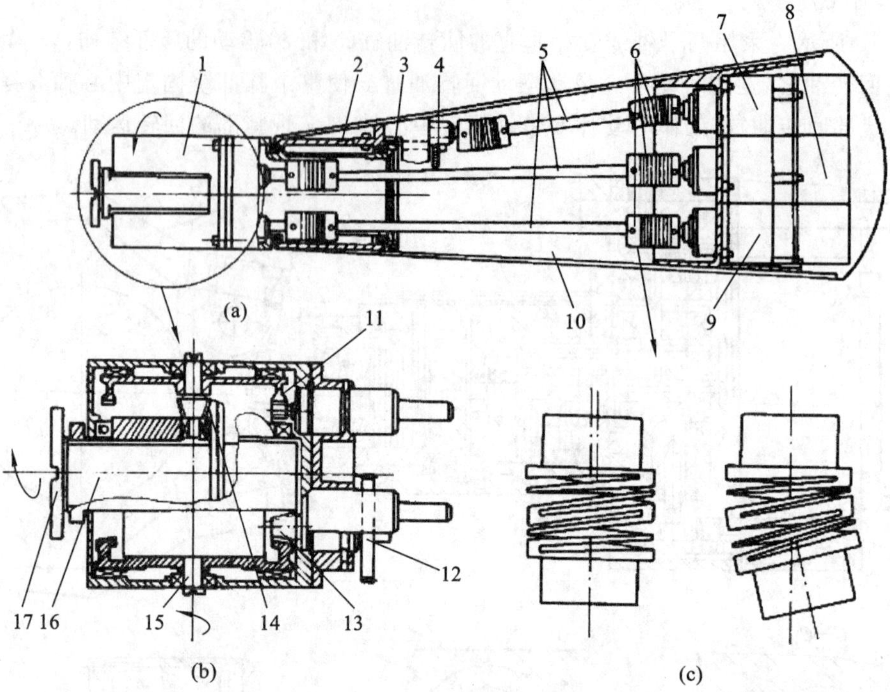

图 2-14　具有三自由度的 PUMA 机器人手腕结构

1—手腕；2—壳体；3，4—传动齿轮；5—传动轴；6—柔性联轴器；7，8，9—电动机；
10—手臂外壳；11，12，13，14—齿轮传动副；15，16—轴；17—手腕机械接口法兰盘

业的工具。根据夹持原理，末端执行器大致可以分为机械手爪，吸附式手爪和仿生多指灵巧手，如图 2-15 所示。

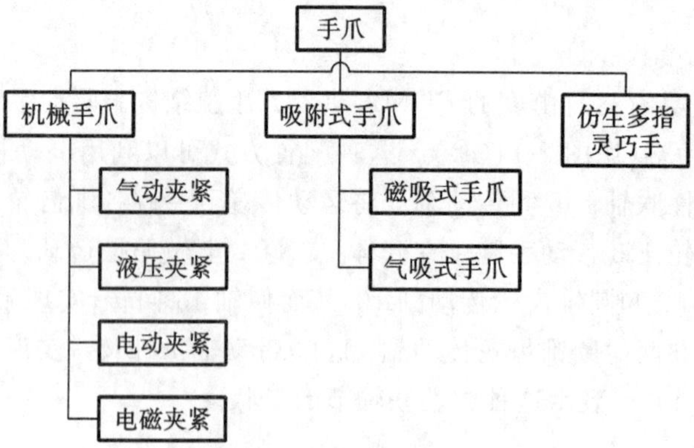

图 2-15　手爪的分类

1. 机械手爪

机械手爪由手指、驱动机构、传动机构及连接支承元件组成，主要靠手指尖或手指与手掌间对工件的作用力以及手指、手掌与工件之间的摩擦力保持对工件的夹持，它通过手爪的开闭动作实现对物体的夹持和释放。产生夹紧力的驱动源有气动、液动、电动和电磁四种。

1）手指

手指是与工件直接接触的部件，其结构形式常取决于工件的形状和特性，对夹紧力有很大的影响。夹紧工件的接触点越多，所要求的夹紧力越小，对夹持工件来说越安全。常用的有V形指、平面指、特形指。图2-16所示为具有V形指手爪，四条折线表现为封闭式的夹持状态，比图2-17所示的平面手指安全可靠。

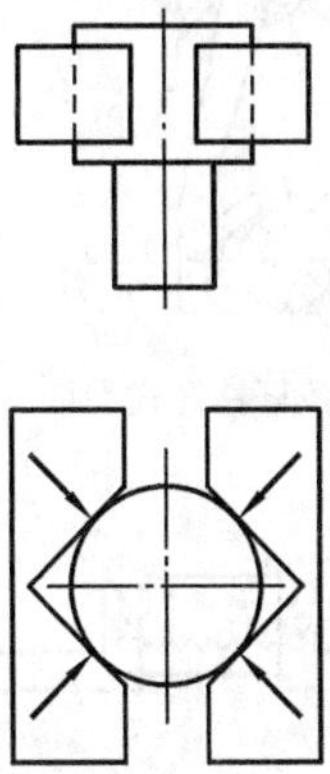

图 2-16　V形爪钳

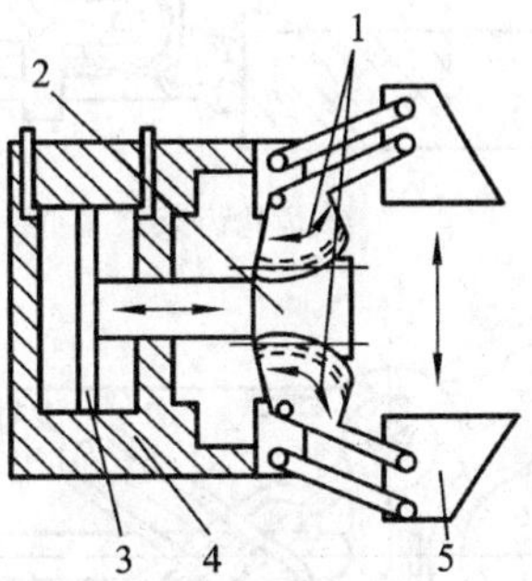

图 2-17　气动手爪

1—扇形齿轮；2—齿条；3—活塞；4—气缸；5—爪钳

2）传动机构

传动机构是将驱动源的驱动力和运动传递给手指，进而实现夹紧和松开动作的机构。

图2-18(a)所示为齿轮齿条直接传动的手爪，齿轮推动齿条做直线往复运动，从而实现手指的松开或闭合。这种手爪可保持爪钳平行运动，夹持宽度变化大，对夹紧力的要求是爪钳开合度不同时，夹紧力能保持不变。

图2-18(b)所示为拨杆杠杆式手爪，其手指就是一对杠杆，一般同斜楔、滑槽、连杆、齿轮、蜗轮蜗杆或螺杆等机构组成复合式杠杆传动机构，用于改变传动比和运动方向。

图2-18(c)所示为滑槽式手爪，杠杆形手指的一端装有V形指，另一端则开有长滑槽。驱动杆上的圆柱销套在滑槽内，当驱动连杆同圆柱销一起做往复运动时，即可拨动两个手指各绕其支点（铰销）做相对回转运动，从而实现手指的夹紧与松开动作。

图2-18(d)所示为重力式手爪，依靠重力使手爪下降，实现对工件的夹持。

3）机械手爪的设计要求

（1）应具有足够的夹紧力。机器人的手部靠钳爪夹紧工件，并把工件从一个位置移动到另一个位置。考虑到工件本身的质量以及搬运过程中产生的惯性力和振动等，钳爪必须具有足够大的夹紧力，才能防止工件在移动过程中脱落。一般要求夹紧力N为工件重量的2～3倍，手爪的结构形式不同，夹紧力的计算方法也不同。

（2）应具有足够的张开角。钳爪必须具有足够的张开角，来适应不同尺寸的工件，而且夹持工件的中心位置变化要小（定位误差要小）。对于移动式的钳爪，还要有足够大的移动范围。

（3）应能保证工件的可靠定位。为了使工件保持准确的相对位置，必须根据工件的形状，

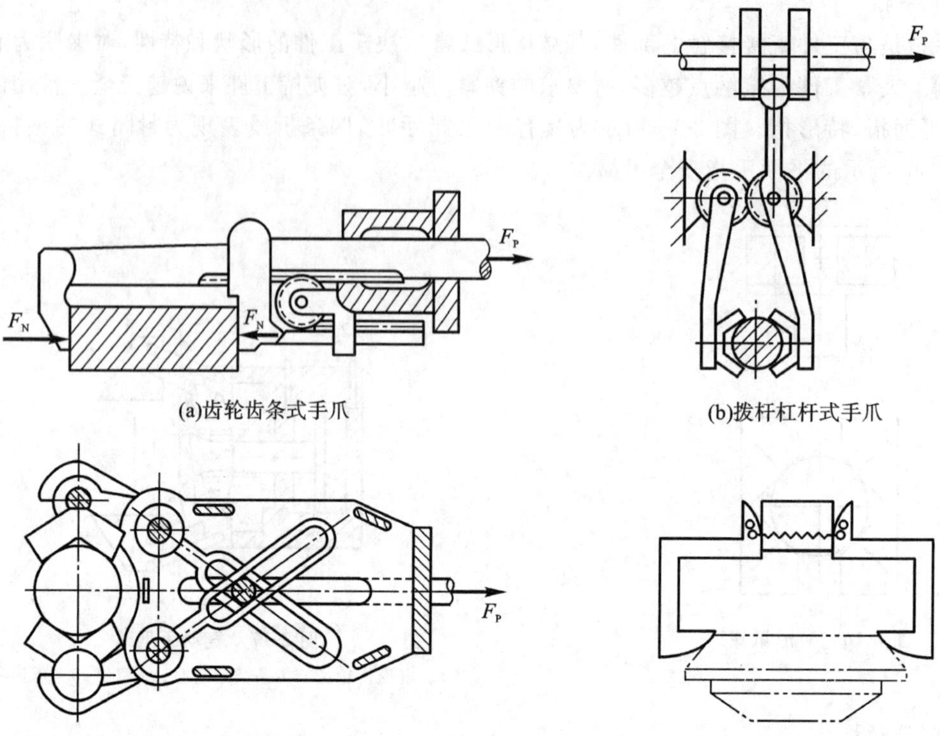

(a)齿轮齿条式手爪　(b)拨杆杠杆式手爪　(c)滑槽式手爪　(d)重力式手爪

图 2-18　手部的传动机构

采用相应的手指形状来定位，如圆柱形工件多数采用V形手指，以便自动定心。

(4) 应具有足够的强度和刚度。手爪除受到被夹持工件的反作用力外，还受机器人手部在运动过程中产生的惯性力和振动的影响，因此对于受力较大的手爪，应进行必要的强度、刚度校核计算。

(5) 应尽量做到结构紧凑、质量小。手部处于腕部的最前端，质量和惯性负荷将直接影响机器人的工作。

2. 吸附式手爪

吸附式手爪靠吸附力抓取工件。吸附式手爪适用于大平面中易碎、微小物体的抓取，因此使用面很广。根据吸附力的不同，可分为气吸式手爪和磁吸式手爪两种。

气吸式手爪是利用吸盘内的压力和大气压之间的压力差而工作的，按压力差形成的方式不同，可分为挤压排气吸盘、气流负压吸盘和真空吸盘三种。与机械手爪相比，气吸式手爪具有结构简单、质量小、吸附力均匀等优点，对于薄片状物体(如板材、纸张、玻璃等物体)的搬运更具优越性。

1) 挤压排气吸盘

挤压排气吸盘如图2-19所示，其工作原理为：取料时吸盘压紧物体，橡胶吸盘4变形，挤出腔内多余的空气，取料手上升，靠橡胶吸盘的恢复力形成负压，将物体吸住；释放时，压下拉杆2，使吸盘腔与大气相连通而失去负压。该吸盘结构简单，但吸附力小，吸附状态不易长期保持。

2）气流负压吸盘

气流负压吸盘的结构如图 2-20 所示。吸盘吸力在理论上取决于吸盘与工件表面的接触面积和吸盘的内外压差。气流负压吸盘利用流体力学的原理：当需要取物时，压缩空气高速流经喷嘴时，其排气口处的气压低于吸盘腔内的气压，于是腔内的气体被高速气流带走而形成负压，完成取物动作；当需要释放物体时，切断压缩空气即可。这种吸盘需要的压缩空气成本较低，因此应用较广。

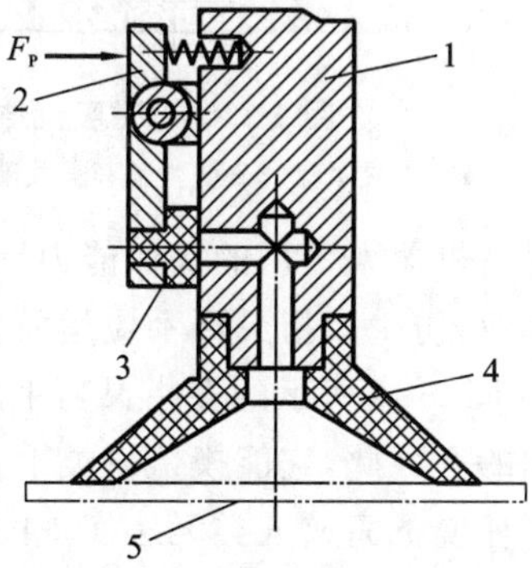

图 2-19　挤压排气吸盘

1—吸盘架；2—拉杆；3—密封垫；4—吸盘；5—工件

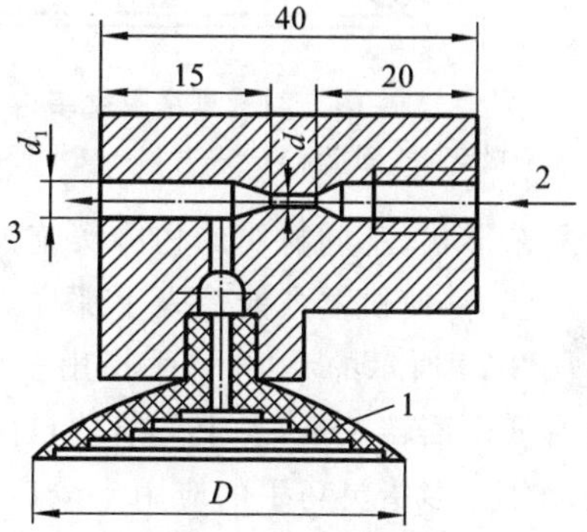

图 2-20　气流负压吸盘

1—橡胶皮碗；2—进气口；3—排气口

3）真空吸盘

图 2-21 所示为真空吸盘的结构图。碟形橡胶吸盘 1 通过固定盘 2 安装在支承杆 4 上，支承杆由螺母 5 固定在基板 6 上。取料时，碟形橡胶吸盘与物体表面接触，橡胶吸盘在边缘既起到密封作用，又起到缓冲作用，然后利用真空泵抽气，吸盘内腔形成真空，吸取物料；放料时，管路接通大气，失去真空，物体放下。为避免在取放料时产生撞击，有的还在支承杆上配有弹簧来缓冲。

气吸式手爪的设计要求：①吸力大小与吸盘的直径大小、吸盘内的真空度（或负压大小）以及吸盘的吸附面积大小有关；②应根据工件的形状确定吸盘的形状，可用耐油橡胶压制不同尺寸的盘状吸头。

4）磁吸式手爪

如图 2-22 为电磁吸盘的结构示意图。它是利用线圈通电的瞬时，产生磁场，磁力线穿过工件、线圈铁心和空气间隙形成的回路产生磁力吸住工件。一旦断电，磁力消失，工件松开。因此只适用于铁磁材料制成的工件，比如钢铁件。钢铁等磁性物质在高温时磁性会消失，所以在高温条件下不宜使用电磁吸盘。磁吸式手爪的应用具有很大的局限性。

磁吸式手爪的设计要求：①应具有足够的电磁吸力，其吸力大小应由工件的质量而定，基本上电磁吸盘的形状、尺寸以及线圈一旦确定，其吸力也就基本确定；②电磁吸盘的形状、大小以及吸盘的吸附面应与工件的被吸附表面形状一致。

3. 仿生多指灵巧手

简单的机械手爪不能适应物体外形变化，不能使物体表面承受比较均匀的夹持力，因此无

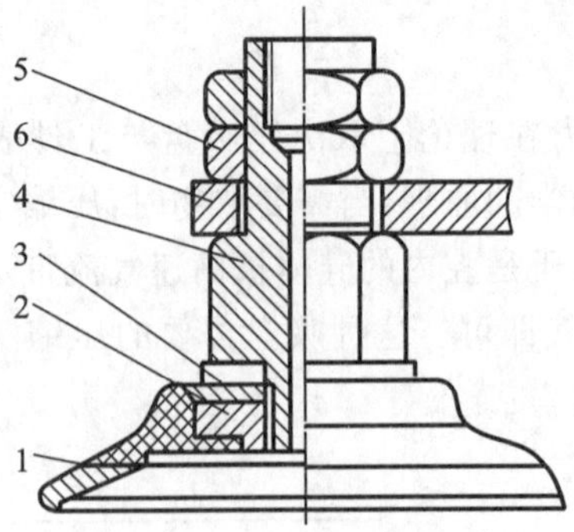

图 2-21 真空吸盘结构

1—橡胶吸盘；2—固定盘；3—垫片；4—支承杆；5—螺母；6—基板

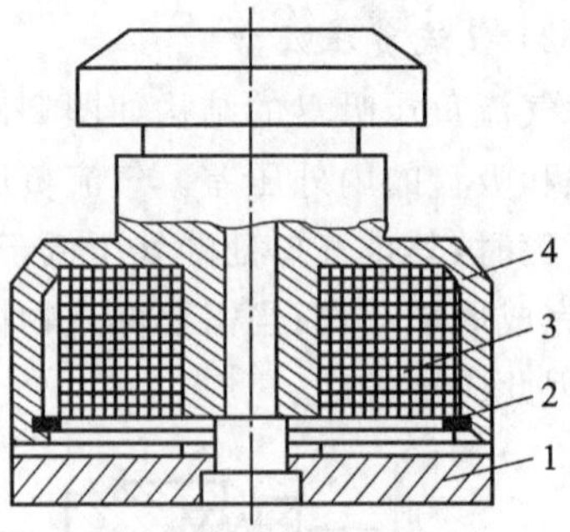

图 2-22 电磁吸盘结构

1—电磁吸盘；2—防尘盖；3—线圈；4—外壳体

法对复杂形状、不同材质的物体实施夹持操作。为了提高机器人手爪的操作能力、灵活性和快速反应能力，使机器人能像人手那样进行各种复杂的作业，仿生多指灵巧手应运而生。

图 2-23 所示的灵巧手，手指由多个关节串联而成。图 2-24 所示的多指灵巧手的 3 个手指都各有 3 个回转关节，每个关节的自由度都是独立控制的。因此，它能模仿人类手指完成各种复杂动作。多指灵巧手的应用十分广泛，可在各种极限环境下完成人类无法实现的操作，如高温、高压、高真空环境下的作业。

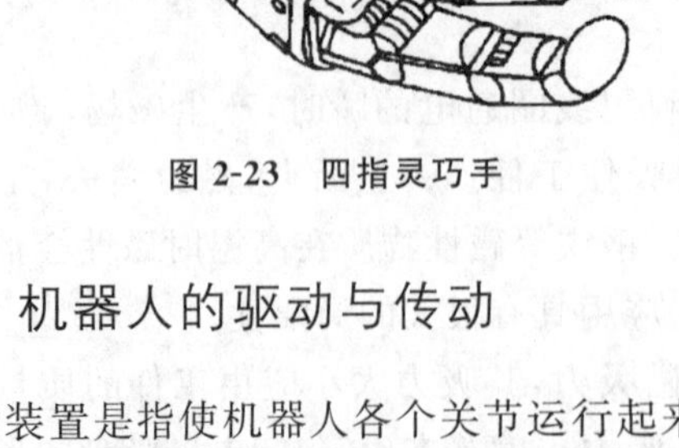

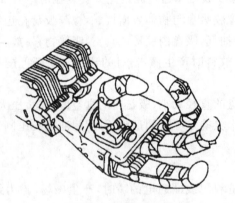

图 2-23 四指灵巧手

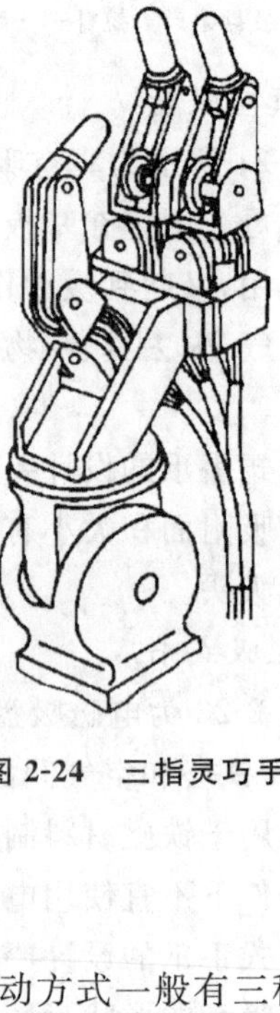

图 2-24 三指灵巧手

2.1.5 机器人的驱动与传动

驱动装置是指使机器人各个关节运行起来的装置。机器人的驱动方式一般有三种：液压、气动和电动。液压驱动以高压油为工作介质。液压驱动机器人的抓取能力可达上百千克，液压力可达 7 MPa，传动平稳，但对密封性要求高。气动驱动是最简单的驱动方式，原理与液压相似。气动驱动机器人结构简单，动作迅速，价格低廉。由于空气具有可压缩性，因此这种机器人的工作速度慢，稳定性差；其气压一般为 0.7 MPa，因而抓取力小。电动驱动是目前在工业机器人中应用最广的一种驱动方式。早期多采用步进电动机，通过脉冲电流实现步进，每给一个脉冲驱动一个步距，后来发展了直流伺服电动机，直流伺服电动机用得较多的原因是它可以产生很大的力矩，精度高，加速快，可靠性高，在两个方向连续旋转，运动平滑，且本身设有位置控制能力。现在交流伺服电动机也开始广泛应用。

机器人的传动机构分为直线传动机构和旋转传动机构。

1. 直线传动机构

直线运动可以直接由气缸或者液压缸和活塞产生，也可以用滚动导轨、滚珠丝杠、螺母等传动元件做直线运动。机器人采用的直线传动方式包括直角坐标结构的 X、Y、Z 向传动，圆柱坐标结构的径向驱动和垂直升降驱动，极坐标结构的径向伸缩驱动。

1）滚动导轨

导轨分为滑动导轨、滚动导轨、静压导轨和磁悬浮导轨等形式。由于机器人在速度和精度方面的要求很高，所以一般采用结构紧凑且价格低廉的滚动导轨或滚珠丝杠。滚动导轨主要由导轨和滑块两部分组成，导轨一般固定安装在支承部件上，滑块内安装有滚珠或滚柱作为滚动体，滑块安装在运动部件上。当导轨与滑块发生相对运动时，滚动体可沿着导轨和滑块上的滚道运动。滑块的两端安装有连接回珠孔的反向器，滚动体可通过反向器反向进入回珠孔，并返回到滚道后循环滚动。

2）滚珠丝杠

在机器人中经常采用滚珠丝杠实现直线运动，滚珠丝杠具有摩擦阻力小，传动效率高，使用寿命长，传动间隙小，传动定位精度高等优点，如图 2-25 为丝杠螺母传动的手臂升降机构。

滚珠丝杠是滚珠丝杠螺母副的简称，它是一种以滚珠作为滚动体的螺旋式传动元件。其内部结构如图 2-26 所示，主要由丝杠、螺母和滚珠三部分组成。滚珠丝杠的螺旋滚道内装有滚珠 3，当丝杠旋转时，滚珠一方面在滚道内自转，同时又可沿滚道螺旋运动。滚珠运动到滚道终点后，可通过反向器 4 和回珠滚道返回至起点，形成循环运动。滚珠 3 的螺旋运动，可使丝杠 1 和螺母 2 间产生轴向相对运动。因此，当丝杠或螺母被固定时，螺母或丝杠即可产生直线运动。

2. 旋转驱动机构

多数普通电动机和伺服电动机都能够直接产生旋转运动，但其输出力矩比机器人所需要的力矩小，转速又比所需要的转速高。因此，需要采用各种齿轮、皮带、减速器等机构，把较高的转速转换成较低的转速，并获得较大的力矩。这种运动的传递和转换必须高效率地完成，并且不能有损于机器人系统所需要的特性，特别是定位精度、重复精度和可靠性。

1）齿轮系

齿轮系是由两个或两个以上的齿轮组成的传动机构。它不但可以传递运动的角位移和角速度，而且可以传递力和力矩。通常，齿轮系传动类型有圆柱齿轮传动、斜齿轮传动、锥齿轮传动、蜗轮蜗杆传动、行星轮系传动，如图 2-27 所示。其中图(a)中圆柱齿轮的传动效率约为 90%，因为结构简单，传动效率高，圆柱齿轮在机器人设计中最常见；图(b)中斜齿轮传动效率约为 80%，斜齿轮可以改变输出轴方向；图(c)中锥齿轮可以使输入轴与输出轴不在同一个平面，传动效率低，约为 70%；图(d)中蜗轮蜗杆传动效率约为 70%，蜗轮蜗杆机构的传动比大，

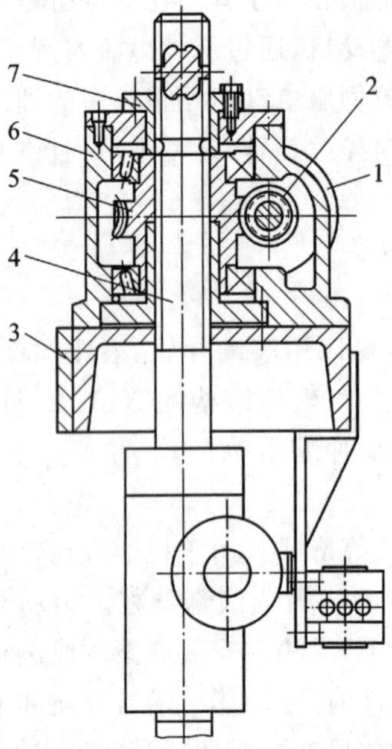

图 2-25 丝杠螺母传动的手臂升降机构

1—电动机;2—蜗杆;3—臂架;4—丝杠;
5—蜗轮;6—箱体;7—花键套

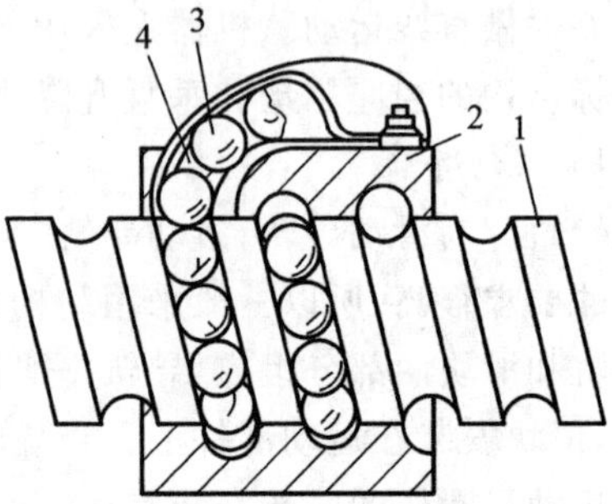

图 2-26 滚珠丝杠的基本组成

1—丝杠;2—螺母;3—滚珠;4—反向器

传动平稳,可实现自锁,但传动效率低,制造成本高,需要润滑;图(e)中行星轮系传动效率约为80%,传动比大,但结构复杂。

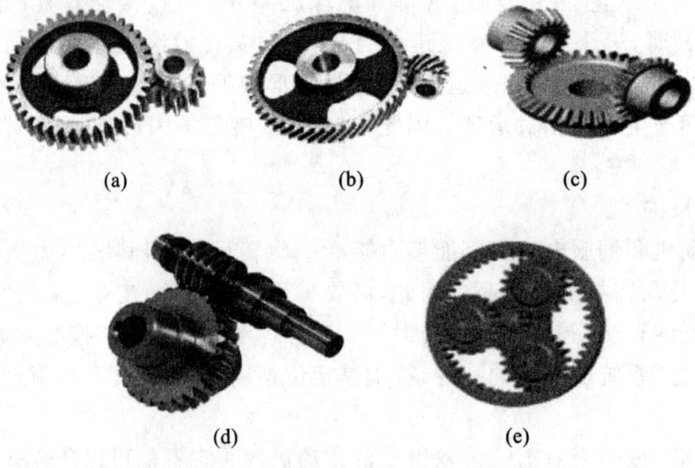

图 2-27 齿轮系传动类型

使用齿轮系机构应注意两个问题。一是齿轮传动链的引入会改变系统的等效转动惯量,使驱动电动机的响应时间减少,这样伺服系统就更加容易控制。输出轴转动惯量转换到驱动电动机上,等效转动惯量的下降与输入输出齿轮齿数的平方成正比。二是在引入齿轮系的同时,由于齿轮间隙误差,将会导致机器人手臂的定位误差增加,若不采取一些补救措施,齿隙误差会引起伺服系统的不稳定性。

2）减速器

减速器是工业机器人所有回转运动关节都必须使用的关键部件。因为电动机一般是高转速、小力矩的驱动器，而机器人通常要求低转速、大力矩，所以减速器用来降低转速和增大力矩以满足各种工作的需要。工业机器人对减速器的要求非常高，目前，机器人中主要使用谐波减速器和 RV 减速器。

图 2-28 所示为带谐波减速器的手臂关节机构，该装置直接安装在臂座 1 的支承法兰盘 2 和 11 上。驱动电动机 4 的输出轴用键与驱动轴 10 相连；轴 10 与套筒 8 用键连接，并一同转动。波发生器 7 与套筒 8 用法兰刚性连接，套筒 8 通过键与固定在支承法兰盘 11 上的电磁制动器 9 连接。不动的柔轮 5 通过支承法兰盘 2 固定在臂座 1 上。带内齿圈的从动刚轮 6 与手臂壳体 13 相连接，因此手臂壳体与刚轮一起在轴承 3 和 12 上转动。

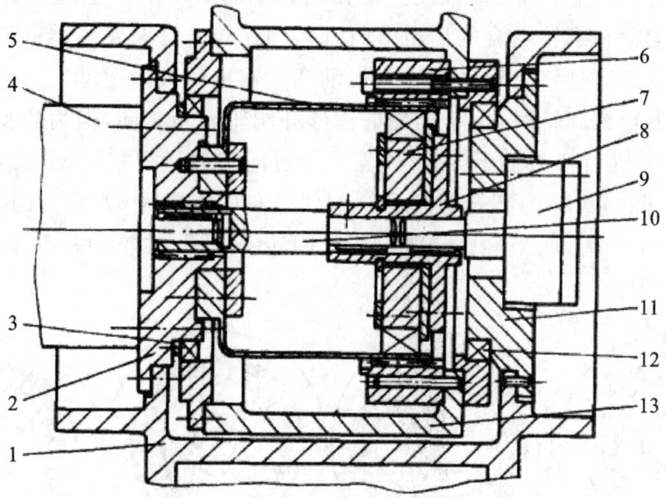

图 2-28　带谐波减速器的手臂关节机构

1—臂座；2，11—法兰盘；3，12—轴承；4—驱动电动机；5—柔轮；6—从动刚轮；7—波发生器；8—套筒；9—电磁制动器；10—驱动轴；13—手臂壳体

谐波减速器的基本结构如图 2-29 所示。它主要由刚轮、柔轮、谐波发生器 3 个基本部件构成。这 3 个基本部件，可任意固定其中 1 个，其余 2 个部件中的一个连接输入轴（主动输入），另一个即可作为输出（从动），实现减速。

刚轮是一个圆周上加工有连接孔的刚性内齿圈，其齿数一般比柔轮多两个。一般采用刚轮固定，柔轮旋转，刚轮的连接孔来连接壳体。柔轮是一个可产生较大变形的薄壁金属弹性体，弹性体与刚轮契合的部位为薄壁外齿圈，底部是加工有连接孔的圆盘，用来与输出轴相连。

谐波发生器一般由凸轮和滚动轴承构成。谐波发生器的内侧是一个椭圆形的凸轮，凸轮外侧套有一个能够产生弹性变形的薄壁滚动轴承。凸轮装入轴承内圈后，轴承将产生弹性变形，而成为椭圆形。谐波发生器装入柔轮后，它又可迫使柔轮的外齿圈部变成椭圆形，使椭圆长轴附近的柔齿轮与刚齿轮完全啮合，短轴附近的柔齿轮与刚齿轮完全脱开。当凸轮连接输入轴旋转时，柔轮齿和刚轮齿的啮合位置可不断变化。

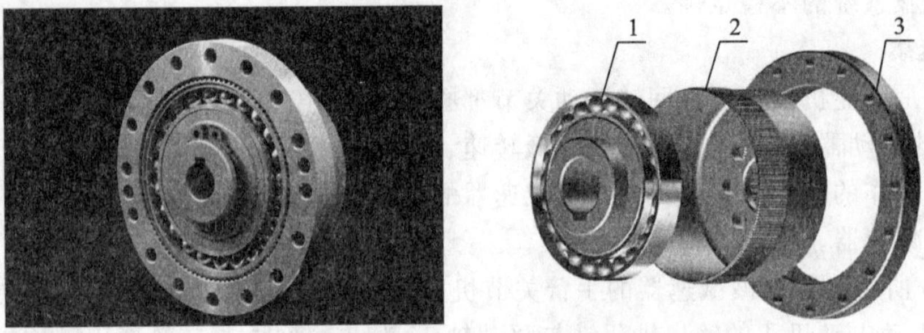

图 2-29　谐波减速器的基本结构

1—谐波发生器；2—柔轮；3—刚轮

如图 2-30 所示，假设旋转开始时刻，谐波发生器椭圆长轴位于 0°位置，这时，柔轮基准齿和刚轮 0°位置的齿完全啮合。当谐波发生器在输入轴的驱动下产生顺时针旋转时，椭圆长轴也顺时针回转，使柔轮和刚轮啮合的齿也顺时针转动。伴着谐波发生器的连续转动，齿间的啮合状态依次发生变化，这种错齿运动把输入运动变为输出的减速运动。

当刚轮固定，柔轮可旋转时，由于柔轮的齿形和刚轮完全相同，但齿数少，当椭圆长轴的契合位置到达刚轮－90°位置时，由于柔轮、刚轮所转过的齿数必须相同，故柔轮所转过的角度将大于刚轮，进而，当椭圆长轴的契合位置到达刚轮－180°位置时，柔轮上的基准齿将逆时针偏离刚轮 0°基准位置 1 个齿，而当椭圆长轴绕柔轮回转一周后，柔轮的基准齿将逆时针偏离刚轮 0°位置一个齿差(2 个齿)。

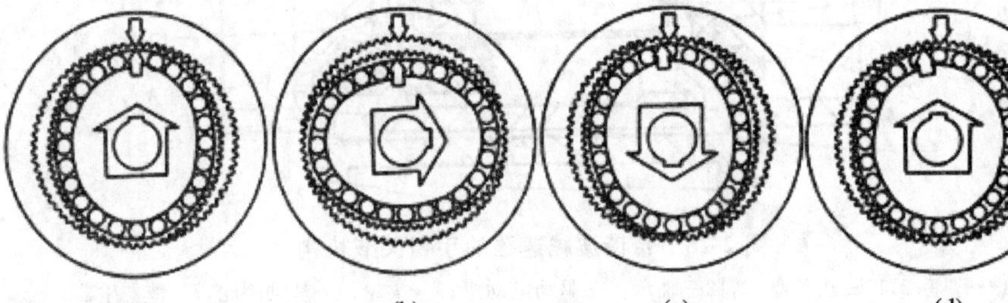

图 2-30　谐波减速器减速原理

也就是说，当刚轮固定，谐波发生器连接输入轴，柔轮连接输出轴时，如谐波发生器带着柔轮顺时针旋转一周，柔轮将相对于固定的刚轮逆时针转过一个齿差(2 个齿)。因此，假设谐波减速器的柔轮齿数为 Z_f，刚轮齿数为 Z_c。柔轮输出与谐波发生器输入间的传动比为

$$i = \frac{Z_c - Z_f}{Z_f} \tag{2-1}$$

同样，当柔轮固定，谐波发生器连接输入轴，刚轮作为输出轴时，其传动比为

$$i = \frac{Z_c - Z_f}{Z_c} \tag{2-2}$$

谐波减速器的主要优点：结构简单，体积小，质量小，使用寿命长；多齿同时啮合可起到减小单位面积载荷，均化误差的作用，所以它承载能力强，传动精度高；传动平稳，无冲击，噪声小。所以目前，机器人的旋转关节有 60%～70%都使用谐波齿轮。

谐波减速器的缺点是：在承受较大交变载荷的情况下，柔轮不断变形，易发生疲劳问题；谐波传动具有较小的传动间隙和较小的质量，但是刚度比传统的行星减速器差。

RV 减速器是旋转矢量(rotary vector)减速器的简称。RV 减速器是在传统的摆线针、行星齿轮传动装置的基础上发展起来的一种新型传动装置，其在机器人中的应用如图 2-31 所示。

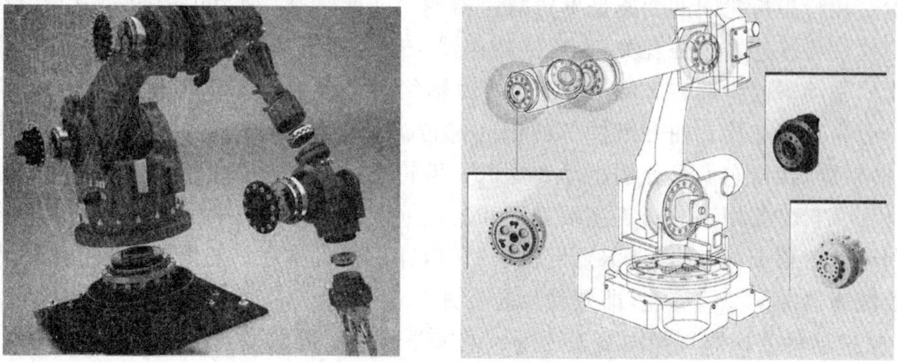

图 2-31　RV 减速器在机器人中的应用

RV 减速器的基本结构如图 2-32 所示。减速器由芯轴、端盖、针轮、输出法兰、行星齿轮、曲轴组件、RV 齿轮等部件构成。RV 减速器的径向结构可分为 3 层，由外向内依次为针轮层、RV 齿轮层(包括端盖 2、输出法兰 5 和曲轴组件 7)、芯轴层；3 层部件均可独立旋转。针轮实际上是一个内齿圈，其内侧加工有针齿，外侧加工有法兰和安装孔，可用于减速器的安装固定。

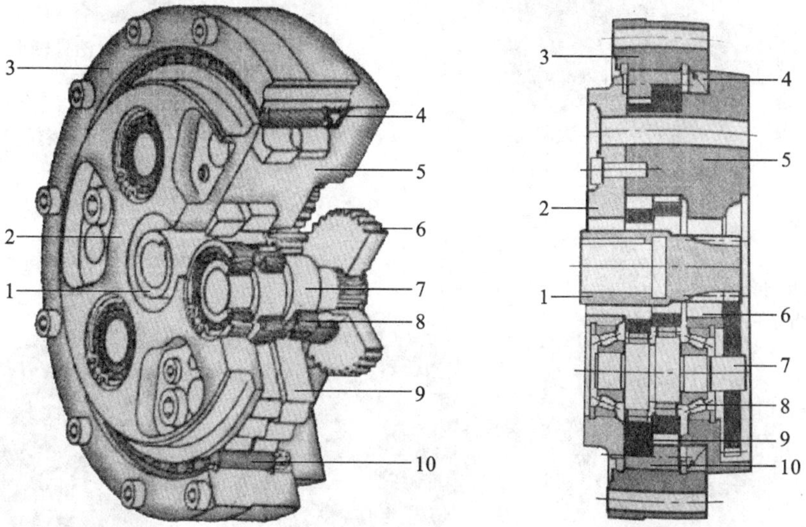

图 2-32　RV 减速器的内部结构

1—芯轴；2—端盖；3—针轮；4—密封圈；5—输出法兰；6—行星齿轮；
7—曲轴组件；8—圆锥滚柱轴承；9—RV 齿轮；10—针齿销

中间层的端盖 2 和输出法兰(也称输出轴)5，通过定位销及连接螺钉连成一体；两者间安装有驱动 RV 齿轮摆动的曲轴组件 7；曲轴内侧套有两片 RV 齿轮 9。当曲轴回转时，两片 RV

齿轮可在对称方向进行摆动，故 RV 齿轮又称为摆线轮。里层的芯轴 1 形状与减速器的传动比有关，传动比较大时，芯轴直接加工成齿轮；传动比较小时，它是一根套有齿轮的花键轴。芯轴上的齿轮称为太阳轮。用于减速时，芯轴一般连接驱动电动机轴输入，故又称为输入轴。太阳轮旋转时，可通过行星齿轮 6 驱动曲轴旋转，带动 RV 齿轮摆动。

太阳轮和行星齿轮间的变速是 RV 减速器的第 1 级变速，称为正齿轮变速。减齿轮和曲轴组件的数量与减速器规格有关，小规格减速器一般布置 2 对，中、大规格各布置 3 对，它们可在太阳轮的驱动下同步旋转。RV 减速器的曲轴组件 7 是驱动 RV 齿轮摆动的轴，它和行星齿轮 6 一般为花键连接。曲轴组件 7 的中间部位为 2 段偏心轴，RV 齿轮和偏心轴间安装有滚针；当曲轴旋转时，它们可分别驱动 2 片 RV 齿轮进行 180°对称摆动。曲轴组件 7 的径向载荷较大，因此，它需要用 1 对安装在端盖 2 和法兰 5 上的圆锥滚柱轴承 8 支承。RV 齿轮 9 和针轮 3 利用针齿销 10 传动。当 RV 齿轮摆动时，针齿销可推动针轮缓慢旋转。RV 齿轮和针轮构成了减速器的第 2 级变速，即差动齿轮变速。

RV 减速器的变速原理如图 2-33 所示，减速器通过正齿轮变速、差动齿轮变速 2 级变速，实现了大传动比变速。

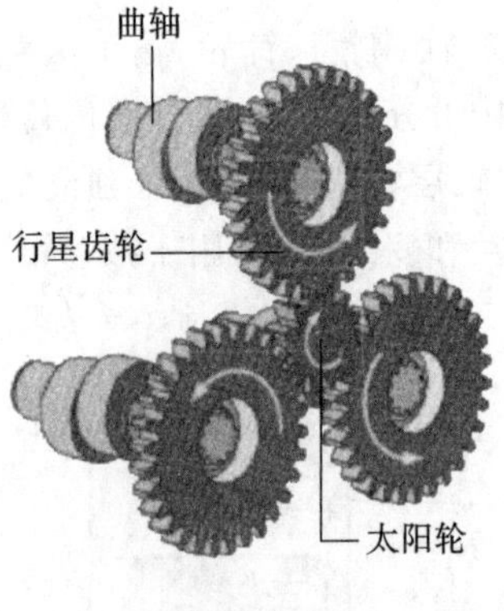

(a)正齿轮减速

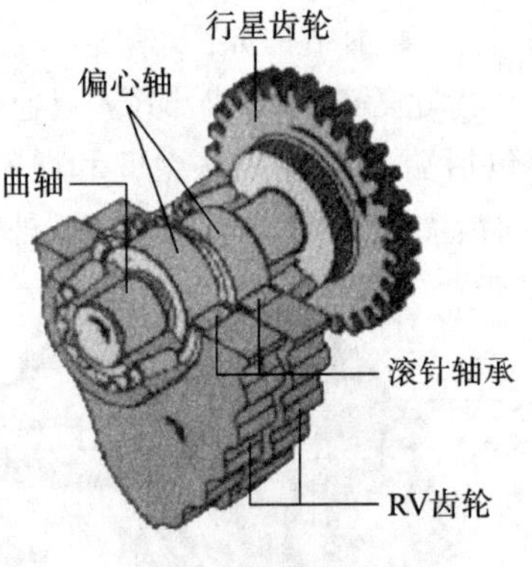

(b)RV齿轮摆动

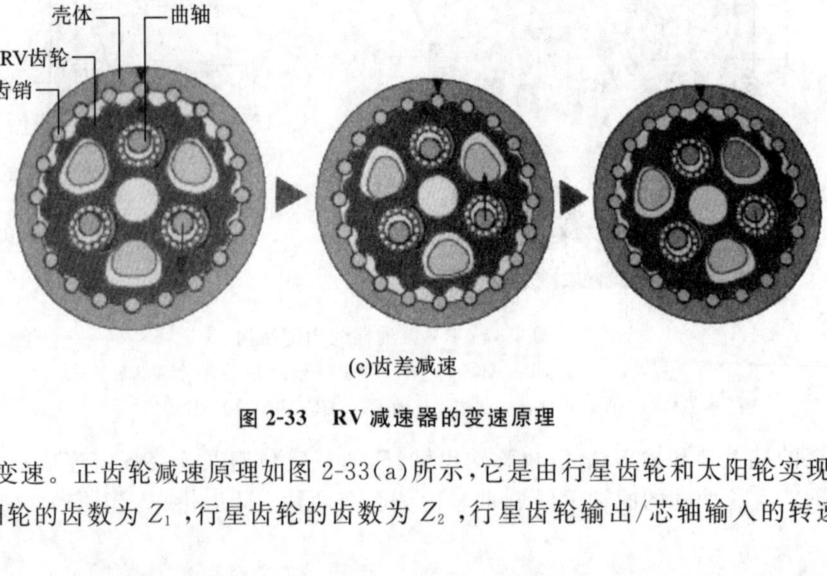

(c)齿差减速

图 2-33　RV 减速器的变速原理

正齿轮变速。正齿轮减速原理如图 2-33(a)所示，它是由行星齿轮和太阳轮实现的齿轮变速，假设太阳轮的齿数为 Z_1，行星齿轮的齿数为 Z_2，行星齿轮输出/芯轴输入的转速比(传动比)为 Z_1/Z_2、转向相反。

差动齿轮变速。当行星齿轮带动曲轴回转时,曲轴上的偏心段将带动 RV 齿轮做图 2-33(b)所示的摆动。因曲轴上的 2 段偏心轴为对称布置,故 2 个 RV 齿轮可在对称方向同时摆动。

图 2-33(c)为其中的一片 RV 齿轮的摆动情况,另一片的摆动过程相同,但相位相差 180°。由于减速器的 RV 齿轮和壳体针轮之间安装有针齿销,RV 齿轮摆动时,针齿销将迫使 RV 齿轮沿针轮的齿逐齿回转。

如果 RV 减速器的 RV 齿轮固定,芯轴连接输入,针轮连接输出,并假设 RV 齿轮的齿数为 Z_3,针轮的齿数为 Z_4,齿差为 1 时,当偏心轴带动 RV 齿轮顺时针旋转 360°时,RV 齿轮的 0°基准齿和针轮基准位置间将产生 1 个齿的偏移;相对针轮而言,其偏移角度为

$$\theta = \frac{1}{Z_4} \times 360° \tag{2-3}$$

因此,针轮输出/曲轴输入的转速比(传动比)为 $1/Z_4$;考虑到行星齿轮(曲轴)输出/芯轴输入的转速比(传动比)为 Z_1/Z_2,故可得到减速器的针轮输出/芯轴输入的总转速比为

$$i = \frac{Z_1}{Z_2} \cdot \frac{1}{Z_4} \tag{2-4}$$

由于 RV 齿轮固定时,针轮和曲轴的转向相同、行星轮(曲轴)和太阳轮(芯轴)的转向相反,故最终输出(针轮)和输入(芯轴)的转向相反。

但是,当减速器的针轮固定、芯轴连接输入、RV 齿轮连接输出时,情况有所不同。因为,通过芯轴的 $(Z_2/Z_1) \times 360°$逆时针回转,可驱动曲轴产生 360°的顺时针回转,使得 RV 齿轮的 0°基准齿相对于固定针轮的基准位置,产生一个齿的逆时针偏移,即 RV 齿轮输出的回转角度为

$$\theta_{\mathrm{o}} = \frac{1}{Z_4} \times 360° \tag{2-5}$$

同时,由于 RV 齿轮套装在曲轴上,当 RV 齿轮偏转时,也将使曲轴的中心逆时针偏转 θ_{o};因曲轴中心的偏转方向(逆时针)与芯轴转向相同,因此,相对于固定的针轮,芯轴所产生的相对回转角度为

$$\theta_{\mathrm{i}} = \left(\frac{Z_2}{Z_1} + \frac{1}{Z_4}\right) \times 360° \tag{2-6}$$

所以 RV 齿轮输出/芯轴输入的转速比将变为

$$i = \frac{\theta_{\mathrm{o}}}{\theta_{\mathrm{i}}} = \frac{1}{1 + \frac{Z_2}{Z_1} \cdot Z_4} \tag{2-7}$$

由式(2-7)可知,输出(RV 齿轮)和输入(芯轴)的转向相同。

RV 减速器的主要优点:因为有正齿轮、差动齿轮 2 级变速,所以传动比大;减速器的针轮和 RV 齿轮间通过直径较大的针齿销传动,曲轴采用的是圆锥滚柱轴承支承,所以减速器的结构刚度高、使用寿命长。RV 减速器的正齿轮变速一般有 2~3 对行星齿轮;差动变速采用的是硬齿面多齿销同时啮合,且其齿差固定为 1 齿,因此,在体积相同时,其齿形可比谐波减速器做得更大、输出转矩更高。因此,在工业机器人中,它多用于机器人机身上的腰、上臂、下臂等

大惯量、高转矩输出关节的回转减速，在大型搬运和装配工业机器人上的手腕有时也采用RV减速器。

RV减速器的缺点是：内部结构比谐波减速器复杂，传动间隙较大，其定位精度一般不及谐波减速器；同时由于其结构复杂，不能像谐波减速器那样直接以部件形式由用户在工业机器人的生产现场自行安装，故其使用也不及谐波减速器方便。

3）同步带传动

同步带传动系统用于传递平行轴之间的回转运动，可把回转运动转换成直线运动，通过带齿与轮的齿槽的啮合来传递动力的，由内周表面等间距齿形的环形带和具有相应契合齿形的带轮所组成。

同步带比齿轮链价格低得多，加工也容易得多。它综合了普通带传动、链传动和齿轮传动的优点，具有速比恒定、传动比大、传动平稳等优点。因此，同步带传动也是工业机器人常用的传动装置之一。

3. 工业机器人各种传动方式的对比

总体来说，工业机器人的传动装置与一般机械的传动装置大致相同，但工业机器人的传动系统要求结构紧凑、质量小、转动惯量和体积小，要求消除传动间隙，提高其运动和位置精度。工业机器人不同的传动方式具有各自的特点及应用，如表2-1所示。

表2-1 工业机器人常用传动方式的比较与分析

传动方式	特点	运动形式	传动距离	应用部位	实例
圆柱齿轮传动	用于手臂第一转动轴	转-转	近	臂部	Unimate PUMA560
锥齿轮传动	转动轴方向垂直相交	转-转	近	臂部、腕部	Unimate
行星齿轮传动	大传动比，价格高，质量大	转-转	近	臂部、腕部	Unimate PUMA560
谐波传动	大传动比，尺寸小，质量小	转-转	近	臂部、腕部	ASEA
链传动	无间隙，质量大	转-转 转-移 移-转	远	移动部分、腕部	ASEA
同步带传动	有间隙和振动，质量小	转-转 转-移 移-转	远	腕部、手爪	KUKA
滚珠丝杠传动	大传动比，精度高，可靠性高，价格高	转-移	远	臂部、腕部	Motorman L10

4. 驱动传动方式应用实例

1) PUMA-262 机器人传动

如图 2-34 所示为 PUMA-262 机器人的传动机构示意图，该机器人有 6 个自由度。

由图可看出：

电动机 1 通过两对齿轮 Z_1 与 Z_2、Z_3 与 Z_4 的传动带动立柱回转。

电动机 2 通过联轴器、一对圆锥齿轮 Z_5 与 Z_6、一对圆柱齿轮 Z_7 与 Z_8 带动齿轮 Z_9，齿轮 Z_9 绕与立柱固联的齿轮 Z_{10} 转动，形成大臂相对于立柱的回转。

电动机 3 通过两个联轴器和一对圆锥齿轮 Z_{11} 与 Z_{12}，两对圆柱齿轮 Z_{13} 与 Z_{14}、Z_{15} 与 Z_{16}（Z_{16} 固连于小臂上）驱动小臂相对于大臂回转。

电动机 4 先通过一对圆柱齿轮 Z_{17}、Z_{18}，两个联轴器和另一对圆柱齿轮 Z_{19}、Z_{20}（Z_{20} 固连于手腕的套筒上）驱动手腕相对于小臂回转。

电动机 5 通过联轴器，一对圆柱齿轮 Z_{21}、Z_{22}，一对圆锥齿轮 Z_{23}、Z_{24}（Z_{24} 固连于手腕的球壳上）驱动手腕相对于小臂（亦即相对于手腕的套筒）摆动。

电动机 6 通过联轴器，两对圆锥齿轮 Z_{25} 与 Z_{26}、Z_{27} 与 Z_{28} 和一对圆柱齿轮 Z_{29}、Z_{30} 驱动机器人的机械接口（法兰盘）相对于手腕的球壳回转。

总之，6 个电动机通过一系列的联轴器和齿轮副，形成了 6 条传动链，得到了 6 个转动自由度，从而形成了一定的工作空间。

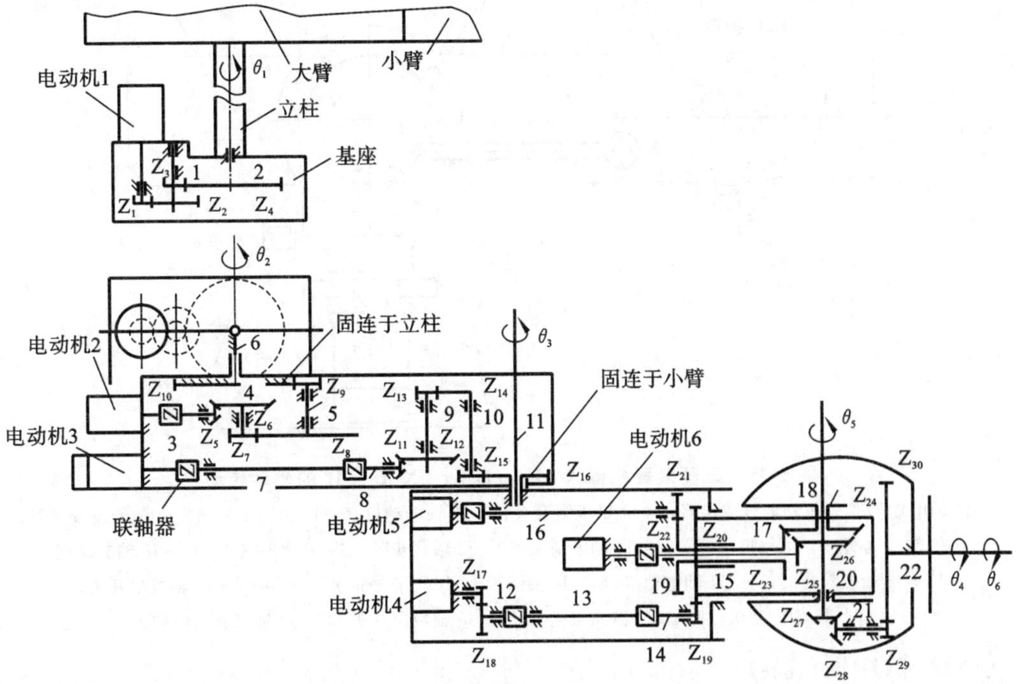

图 2-34　PUMA-262 机器人的传动机构

2）Movemaster EX RV-M1 的驱动传动

图 2-35 为三菱装配机器人 Movemaster EX RV-M1 的驱动传动简图。该机器人采用电动方式驱动，有 5 个自由度，分别为腰部旋转、肩部旋转、肘部的转动、腕部的俯仰与翻转。各关节均由直流伺服电动机驱动，其中，腰部旋转部分与腕关节的翻转为直接驱动。为了减小惯性矩，肩关节、肘关节和腕关节的俯仰都采用同步带传动。实验室常用的末端执行器采用直流电动机驱动。

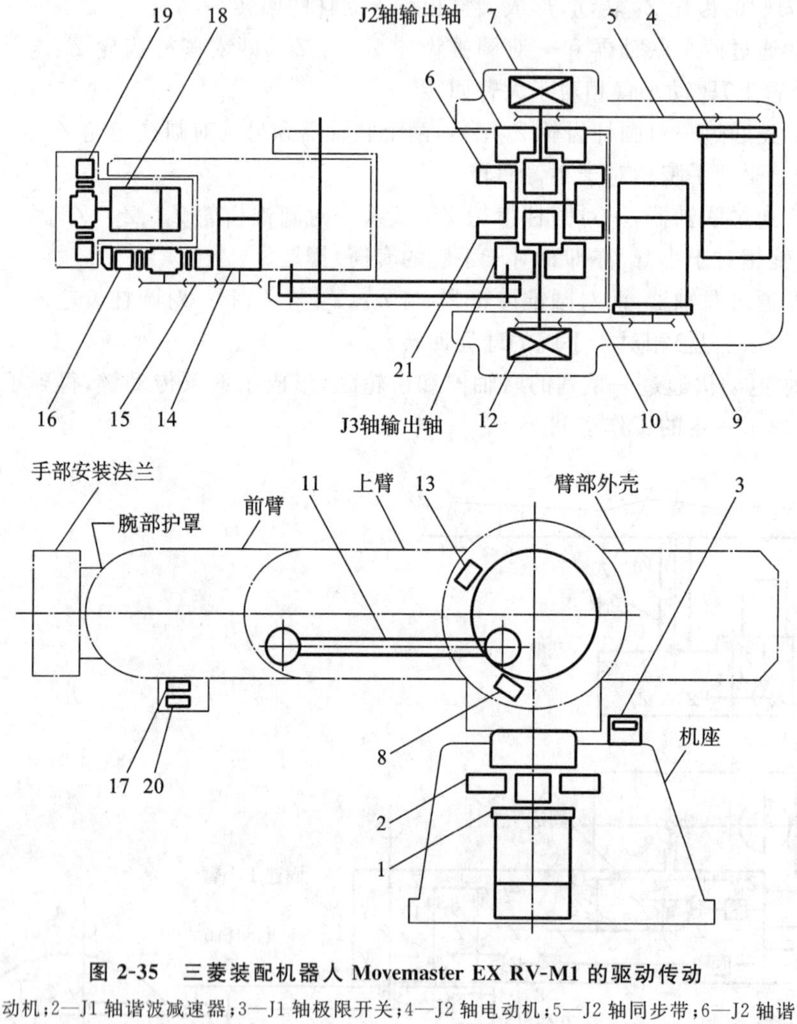

图 2-35　三菱装配机器人 Movemaster EX RV-M1 的驱动传动

1—J1 轴电动机；2—J1 轴谐波减速器；3—J1 轴极限开关；4—J2 轴电动机；5—J2 轴同步带；6—J2 轴谐波减速器；7—J2 轴制动阀；8—J2 轴极限开关；9—J3 轴电动机；10—J3 轴同步带；11—J3 轴驱动杆；12—J3 轴制动阀；13—J3 轴极限开关；14—J4 轴电动机；15—J4 轴同步带；16—J4 轴谐波减速器；17—J4 轴极限开关；18—J5 轴电动机；19—J5 轴谐波减速器；20—J5 轴极限开关；21—J3 轴谐波减速器

(1) 腰部(J1 轴)旋转。

①腰部(J1 轴)由机座内的电动机 1 和谐波减速器 2 驱动。

②J1 轴极限(限位)开关 3 装在机座顶部。

(2) 肩部(J2 轴)旋转。

①肩部(J2 轴)由肩关节处的谐波减速器 6 驱动,由连接在 J2 轴电动机 4 上的同步带 5 带动旋转。

②电磁制动阀 7 装在谐波减速器 6 的输入轴上,以防止断电时肩部由于自重而下转。

③J2 轴限位开关 8 装在肩壳内上臂处。

(3) 肘部(J3 轴)转动。

①J3 轴电动机 9 的转动由同步带 10 传送至谐波减速器 21。

②谐波减速器 21 上 J3 轴输出轴的转动由其驱动连杆传送至肘部的轴上,从而带动前臂伸展。

③电磁制动阀 12 装在谐波减速器 21 的输入轴上。

④J3 轴限位开关 13 安装在肩壳内上臂处。

(4) 腕部(J4 轴)俯仰。

①J4 轴的电动机 14 安装在前臂内。J4 轴同步带 15 将该电动机的转动传送到谐波减速器 16 上,从而带动手腕俯仰。

②J4 轴的限位(极限)开关 17 安装在前臂下侧。

(5) 腕部(J5 轴)转动。

①J5 轴电动机 18 和 J5 轴谐波减速器 19 安装在腕壳内的同一轴上,由它们带动手爪安装法兰旋转。

②J5 轴的极限开关 20 安装在前臂下。

2.1.6 传动机构的定位与消隙技术

1. 传动机构的定位技术

机器人的重复定位精度要求较高,设计时应根据具体要求选择适当的定位方法。目前常用的定位方法有:电气开关定位、机械挡块定位和伺服定位。

1) 电气开关定位

电气开关定位是利用电气开关作为行程检测元件,当机械手运动到定位点时,行程开关发出信号,切断动力源或接通制动器,从而使机械手获得定位。液压驱动的机械手运行至定位点时,行程开关发出信号,控制系统使电磁换向阀关闭油路而实现定位。电动机驱动的机械手需要定位时,行程开关发出信号,电气系统激励电磁制动器进行制动而定位。使用电气开关定位的机械手,其结构简单、工作可靠、维修方便,但由于受惯性力、油温波动和系统误差等因素的影响,重复定位精度较低,一般为±3～5 mm。

2) 机械挡块定位

机械挡块定位的原理是在行程终点设置机械挡块,当机械手减速运动到终点时,紧靠挡块而定位。若定位前缓冲较好,定位时驱动压力未撤除,在驱动压力下降运动件压在机械挡块上,或驱动压力将活塞压靠在缸盖上就能达到较高的定位精度,最高可达 0.02 mm。若定位时关闭驱动油路,去掉驱动压力,定位精度就会降低,其降低的程度与定位前的缓冲效果和机械手的结构刚度等因素有关。如图 2-36 所示为利用机械插销定位的结构。

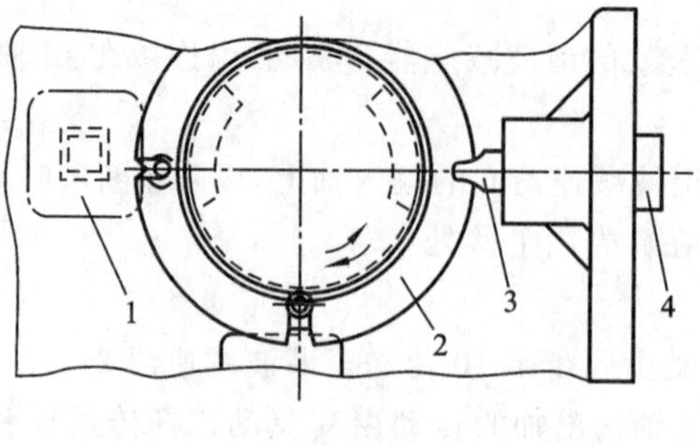

图 2-36　利用机械插销定位的结构

1—节流阀；2—圆盘；3—插销；4—定位油缸

3）伺服定位

电气开关定位与机械挡块定位只适用于两点或多点定位，而在任意点定位时，要使用伺服定位系统。伺服系统可以输入指令控制位移的变化，从而获得良好的运动特性。它不仅适用于点位控制，而且也适用于连续轨迹控制。

开环伺服定位系统没有行程检测及反馈，是一种直接用脉冲频率变化和脉冲数控制机器人速度和位移的定位方式。这种定位方式抗干扰能力差，定位精度较低。闭环伺服定位系统具有反馈环节，其抗干扰能力强、反应速度快，容易实现任意点定位。

2. 传动机构的消隙技术

一般传动机构存在间隙，也叫侧隙。就齿轮传动而言，齿轮传动的侧隙是指一对齿轮中，一个齿轮固定不动，另一个齿轮能够做出的最大角位移。传动的间隙影响了机器人的重复定位精度和平稳性。对机器人控制系统来说，传动间隙会导致显著的非线性变化、振动和不稳定。但是传动间隙是不可避免的，传动间隙主要有两种：由于制造及装配误差所产生的间隙，为适应热膨胀而特意留出的间隙。消除传动间隙的主要途径有：提高制造和装配精度，设计可调整传动间隙的机构，设置弹性补偿零件。下面介绍几种常用的适合工业机器人的传动消隙方法。

1）消隙齿轮

如图 2-37 所示的消隙齿轮是由具有相同齿轮参数的并只有一半齿宽的两个薄齿轮组成。利用弹簧的压力使它们与配对的齿轮两侧齿廓相接触，完全消除了齿侧间隙。如图 2-37(b)所示为用螺钉 3 将两个薄齿轮 1 和 2 连接在一起，代替图 2-37(a)中的弹簧，其好处是侧隙可以调整。

2）柔性齿轮消隙

如图 2-38(a)所示为一种钟罩形状具有弹性的柔性齿轮，在装配时对它稍许加些预载，就能引起轮壳的变形，从而每个轮齿的双侧齿廓都能啮合，消除了侧隙。如图 2-38(b)所示为采用了上述相同的原理却用不同设计形式的径向柔性齿轮，其轮壳和齿圈是刚性的，但与齿轮圈连接处具有弹性。对于给定同样的转矩载荷，为了保证无侧隙啮合，径向柔性齿轮所需要的预载力比钟罩状柔性齿轮的要小得多。

3）对称传动消隙

一个传动系统设置两个对称的分支传动，并且其中必有一个是具有“回弹”能力的。如图

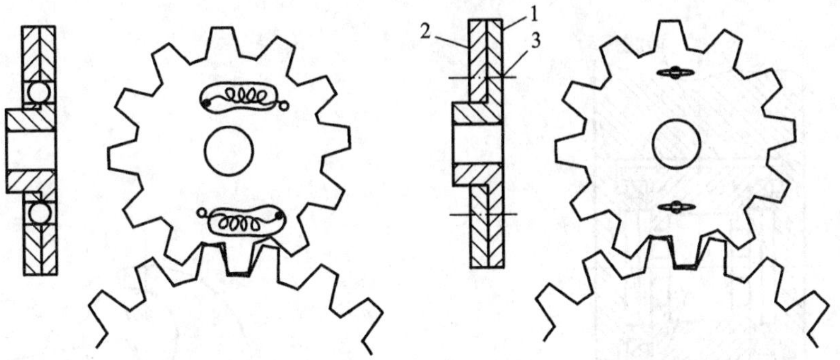

(a)弹簧消隙　　(b)螺钉消隙

图 2-37　消隙齿轮

1,2—薄齿轮;3—螺钉

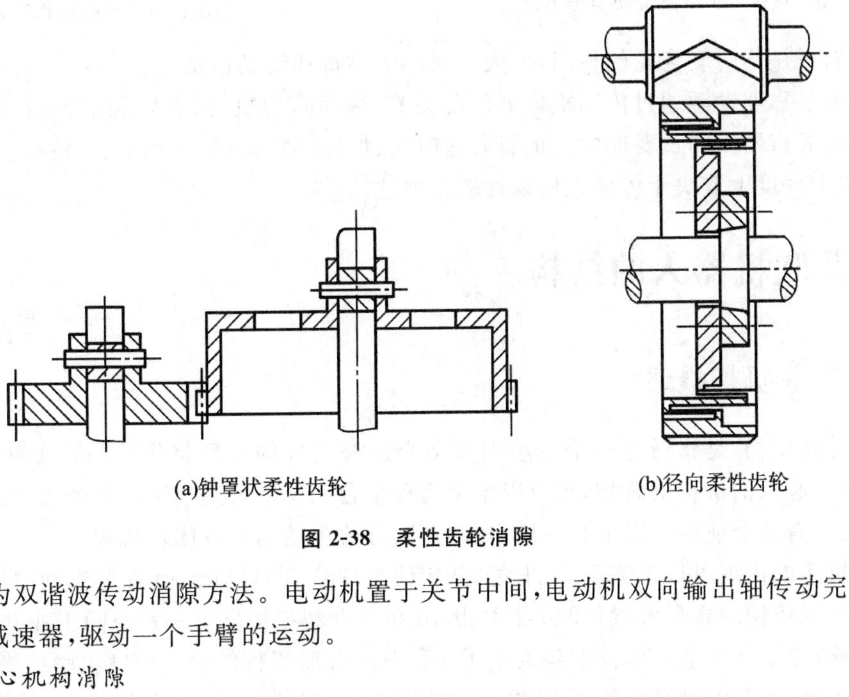

(a)钟罩状柔性齿轮　　(b)径向柔性齿轮

图 2-38　柔性齿轮消隙

2-39 所示为双谐波传动消隙方法。电动机置于关节中间,电动机双向输出轴传动完全相同的两个谐波减速器,驱动一个手臂的运动。

4）偏心机构消隙

图 2-40 所示的偏心机构实际上是中心距调整机构。齿轮磨损等原因造成传动间隙增加时,最简单的方法是调整中心距。图中,OO' 中心距是固定的;一对齿轮中的一个齿轮装在 O' 轴上,另一个齿轮装在 A 轴上;A 轴轴承偏心装在可调的支架上。应用调整螺钉转动支架就可以改变一对齿轮啮合的中心距 AO' 的大小,达到消除间隙的目的。

5）齿廓弹性覆层消隙

此种消隙是指齿廓表面覆有薄薄一层弹性很好的橡胶层或层压材料,相啮合的一对齿轮加以预载,可以完全消除啮合侧隙。齿轮几何学上的齿面相对滑动,在橡胶层内部发生剪切弹性流动时被吸收,因此,像铝合金甚至石墨纤维增强塑料这种非常轻而不具备良好接触和滑动

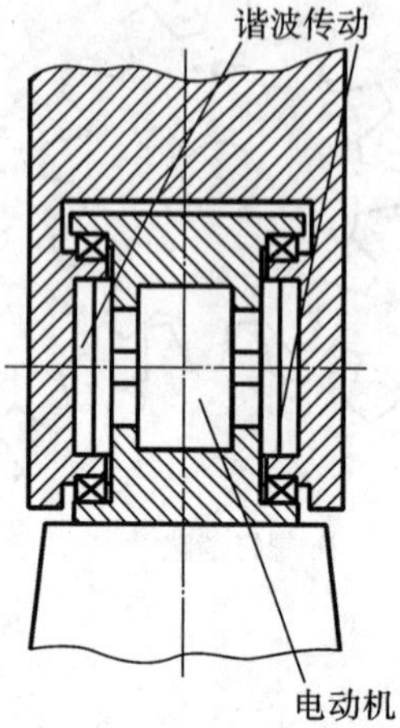

图 2-39　双谐波传动消隙方法

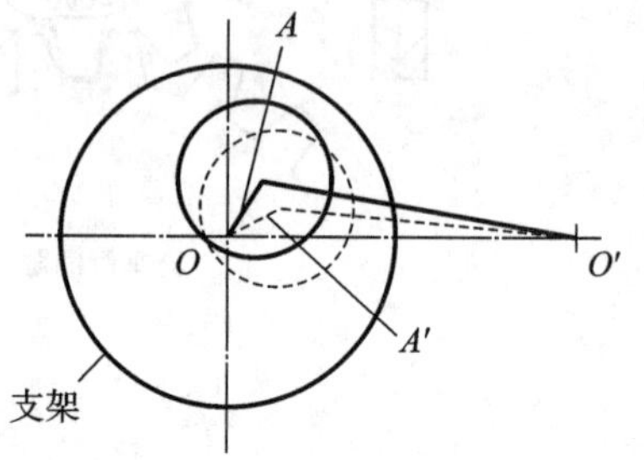

图 2-40　偏心机构消隙

品质的材料可用作传动齿轮的材料，大大地减小了质量和转动惯量。

机器人是靠驱动源通过传动机构来驱动关节，从而实现机身、手臂和手腕运动的，因此传动机构是构成机器人的重要部件。机器人速度高、加速度特性好、运动平稳、精度高、负载能力大，这在很大程度上取决于传动机构设计的合理性。

2.2　并联机器人的结构

2.2.1　并联机构概述

所谓并联机构，是指通过多个运动副和多个连杆组成的分别将机座与输出部分（输出构件）并联连接起来的机构的总称，也可以定义为动平台和定平台通过至少两个独立的运动链相连接，机构具有两个或两个以上自由度，且以并联方式驱动的一种闭环机构。

并联机构的出现可以追溯至 20 世纪 30 年代。1931 年，Gwinnett 在其专利中提出了一种基于球面并联机构的娱乐装置；1940 年 Pollard 在其专利中提出了一种空间工业并联机构，用于汽车喷漆；之后，Gough 在 1962 年发明了一种基于并联机构的六自由度轮胎检测装置；1965 年，德国 Stewart 首次对 Gough 发明的这种机构进行了机构学意义上的研究，并将其推广应用为飞行模拟器的运动产生装置，如图 2-41 所示，它是用 6 条具有 6 个关节的运动链将机座部分（定平台）与驾驶舱（动平台）并联连接起来的机构，这种机构也是目前应用最广的并联机构，被称为 Stewart 机构。

如图 2-41 所示，一般的 Stewart 并联机构，从结构上是用 6 根支杆将上下两平台连接而形成的。机构的上下平台分别由六个相同的分支所支撑，每个分支的两端是球形铰链，每个分支的中间是一移动副。这 6 根支杆都可以独立地自由伸缩，这样上平台和下平台就可进行 6 个独立运动，即有 6 个自由度，在三维空间可以做任意方向的移动和绕任何方向的轴线转动。在其各条运动链的 6 个运动副中，仅有 1 个运动副是主动驱动，剩下的 5 个运动副均属于被动关节。其结果是，输出部分能够在驱动器的驱动下实现平移、旋转等6个自由度的运动，完成与多关节手臂同样的功能。其移动副可以由液压缸、气缸或滚珠丝杠等直线驱动机构驱动。

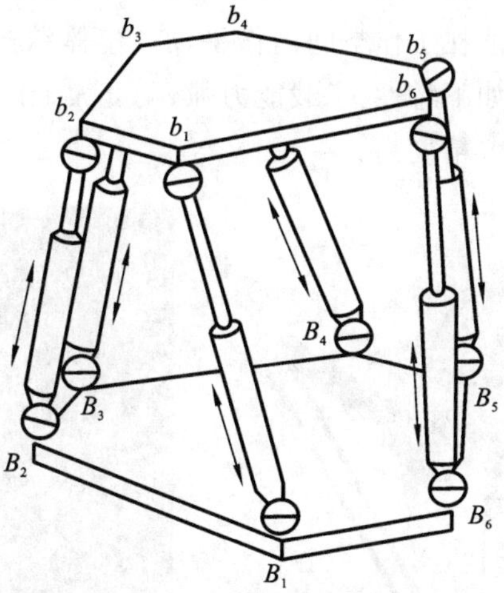

图 2-41 Stewart 机构结构示意图

实现6个自由度不一定必须用6条运动链。例如，在6个运动副的运动链中，若让2个运动副是主动的，那么就可以用3条这样的运动链来实现6个运动自由度。但是，这样并联机构的性质将受到限制。所以，有时也会将具有6条运动链的机构称为完全并联机构，将少于6条运动链的机构称为不完全并联机构或部分并联机构。

2.2.2 并联机器人的发展

并联机器人可以定义为将并联机构作为机器人操作臂机构的机器人，它是机器人研究领域的一个重要分支。1978年澳大利亚著名机构学教授 Hunt 提出将并联机构用于机器人手臂，由此拉开了并联机器人研究的序幕。大致来说，20世纪60年代并联机构曾用来开发飞机模拟器，20世纪70年代提出并联机械手的概念，20世纪80年代开始研制并联机器人机床，20世纪90年代利用并联机构开发起重机。

此后，日本、俄罗斯、意大利、德国及欧洲的各大公司相继推出并联机器人作为加工工具的应用机构。我国也非常重视并联机器人及并联机床的研究与开发工作，中国科学院沈阳自动化研究所、哈尔滨工业大学、清华大学、北京航空航天大学、东北大学、浙江大学、燕山大学等许多单位也在开展这方面的研究工作，并取得了一定的成果。燕山大学黄真教授等人研制出我国第一台六自由度并联机器人样机，1994年研制出一台柔性铰链并联式六自由度机器人误差补偿器，在1997年出版了我国第一部关于并联机器人理论与技术的专著，2006年又出版了《高等空间机构学》。

并联机器人的出现，扩大了机器人的应用范围。部分并联机构机器人和一般6自由度并联机器人相比，具有机械结构简单、制造和控制成本相对低等优点。并联机构多具有2～6个自由度。其中，著名的少自由度并联机构有 Delta 机构等。

Delta 并联机构由 Clavel 提出，结构如图 2-42 所示，两个平台都是等边三角形，它们之间以 3 条完全相同的支链连接，每一个支链与基础平台用转动副 R 连接，用作机构的输入，平行四边形机构与动平台及定长杆均以球面副 S 连接，消除了运动平台的 3 个转动自由度而保持了 3 个纯平动自由度，因此只能在工作空间内做平动。整体结构精密、紧凑，驱动部分均布于固定平台，这些特点使它具有如下特性：承载能力强、刚度大、自重负荷比小、动态性能好；并行三自由度机械臂结构，重复定位精度高。

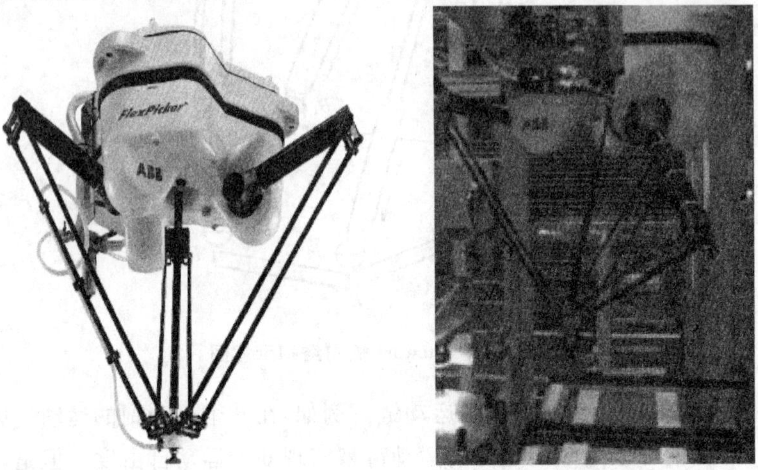

(a) (b)

图 2-42 ABB 的 Delta 机械手

2.2.3 并联机器人的应用

并联机器人与串联机器人相比，工作空间狭小，活动平台远远不如串联机器人手部灵活。但它也具有很多优点，活动平台同时经由 6 根杆支撑，与串联的悬臂梁相比，刚度大，结构稳定，承载能力大；同时，并联机器人无累积误差，精度较高；驱动装置可置于定平台上或接近定平台的位置，这样运动部分质量小，速度高，动态响应好；根据这些特点，并联机器人在需要高刚度、高精度或者大载荷而无需很大工作空间的领域内得到了广泛应用。除了运动模拟器、并联机床、微操作机器人之外，以下领域也在拓展应用范围：军事领域中的潜艇、坦克驾驶运动模拟器，下一代战斗机的矢量喷管，潜艇及空间飞行器的对接装置，姿态控制器等；生物医学工程中的细胞操作机器人，外科手术机器人（见图 2-43）；大型射电天文望远镜的姿态调整装置（见图 2-44）等。

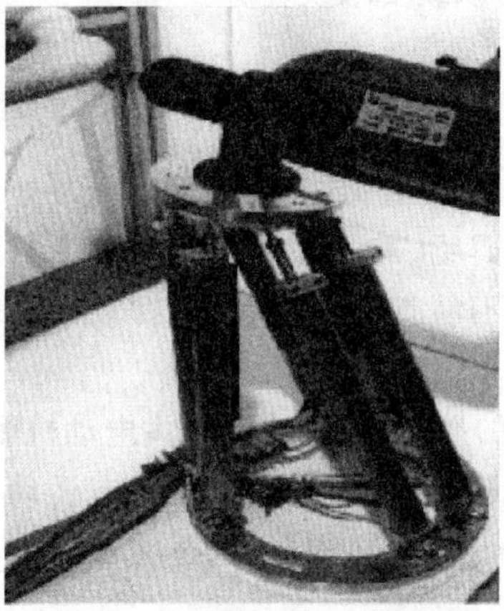

图 2-43 骨科手术并联机器人

图 2-44 NASA 红外望远镜次级镜片对齐平台

2.3 移动机器人的结构

不同的行走环境情况对机器人的移动机构提出了不同的要求。对于在普通地面上工作的机器人来说，在平坦的地面上只需要有简单的前进推力，常见的车轮即可实现移动功能。若要求机器人能够上下楼梯或在崎岖不平的山地行走，就需要采用特种移动机构。根据机器人的移动机构特点可以分为车轮式、履带式和步行式。前者的形态为运动车式，后者则为类人或动物的足式。

2.3.1 车轮式移动机构

车轮式移动机构具有移动平稳、能耗小以及容易控制移动速度和方向等优点，因此得到了广泛的应用。目前应用的车轮式行走机构主要是三轮差速机器人和四轮移动机器人。

如图 2-45 所示的为 Shakey 移动机器人，三轮差速移动机构是移动机器人的基本移动机构，其主要问题是移动方向的控制。典型车轮的配置是一个前轮与两个后轮，前轮作为操纵舵，用来改变方向，后轮用来驱动。另一种是两后轮独立驱动，前轮仅起支撑作用，并靠两后轮的转速差或转向来改变移动方向，从而实现整体灵活的、小范围的移动。不过，要做较长距离的直线移动时，两驱动轮的直径差会影响前进的方向。四轮式行走机构也是一种应用广泛的行走机构，其基本原理类似于三轮式。在实际系统中采用

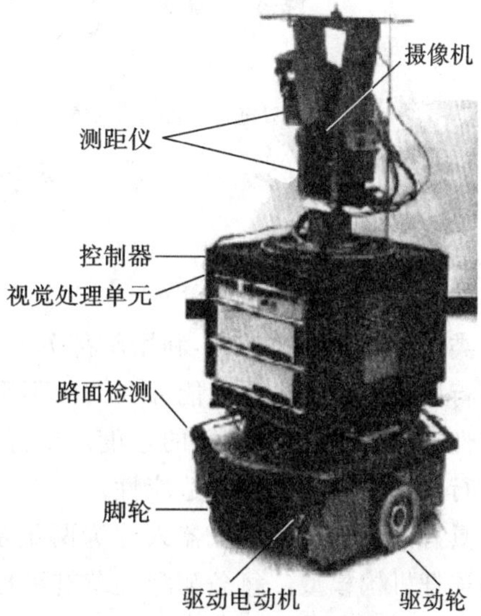

图 2-45 Shakey 移动机器人

何种机构的车轮以及车轮的数量取决于地面的性质、车辆的承载要求及任务。

2.3.2 履带式移动机构

履带式移动机构的特点是履带卷绕在多个车轮上，使车轮不直接与地面接触，缓冲地面凹凸不平对车轮的影响，实现在不平整的地面上移动、跨越障碍物、爬不太高的台阶等。与轮式移动机构相比，履带式移动机构支承面积大，接地比压小，不易打滑，有利于发挥较大的牵引力，结构复杂，质量大，减振性能差，零件易损坏等。

如图 2-46(a)所示的履带式机器人，它有两条形状可变的履带，分别由两个主电动机驱动。当履带速度相同时，实现前进或后退移动；当两履带速度不同时，整个机器实现转向运动。当臂杆绕履带架上的轴旋转时，带动行星轮转动，从而实现履带的不同构形，以适应不同的移动环境。

位置可变的履带机构是指履带相对于机体位置可以发生改变的履带机构。如图 2-46(b)所示为一种两自由度的变位履带移动机构。各履带能够绕机体的水平轴线和垂直轴线偏转，从而改变移动机构的整体构形。这种履带移动机构兼有履带机构与轮式机构的优点，履带沿着一个自由度变位时，用于爬越障碍，沿着另一个自由度变位时，可实现车轮的移动。

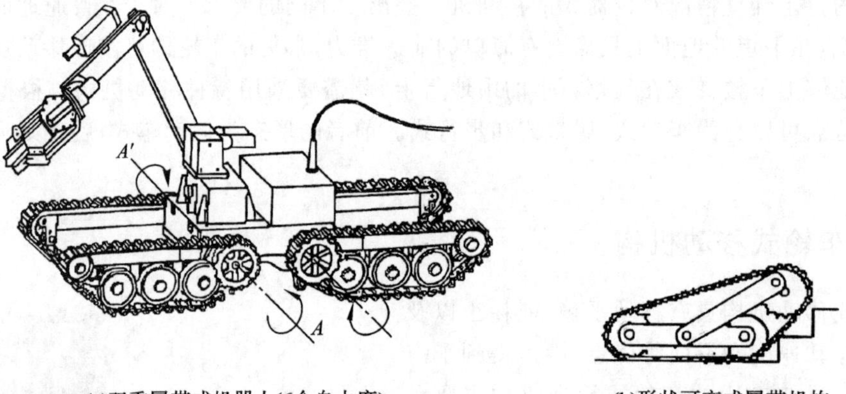

(a)双重履带式机器人(6个自由度)　　(b)形状可变式履带机构

图 2-46　履带式机器人

2.3.3 步行机器人

类似于人和动物那样，利用脚部关节机构，用步行方式实现移动的机构称为步行机构。采用步行机构的步行机器人能够在凸凹不平的地上行走、跨越沟壑和上下台阶，因而具有广泛的适应性，但在控制上有相当的难度。步行机构有两足、三足、四足、六足和八足等形式，其中两足步行机器人具有最好的适应性。

具有两条腿机构的机器人称为两足步行机器人。如图 2-47 所示为机器人着眼于步行机能的连杆机构模型。每条腿踝关节有纵摇轴和横摇轴 2 个自由度，膝关节也有 2 个自由度，髋关节除此之外还有偏转轴 3 个自由度，共计 7 个自由度，两条腿共计 14 个自由度，总体为开式链连杆机构。在控制方面，2 足步行机器人是不稳定系统，因此在实用化方面需要解决的问题很多。

而四足机器人比两足机器人承载能力强、稳定性好，其结构也比六足、八足步行机器人简单。四足机器人在行走时，机体首先要保证静态稳定，因此其在运动的任一时刻至少应有三条腿与地面接触，以支撑机体，且机体的重心必须在三足支撑点构成的三角形区域内，四条腿才能按一定的顺序抬起和落地，实现行走，如图 2-48 所示。四足步行机器人包含有分层机构，各分层分别有传感器系统，实施腿的控制程序、接地点控制、重心移动以及生成反射的调整动作等控制。

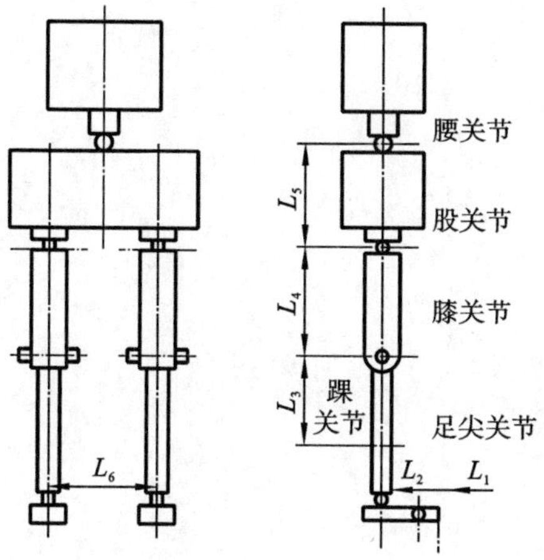

图 2-47 两足步行式机器人连杆结构

图 2-48 四足机器人

本章小结

本章从串联机器人、并联机器人和移动机器人三个方面介绍了机器人的本体结构。首先以关节型 PUMA-262 机器人为例，系统地分析了串联机器人的结构组成，包括机座、臂部、腕部和末端执行器四个部分。在每一部分，给出了其结构设计要点、常用的结构形式，并分析了典型的结构原理和特点。接着重点分析了串联机器人常用的传动机构，包括关节、齿轮、联轴器、谐波减速器和 RV 减速器、滚动导轨、滚珠丝杠、带传动和链传动等。随后也简单介绍了机器人的定位消隙等关键技术；然后又以 Stewart 平台和 Delta 平台为例，分析了并联机器人的结构特点，简单叙述了其发展与应用；最后，从车轮式、履带式、步行式三个方面讨论了移动机器人的结构及特点。

习　题

1. 机器人的本体主要包括哪几部分？以串联机器人为例，说明机器人本体的基本结构和主要特点。

2. 机器人手臂设计应注意哪些问题？

3. 什么是 BBR 手腕？什么是 RRR 手腕？

4. 机器人末端执行器有哪些种类？各有什么特点？
5. 试述吸附吸盘和电磁吸盘的工作原理。
6. 试述机器人谐波减速器的工作原理。
7. 传动机构的定位方法有哪些？
8. 传动件消隙常用的方法有哪些？各有什么特点？
9. 简述机器人移动机构的分类及特点。
10. 简述两足步行机器人移动机构的工作原理。

第 3 章　机器人运动学分析

机器人运动学主要研究机器人末端执行器位姿与关节变量间的关系。运动学的分析方法有多种，齐次变换便是其中的一种，该变换具有直观的几何意义。D-H 方法首次用齐次矩阵来描述机构连杆间的关系。

本章主要对齐次坐标、齐次变换进行分析，研究机器人的位姿描述和正向、逆向运动学，为后续机器人动力学和控制提供理论基础。

3.1　机器人坐标系

机器人具有复杂的运动系统，它的每一个动作都是由一系列关节运动而形成的。为了清楚和准确描述机器人操作臂或工件在空间内的运动以及它们之间的关系，首先需要描述位置和姿态这两个参数，在数学上，通常采用固定(参考)坐标系和运动坐标系来表达这两个参数。

3.1.1　固定坐标系

世界坐标系是任何运动都能够参照的坐标系，故也称为参考坐标系。位置和姿态是参照世界坐标系或由世界坐标系定义的笛卡儿坐标系来描述的。

在世界坐标系内定义的固定坐标系，其位置和方向固定不动，对其他坐标系具有参考和定位作用，简称为静系，如图 3-1 所示的三维空间坐标系 $OXYZ$ 。在机器人系统中，静系一般指的是机座坐标系。

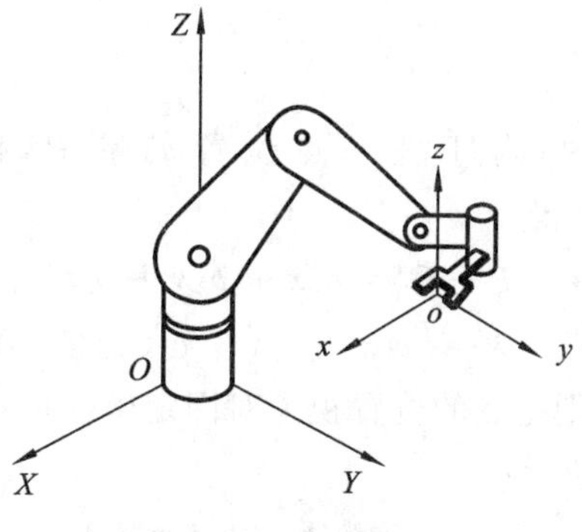

图 3-1　坐标系

3.1.2 运动坐标系

所建立的坐标系与运动构件固接在一起，其位置和方向随构件的运动而变化，这样的坐标系称为运动坐标系，简称动系，如图 3-1 中的坐标系 $oxyz$ 。机器人系统中关节坐标系、工件坐标系等都属于运动坐标系。

3.1.3 位置描述

一旦定义了固定坐标系，则坐标系内任一点的位置可用 3×1 矢量进行描述。

固定坐标系 $\{U\}$ 内任一点 P 的位置矢量表示为

$$^{U}\boldsymbol{P}=[p_x \quad p_y \quad p_z]^{\mathrm{T}}$$

式中：p_x, p_y, p_z ——点 P 在笛卡儿坐标系中三个坐标轴上的坐标分量。

为便于分析，往往在世界坐标系内建立多个坐标系，故一个位置矢量是在某坐标系内定义可用上述左上标方法来表示，如坐标系 $\{A\}$ 内定义的位置矢量 $\boldsymbol{P}$ 记为 $^{A}\boldsymbol{P}$。

3.1.4 姿态描述

位置矢量能够描述空间内的点，但不能确定物体在空间内的姿态。为了描述物体的姿态，在物体上建立运动坐标系，并且定义运动坐标系的三个坐标轴方向相对于固定坐标系的坐标轴描述即为该物体的姿态。

3.2 齐次坐标及变换

物体的运动由转动和平移来实现，在坐标系内，纯转动变换可用 3×3 矩阵来表示，但无法反映物体的平移，为了用同一矩阵表示转动和平移，便于进行矩阵间运算，故引入 4×4 的齐次坐标及齐次矩阵变换。

3.2.1 齐次坐标

在固定坐标系 $OXYZ$ 内，对于任一点位置矢量 $\boldsymbol{P}$ 和向量 $\boldsymbol{V}$，可找到一组坐标 (p_1, p_2, p_3) 和 (v_1, v_2, v_3)，使得：

$$\begin{cases}\boldsymbol{P}-\boldsymbol{O}=p_1\boldsymbol{x}+p_2\boldsymbol{y}+p_3\boldsymbol{z}\\ \boldsymbol{V}=v_1\boldsymbol{x}+v_2\boldsymbol{y}+v_3\boldsymbol{z}\end{cases} \tag{3-1}$$

为了表示任一点位置 P，则把点的位置视为对固定坐标系 $OXYZ$ 的原点所进行的一个向量，即 $\boldsymbol{P}-\boldsymbol{O}$，用向量表达点的位置：

$$\boldsymbol{P}=p_1x+p_2y+p_3z+\boldsymbol{O} \tag{3-2}$$

式(3-1)和式(3-2)是坐标系下任一点和向量的代数分量表达，写成矩阵的形式为

$$\boldsymbol{P}=[p_1 \quad p_2 \quad p_3 \quad 1]\times[\boldsymbol{x} \quad \boldsymbol{y} \quad \boldsymbol{z} \quad \boldsymbol{o}]^{\mathrm{T}} \tag{3-3}$$

$$\boldsymbol{V}=[v_1 \quad v_2 \quad v_3 \quad 0]\times[\boldsymbol{x} \quad \boldsymbol{y} \quad \boldsymbol{z} \quad \boldsymbol{o}]^{\mathrm{T}} \tag{3-4}$$

式中：$[\boldsymbol{x}\quad \boldsymbol{y}\quad \boldsymbol{z}\quad \boldsymbol{o}]$——坐标基矩阵，矩阵 $[p_1\quad p_2\quad p_3\quad 1]$ 和 $[v_1\quad v_2\quad v_3\quad 0]$ 分别为点 $\boldsymbol{P}$ 和向量 $\boldsymbol{V}$ 在固定坐标系的坐标。

由式(3-3)和式(3-4)可知：点和向量在同一固定坐标系具有不同的表达，点的第四个代数分量非零，向量的第四个代数分量为0，用 $n+1$ 维坐标来描述 n 维空间点的表示方法称为齐次坐标表示。如用4个代数分量来表示三维空间几何量的方法是一种齐次坐标表示。

在直角坐标系下任一点 P 的向量表示为

$$\boldsymbol{P}=p_x\boldsymbol{i}+p_y\boldsymbol{j}+p_z\boldsymbol{k} \tag{3-5}$$

式中：$\boldsymbol{i},\boldsymbol{j},\boldsymbol{k}$——坐标轴 x,y,z 的单位矢量。

点 P 的齐次坐标为

$$\boldsymbol{P}=[p_1\quad p_2\quad p_3\quad w]^{\mathrm{T}} \tag{3-6}$$

$$p_x=\frac{p_1}{w},\quad p_y=\frac{p_2}{w},\quad p_z=\frac{p_3}{w}$$

式中：w——比例因子。

显然，点 P 的齐次坐标表达并不是唯一的，随着 w 值的不同而不同。在机器人的运动分析中总取 $w=1$。

3.2.2 齐次坐标变换

坐标变换看作是坐标系在空间的一系列运动。运动坐标系相对于固定坐标系的运动可以看作是坐标系间运动状态(位姿)的变化。在引入齐次坐标后，坐标系便使用齐次坐标来描述。

1. 平移变换

运动过程中，若坐标系相对于固定坐标系在空间的姿态不变，则称为平移变换。其特点是坐标轴方向单位向量保持同一方向不变，两坐标系原点位置发生改变，如图3-2所示。

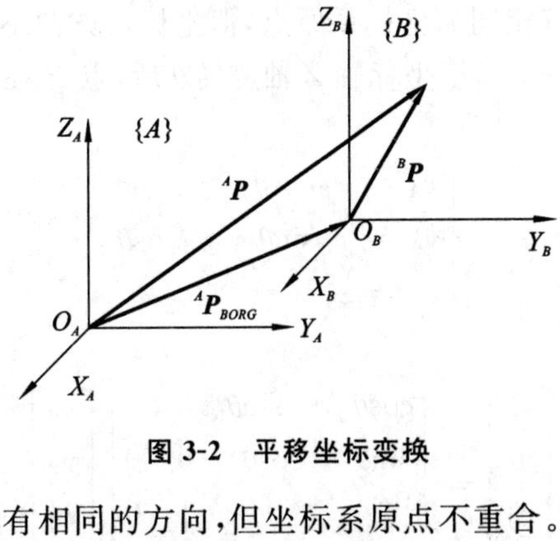

图3-2 平移坐标变换

坐标系 $\{A\}$ 和 $\{B\}$ 具有相同的方向，但坐标系原点不重合。已知点 P 在 $\{B\}$ 中的位置矢量为 $^B\boldsymbol{P}=(x_B,y_B,z_B)$，平移后坐标系 $\{B\}$ 的原点 O_B 在 $\{A\}$ 中位置矢量为 $^A\boldsymbol{P}_{BORG}=(x_0,y_0,z_0)$，则点 P 在 $\{A\}$ 中的位置矢量 $^A\boldsymbol{P}(=(x_A,y_A,z_A))$ 为

$$^A\boldsymbol{P}={}^A\boldsymbol{P}_{BORG}+{}^B\boldsymbol{P} \tag{3-7}$$

齐次坐标表示为

$$\begin{bmatrix} x_A \\ y_A \\ z_A \\ 1 \end{bmatrix} = \begin{bmatrix} x_B + x_0 \\ y_B + y_0 \\ z_B + z_0 \\ 1 \end{bmatrix} = \begin{bmatrix} 1 & 0 & 0 & x_0 \\ 0 & 1 & 0 & y_0 \\ 0 & 0 & 1 & z_0 \\ 0 & 0 & 0 & 1 \end{bmatrix} \begin{bmatrix} x_B \\ y_B \\ z_B \\ 1 \end{bmatrix} \tag{3-8}$$

平移变换矩阵为

$$\mathrm{Trans}(x_0, y_0, z_0) = \begin{bmatrix} \boldsymbol{I} & {}^{A}\boldsymbol{P}_{BORG} \\ 0 & 1 \end{bmatrix} \tag{3-9}$$

式中：$\mathrm{Trans}(x_0, y_0, z_0)$——齐次坐标变换的平移算子。

注意：只有当坐标系平移时才能将坐标系中点的位置描述直接相加。

2. 旋转变换

运动过程中若坐标系相对于固定坐标系的原点不变，坐标系绕固定坐标系的坐标轴转动某一角度的变换，称为旋转变换，其中绕单轴转动为最简单的变换。其特点是坐标轴方向单位向量发生变化，坐标系原点的位置保持不变，如图 3-3 所示。

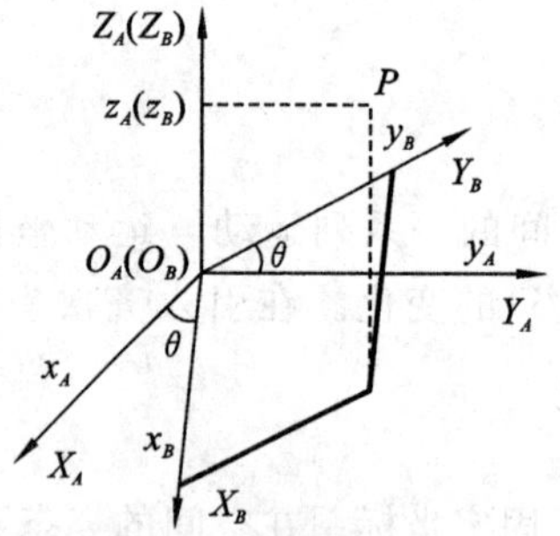

图 3-3　旋转坐标变换

坐标系 $\{A\}$ 和 $\{B\}$ 具有相同的坐标系原点，但坐标轴方向不重合。已知点 P 在 $\{B\}$ 中的位置矢量为 ${}^{B}\boldsymbol{P}=(x_B, y_B, z_B)$，绕坐标轴 Z 轴旋转 θ 后，点 P 在 $\{A\}$ 中的位置矢量为 ${}^{A}\boldsymbol{P}=(x_A, y_A, z_A)$，于是有：

$$\begin{cases} x_A = x_B\cos\theta - y_B\sin\theta \\ y_A = x_B\sin\theta + y_B\cos\theta \\ z_A = z_B \end{cases} \tag{3-10}$$

齐次坐标表示为

$$\begin{bmatrix} x_A \\ y_A \\ z_A \\ 1 \end{bmatrix} = \begin{bmatrix} \cos\theta & -\sin\theta & 0 & 0 \\ \sin\theta & \cos\theta & 0 & 0 \\ 0 & 0 & 1 & 0 \\ 0 & 0 & 0 & 1 \end{bmatrix} \begin{bmatrix} x_B \\ y_B \\ z_B \\ 1 \end{bmatrix} \tag{3-11}$$

绕 Z 轴旋转 θ 的齐次旋转变换矩阵 ${}^{A}_{B}\boldsymbol{T}$ 为

$$
{}_B^A\boldsymbol{T} = \mathrm{Rot}(Z,\theta) = \begin{bmatrix} \cos\theta & -\sin\theta & 0 & 0 \\ \sin\theta & \cos\theta & 0 & 0 \\ 0 & 0 & 1 & 0 \\ 0 & 0 & 0 & 1 \end{bmatrix} \tag{3-12}
$$

同理分别绕 X 轴和 Y 轴旋转 θ 的齐次旋转变换矩阵 ${}_B^A\boldsymbol{T}$ 为

$$
{}_B^A\boldsymbol{T} = \mathrm{Rot}(X,\theta) = \begin{bmatrix} 1 & 0 & 0 & 0 \\ 0 & \cos\theta & -\sin\theta & 0 \\ 0 & \sin\theta & \cos\theta & 0 \\ 0 & 0 & 0 & 1 \end{bmatrix} \tag{3-13}
$$

$$
{}_B^A\boldsymbol{T} = \mathrm{Rot}(Y,\theta) = \begin{bmatrix} \cos\theta & 0 & \sin\theta & 0 \\ 0 & 1 & 0 & 0 \\ -\sin\theta & 0 & \cos\theta & 0 \\ 0 & 0 & 0 & 1 \end{bmatrix} \tag{3-14}
$$

${}_B^A\boldsymbol{T}$ 为齐次坐标变换的旋转算子，表示固结于刚体上的坐标系 $\{B\}$ 对固定坐标系 $\{A\}$ 的姿态矩阵，它使坐标系 $\{B\}$ 中点的位置矢量 ${}^B\boldsymbol{P}$ 变换成坐标系 $\{A\}$ 中位置矢量 ${}^A\boldsymbol{P}$ 。

进一步描述旋转矩阵 ${}_B^A\boldsymbol{R}$ 为坐标系 $\{B\}$ 的三个单位主矢量 $\boldsymbol{x}_B$、$\boldsymbol{y}_B$、$\boldsymbol{z}_B$ 相对于坐标系 $\{A\}$ 的方向余弦组成的 3×3 矩阵，即

$$
{}_B^A\boldsymbol{R} = \begin{bmatrix} {}^A\boldsymbol{X}_B & {}^A\boldsymbol{Y}_B & {}^A\boldsymbol{Z}_B \end{bmatrix} = \begin{bmatrix} \boldsymbol{x}_B \cdot \boldsymbol{x}_A & \boldsymbol{y}_B \cdot \boldsymbol{x}_A & \boldsymbol{z}_B \cdot \boldsymbol{x}_A \\ \boldsymbol{x}_B \cdot \boldsymbol{y}_A & \boldsymbol{y}_B \cdot \boldsymbol{y}_A & \boldsymbol{z}_B \cdot \boldsymbol{y}_A \\ \boldsymbol{x}_B \cdot \boldsymbol{z}_A & \boldsymbol{y}_B \cdot \boldsymbol{z}_A & \boldsymbol{z}_B \cdot \boldsymbol{z}_A \end{bmatrix} \tag{3-15}
$$

式中：每一列是坐标系 $\{B\}$ 的主矢量在坐标系 $\{A\}$ 中的分量；每一行是坐标系 $\{A\}$ 的主矢量在坐标系 $\{B\}$ 中的分量。

${}_B^A\boldsymbol{R}$ 有 9 个元素，其中只有 3 个是独立的。因为 ${}_B^A\boldsymbol{R}$ 的三个列矢量 ${}^A\boldsymbol{X}_B$ 、${}^A\boldsymbol{Y}_B$ 、${}^A\boldsymbol{Z}_B$ 都是单位主矢量，且两两相互垂直，所以 9 个元素满足 6 个约束条件(称为正交条件)：

$$
{}^A\boldsymbol{X}_B \cdot {}^A\boldsymbol{X}_B = {}^A\boldsymbol{Y}_B \cdot {}^A\boldsymbol{Y}_B = {}^A\boldsymbol{Z}_B \cdot {}^A\boldsymbol{Z}_B = 1
$$

$$
{}^A\boldsymbol{X}_B \cdot {}^A\boldsymbol{Y}_B = {}^A\boldsymbol{Y}_B \cdot {}^A\boldsymbol{Z}_B = {}^A\boldsymbol{Z}_B \cdot {}^A\boldsymbol{X}_B = 0
$$

因此，${}_B^A\boldsymbol{R}$ 是正交的，并且满足条件

$$
{}_B^A\boldsymbol{R}^{-1} = {}_B^A\boldsymbol{R}^{\mathrm{T}}; \ \left| {}_B^A\boldsymbol{R} \right| = 1 \tag{3-16}
$$

用 ${}_A^B\boldsymbol{R}$ 描述坐标系 $\{A\}$ 相对于 $\{B\}$ 的姿态。${}_A^B\boldsymbol{R}$ 和 ${}_B^A\boldsymbol{R}$ 都是正交矩阵，两者互逆。由式(3-16)得出：

$$
{}_A^B\boldsymbol{R} = {}_B^A\boldsymbol{R}^{-1} = {}_B^A\boldsymbol{R}^{\mathrm{T}} \tag{3-17}
$$

3. 复合变换

运动过程中，若坐标系相对于固定坐标系原点位置发生变化，同时坐标系绕固定坐标系的某一坐标轴旋转一定角度的变换，称为复合变换。其特点是两坐标原点的位置发生改变，坐标轴方向单位向量也同时变化，如图 3-4 所示。

坐标系 $\{A\}$ 和 $\{B\}$ 坐标原点和坐标轴的方向均不重合。已知点 P 在 $\{B\}$ 中的位置矢量为 ${}^B\boldsymbol{P} = (x_B, y_B, z_B)$ ，坐标系原点 O_B 在 $\{A\}$ 中的位置矢量为 ${}^A\boldsymbol{P}_{BORG} = (x_0, y_0, z_0)$ ，绕坐

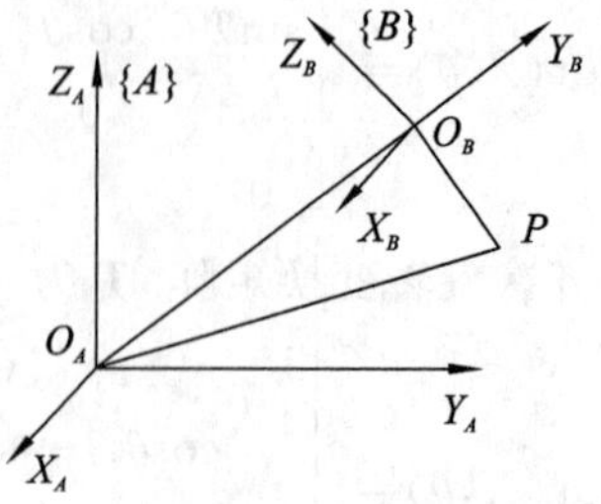

图 3-4 复合坐标变换

标 X 轴旋转 θ 后，点 P 在 $\{A\}$ 中的位置矢量为 ${}^{A}\boldsymbol{P}=(x_A,y_A,z_A)$，则有：

$$ {}^{A}\boldsymbol{P}={}^{A}_{B}\boldsymbol{R}\,{}^{B}\boldsymbol{P}+{}^{A}\boldsymbol{P}_{BORG}={}^{A}_{B}\boldsymbol{T}\,{}^{B}\boldsymbol{P} \tag{3-18}$$

用齐次坐标表示为

$$\begin{bmatrix} x_A \\ y_A \\ z_A \\ 1 \end{bmatrix}=\begin{bmatrix} {}^{A}_{B}\boldsymbol{R} & {}^{A}\boldsymbol{P}_{BORG} \\ 0 & 1 \end{bmatrix}\begin{bmatrix} x_B \\ y_B \\ z_B \\ 1 \end{bmatrix}=\begin{bmatrix} 1 & 0 & 0 & x_0 \\ 0 & \cos\theta & -\sin\theta & y_0 \\ 0 & \sin\theta & \cos\theta & z_0 \\ 0 & 0 & 0 & 1 \end{bmatrix}\begin{bmatrix} x_B \\ y_B \\ z_B \\ 1 \end{bmatrix} \tag{3-19}$$

故复合变换矩阵 ${}^{A}_{B}\boldsymbol{T}$ 为

$$ {}^{A}_{B}\boldsymbol{T}=\begin{bmatrix} {}^{A}_{B}\boldsymbol{R} & {}^{A}\boldsymbol{P}_{BORG} \\ 0 & 1 \end{bmatrix} \tag{3-20}$$

式中：${}^{A}_{B}\boldsymbol{T}$ ——齐次坐标变换的复合算子。

式(3-20)中左上角的 3×3 的 ${}^{A}_{B}\boldsymbol{R}$ 矩阵是旋转变换矩阵，描述了两坐标系之间的姿态关系；右上角的 3×1 ${}^{A}\boldsymbol{P}_{BORG}$ 矩阵是平移变换矩阵，描述了两坐标系之间的位置关系，所以坐标变换矩阵又称为位姿矩阵。

例 3.1 已知坐标系 $\{B\}$ 初始位姿与 $\{A\}$ 重合，坐标系 $\{B\}$ 相对于坐标系 $\{A\}$ 的 Z 轴转动30°，再沿坐标系 $\{A\}$ 的 X 轴移动 10 个单位，并沿坐标系 $\{A\}$ 的 Y 轴移动 5 个单位，假设点 P 在坐标系 $\{B\}$ 中的描述为 ${}^{B}\boldsymbol{P}=[3\quad 7\quad 0]^{\mathrm{T}}$，求点 P 在坐标系 $\{A\}$ 中的齐次坐标。

解 由式(3-19)可得

$$ {}^{A}\boldsymbol{P}={}^{A}_{B}\boldsymbol{T}\,{}^{B}\boldsymbol{P}=\begin{bmatrix} \cos30^\circ & -\sin30^\circ & 0 & 10 \\ \sin30^\circ & \cos30^\circ & 0 & 5 \\ 0 & 0 & 1 & 0 \\ 0 & 0 & 0 & 1 \end{bmatrix}\begin{bmatrix} 3 \\ 7 \\ 0 \\ 1 \end{bmatrix}=\begin{bmatrix} 9.098 \\ 12.562 \\ 0 \\ 1 \end{bmatrix}$$

4. 变换矩阵求逆

若已知坐标系 $\{B\}$ 相对于坐标系 $\{A\}$ 的变换矩阵 ${}^{A}_{B}\boldsymbol{T}$，希望得到 $\{A\}$ 相对于 $\{B\}$ 的变换矩阵 ${}^{B}_{A}\boldsymbol{T}$，这是个矩阵求逆问题。一种方法是直接对 4×4 的齐次变换矩阵 ${}^{A}_{B}\boldsymbol{T}$ 求逆；另一种是利用齐次变换矩阵的特点，简化矩阵求逆。

由式(3-17)和式(3-18)，求出原点 ${}^{A}\boldsymbol{P}_{BORG}$ 在坐标系 $\{B\}$ 中的描述为

$$ {}^{B}({}^{A}\boldsymbol{P}_{BORG})={}^{B}_{A}\boldsymbol{R}\,{}^{A}\boldsymbol{P}_{BORG}+{}^{B}\boldsymbol{P}_{AO}=0$$

从而得到：

$$ {}^{B}\boldsymbol{P}_{AO} = -{}^{B}_{A}\boldsymbol{R}\,{}^{A}\boldsymbol{P}_{BORG} = -{}^{A}_{B}\boldsymbol{R}^{\mathrm{T}}\,{}^{A}\boldsymbol{P}_{BORG} $$

于是有：

$$ {}^{B}_{A}\boldsymbol{T} = \left[\begin{array}{c|c} {}^{A}_{B}\boldsymbol{R}^{\mathrm{T}} & -{}^{A}_{B}\boldsymbol{R}^{\mathrm{T}}\,{}^{A}\boldsymbol{P}_{BORG} \\ \hline 0 & 1 \end{array}\right] \tag{3-21} $$

式(3-21)提供了求解齐次变换逆矩阵的简便方法。

5. 算子左、右乘规则

由矩阵运算规律知：两矩阵相乘，次序是不能交换的。从变换几何来看，齐次坐标变换的算子(平移、旋转、复合)左乘和右乘分别代表不同的变换顺序和规则。

下面通过实例来进行说明。

$ {}^{0}\boldsymbol{T}_{1} = \begin{bmatrix} 1 & 0 & 0 & 20 \\ 0 & 0 & -1 & 0 \\ 0 & 1 & 0 & 0 \\ 0 & 0 & 0 & 1 \end{bmatrix} $ 表示坐标系 {0} 绕 X_0 轴转 90°，再沿 X_0 轴平移 20，得到坐标系 {1}，如图 3-5 所示。$ {}^{1}\boldsymbol{T}_{2} = \begin{bmatrix} 0 & -1 & 0 & 10 \\ 1 & 0 & 0 & 0 \\ 0 & 0 & 1 & 0 \\ 0 & 0 & 0 & 1 \end{bmatrix} $ 表示坐标系 {1} 绕 Z_1 轴转 90°，再沿 X_1 轴平移 10，得到坐标系 {2}，如图 3-6 所示。

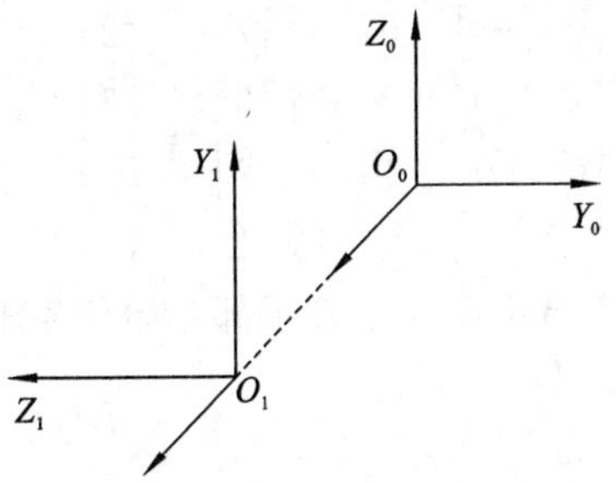

图 3-5 坐标系{0}-{1}的变换

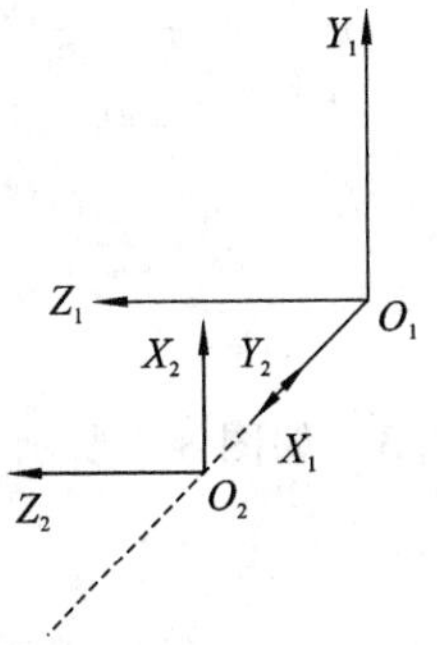

图 3-6 坐标系{1}-{2}的变换

将上述两齐次坐标复合算子右乘，有：

$$ {}^{0}\boldsymbol{T}_{2} = {}^{0}\boldsymbol{T}_{1}\,{}^{1}\boldsymbol{T}_{2} = \begin{bmatrix} 0 & -1 & 0 & 30 \\ 0 & 0 & -1 & 0 \\ 1 & 0 & 0 & 0 \\ 0 & 0 & 0 & 1 \end{bmatrix} $$

可见，算子右乘表示沿当前坐标系(新坐标系)的坐标轴进行变换，如图 3-7 所示。将上述两齐次坐标复合算子左乘，有：

$$
{}^{1}\boldsymbol{T}_{2}{}^{0}\boldsymbol{T}_{1}=\begin{bmatrix}0&0&1&10\\1&0&0&20\\0&1&0&0\\0&0&0&1\end{bmatrix}
$$

算子左乘相当于将坐标系 {1} 整体沿 Z_0 轴转 90°到达 1′，再沿 X_0 轴平移 10，由此可见，左乘表示沿参考坐标系或机座坐标系 {0} 的变换，如图 3-8 所示。

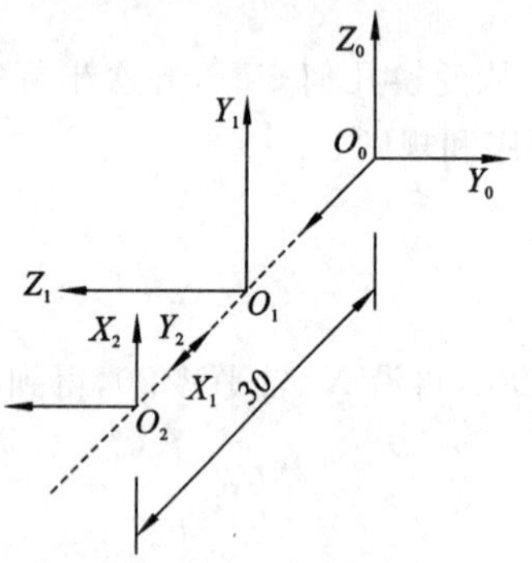

图 3-7　左乘算子坐标系图

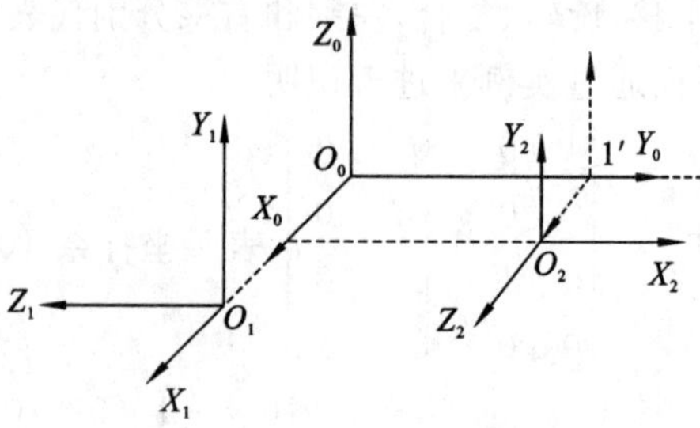

图 3-8　右乘算子坐标系图

例 3.2　已知固定坐标系 $OXYZ$ 中，点 U 的位置矢量 $\boldsymbol{U}=[7\quad 3\quad 2\quad 1]^{\mathrm{T}}$，将此点绕 Z 轴旋转 90°，再绕 Y 轴旋转 90°，求旋转变换后所得点 W 的位置矢量。

解　两次旋转均是相对固定坐标系做变换，故：

$$
\boldsymbol{W}=\mathrm{Rot}(Y,90^\circ)\mathrm{Rot}(Z,90^\circ)\boldsymbol{U}
$$

$$
=\begin{bmatrix}0&0&1&0\\0&1&0&0\\-1&0&0&0\\0&0&0&1\end{bmatrix}\begin{bmatrix}0&-1&0&0\\1&0&0&0\\0&0&1&0\\0&0&0&1\end{bmatrix}\begin{bmatrix}7\\3\\2\\1\end{bmatrix}=\begin{bmatrix}2\\7\\3\\1\end{bmatrix}
$$

例 3.3　如图 3-9 所示单臂机械手的手腕具有一个自由度。已知手部起始位姿矩阵为

$$
\boldsymbol{G}_1=\begin{bmatrix}0&1&0&2\\1&0&0&6\\0&0&-1&2\\0&0&0&1\end{bmatrix}
$$

若手臂绕 Z_0 轴旋转 90°，则手部到达 G_2；若手臂不动，仅手部绕手腕 Z_1 轴旋转 90°，则手部到达 G_3。写出手部坐标系 $\{G_2\}$ 和 $\{G_3\}$ 的矩阵表达式。

解　手部到达 G_2 位置是手臂绕定轴 Z_0 轴旋转运动的结果，即相对固定坐标系作旋转变换，于是有：

$$
\boldsymbol{G}_2=\mathrm{Rot}(\boldsymbol{Z}_0,90^\circ)\boldsymbol{G}_1
$$

$$
=\begin{bmatrix}0&-1&0&0\\1&0&0&0\\0&0&1&0\\0&0&0&1\end{bmatrix}\begin{bmatrix}0&1&0&2\\1&0&0&6\\0&0&-1&2\\0&0&0&1\end{bmatrix}=\begin{bmatrix}-1&0&0&-6\\0&1&0&2\\0&0&-1&2\\0&0&0&1\end{bmatrix}
$$

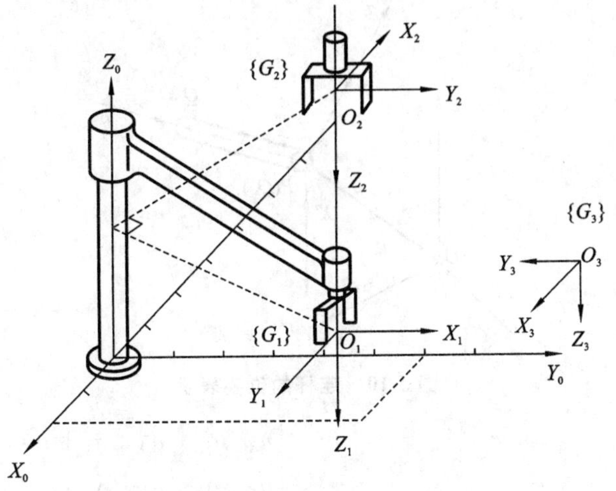

图 3-9 单臂机械手手腕与手臂的转动

手部到达 G_3 位置是绕手腕 Z_1 轴旋转运动的结果，即相对运动坐标系做旋转变换，于是有：

$$\boldsymbol{G}_3 = \boldsymbol{G}_1 \mathrm{Rot}(\boldsymbol{Z}_1, 90°)$$

$$= \begin{bmatrix} 0 & 1 & 0 & 2 \\ 1 & 0 & 0 & 6 \\ 0 & 0 & -1 & 2 \\ 0 & 0 & 0 & 1 \end{bmatrix} \begin{bmatrix} 0 & -1 & 0 & 0 \\ 1 & 0 & 0 & 0 \\ 0 & 0 & 1 & 0 \\ 0 & 0 & 0 & 1 \end{bmatrix} = \begin{bmatrix} 1 & 0 & 0 & 2 \\ 0 & -1 & 0 & 6 \\ 0 & 0 & -1 & 2 \\ 0 & 0 & 0 & 1 \end{bmatrix}$$

3.3 机器人位姿描述

机器人的各杆件通过关节连接在一起，并由若干个原动机驱动从而操纵末端执行器完成预期的任务和工作。于是末端执行器（手部）相对于固定参考系的空间几何描述成为重要问题之一。

3.3.1 连杆的位姿描述

机器人的一个连杆可看作一个刚体。设有一个机器人连杆，给定了连杆 PQ 上某点的位置和该连杆在空间的姿态，那么该连杆在空间的位姿则是完全确定的。

如图 3-10 所示，O' 为连杆上任一点，$O'X'Y'Z'$ 为与连杆固结的动坐标系，连杆 PQ 在固定坐标系 $OXYZ$ 中的位置可用连杆上 P 点在坐标系 $OXYZ$ 中的位置矢量来表示：

$$\boldsymbol{P} = [x_0 \quad y_0 \quad z_0 \quad 1]^{\mathrm{T}}$$

连杆的姿态用动系坐标轴来表示，$\boldsymbol{n}$、$\boldsymbol{o}$、$\boldsymbol{a}$ 分别为 X'、Y'、Z' 坐标轴的单位方向矢量，各单位矢量在静系上的分量为动系各坐标轴的方向余弦，则连杆位姿的齐次坐标变换矩阵为

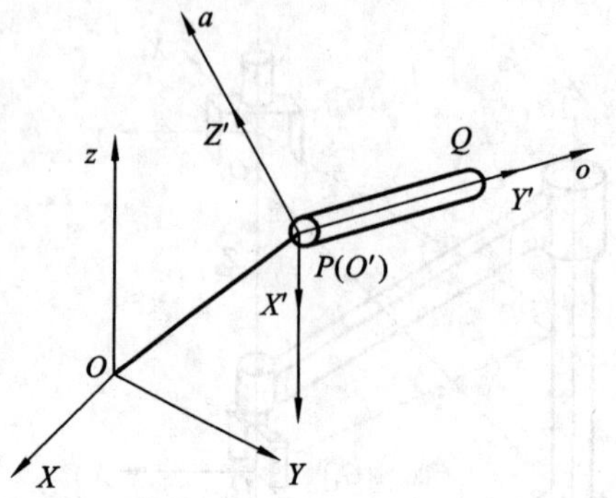

图 3-10　连杆的位姿表示

$$T=[n\quad o\quad a\quad P]=\begin{bmatrix} n_X & o_X & a_X & x_0 \\ n_Y & o_Y & a_Y & y_0 \\ n_Z & o_Z & a_Z & z_0 \\ 0 & 0 & 0 & 1 \end{bmatrix} \tag{3-22}$$

故连杆的位姿描述就是对固连于连杆上动系位姿的描述。

例 3.4　如图 3-11 固连于连杆的坐标系 $\{B\}$ 位于 O_B 点，$x_B=2, y_B=1, z_B=0$，在 $X_AO_AY_A$ 平面内，坐标系 $\{B\}$ 相对固定坐标系 $\{A\}$ 有 30°的偏转，试写出表示连杆位姿的坐标系 $\{B\}$ 的 4×4 矩阵表达式。

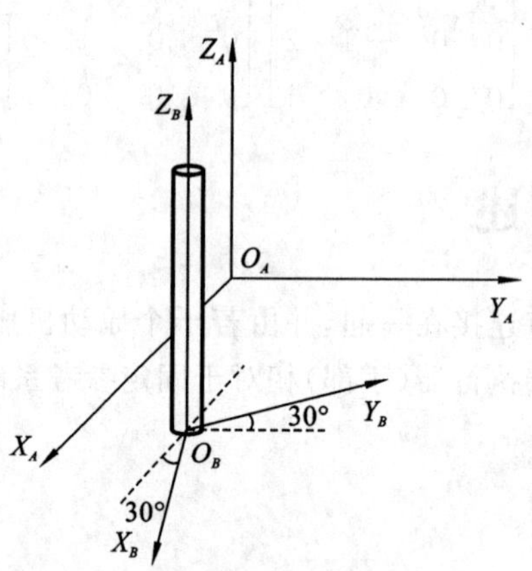

图 3-11　动坐标系{B}的位姿表示

解　连杆位姿的坐标系 $\{B\}$ 的 4×4 矩阵表达式为

$$ {}_B^AT=\begin{bmatrix} \cos 30° & -\sin 30° & \cos 90° & 2 \\ \sin 30° & \cos 30° & \cos 90° & 1 \\ 0 & 0 & 1 & 0 \\ 0 & 0 & 0 & 1 \end{bmatrix}=\begin{bmatrix} 0.866 & -0.5 & 0 & 2 \\ 0.5 & 0.866 & 0 & 1 \\ 0 & 0 & 1 & 0 \\ 0 & 0 & 0 & 1 \end{bmatrix}$$

3.3.2 手部的位姿描述

手部(即末端执行器)的位置和姿态同样可以用固接于手部的坐标系 $\{B\}$ 的位姿来表示,如图 3-12 所示。坐标系 $\{B\}$ 的确定方法为:取手部的中心点为原点 O_B;关节轴为 Z_B 轴,Z_B 轴的单位方向矢量 $\boldsymbol{a}$ 称为接近矢量,指向朝外;两手指的连线为 Y_B 轴,Y_B 轴的单位方向矢量 $\boldsymbol{o}$ 称为姿态矢量,指向可任意选定;X_B 轴与 Y_B 轴及 Z_B 轴垂直,X_B 轴的单位方向矢量 $\boldsymbol{n}$ 称为法向矢量,且 $\boldsymbol{n}=\boldsymbol{o}\times\boldsymbol{a}$,方向符合右手定则。

手部的位置矢量为固定参考系原点指向手部坐标系 $\{B\}$ 原点的矢量 $\boldsymbol{P}$,手部的方向矢量为 $\boldsymbol{n}$、$\boldsymbol{o}$、$\boldsymbol{a}$。于是手部的位姿可用 4×4 齐次矩阵表示为

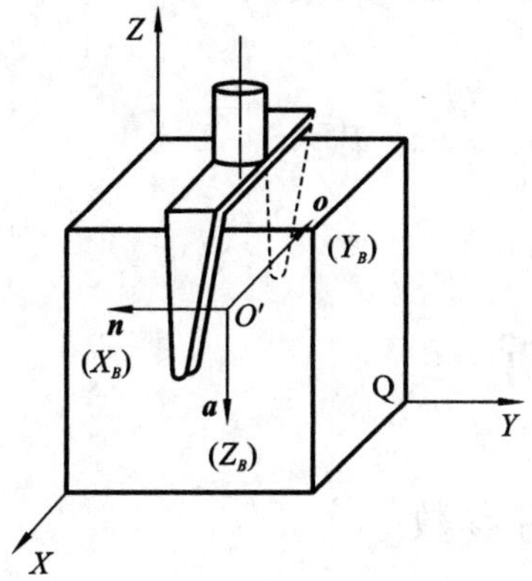

图 3-12 手部的位姿表示

$$\boldsymbol{T}=[\boldsymbol{n}\quad \boldsymbol{o}\quad \boldsymbol{a}\quad \boldsymbol{P}]=\begin{bmatrix} n_X & o_X & a_X & P_X \\ n_Y & o_Y & a_Y & P_Y \\ n_Z & o_Z & a_Z & P_Z \\ 0 & 0 & 0 & 1 \end{bmatrix} \tag{3-23}$$

例 3.5 如图 3-13 所示表示抓握物体 Q 的手部位姿,物体是边长为 2 个单元的立方体,写出表达该手部位姿的矩阵表达式。

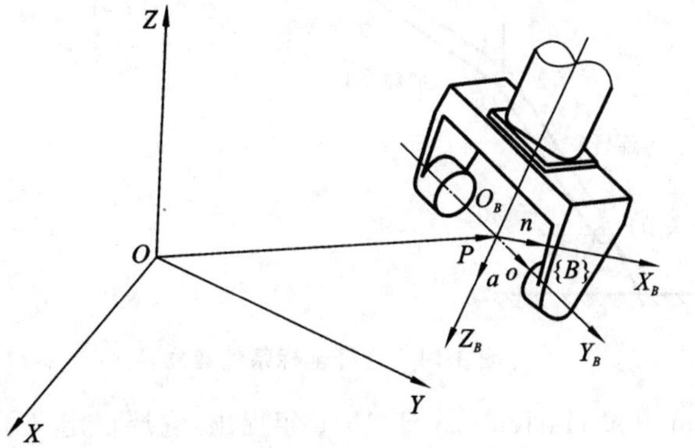

图 3-13 抓握物体 Q 的手部

解 物体 Q 形心与手部坐标系 $O_BX_BY_BZ_B$ 的坐标原点 O_B 重合，则手部位姿的齐次坐标 4×1 矩阵为

$$\boldsymbol{P}=[1\quad1\quad1\quad1]^{\mathrm{T}}$$

手部坐标系 X_B 轴的方向可用单位矢量 $\boldsymbol{n}$ 表示为

$$\boldsymbol{n}:\alpha=90^\circ,\beta=180^\circ,\gamma=90^\circ$$

于是 $n_X=\cos\alpha=0, n_Y=\cos\beta=-1, n_Z=\cos\gamma=0$

同理可得：手部坐标系 Y_B 轴与 Z_B 轴方向的单位矢量 $\boldsymbol{o}$ 和 $\boldsymbol{a}$ 可表示为

$$o_X=-1,\quad o_Y=0,\quad o_Z=0$$

$$a_X=0,\quad a_Y=0,\quad a_Z=-1$$

由式(3-23)知手部位姿的齐次矩阵可表示为

$$\boldsymbol{T}=[\boldsymbol{n}\quad\boldsymbol{o}\quad\boldsymbol{a}\quad\boldsymbol{P}]=\begin{bmatrix}0&-1&0&1\\-1&0&0&1\\0&0&-1&1\\0&0&0&1\end{bmatrix}$$

3.4 机器人位姿分析

3.4.1 连杆坐标系与连杆参数

为了便于分析和研究，按照从机座到末端执行器的顺序，由低到高依次为各关节和各连杆编号。如图 3-14 所示，机座的编号为杆件 0，与机座相连的连杆编号为 1，依此类推；机座与连杆 1 的关节编号为关节 1，连杆 1 与连杆 2 的连接关节编号为 2，依此类推。各连杆的坐标系 Z 轴方向与关节轴线重合。

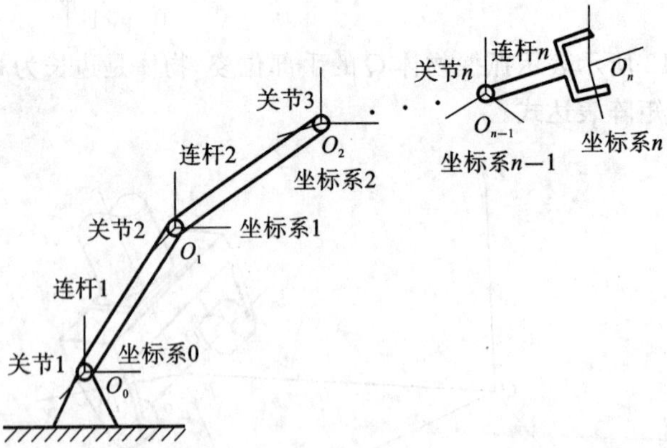

图 3-14 连杆坐标系的建立

D-H 方法由 Denauit 和 Hartenbery 于 1956 年提出，它严格定义了每个坐标系的坐标轴。建立转动关节的 D-H 坐标系如图 3-15 所示。

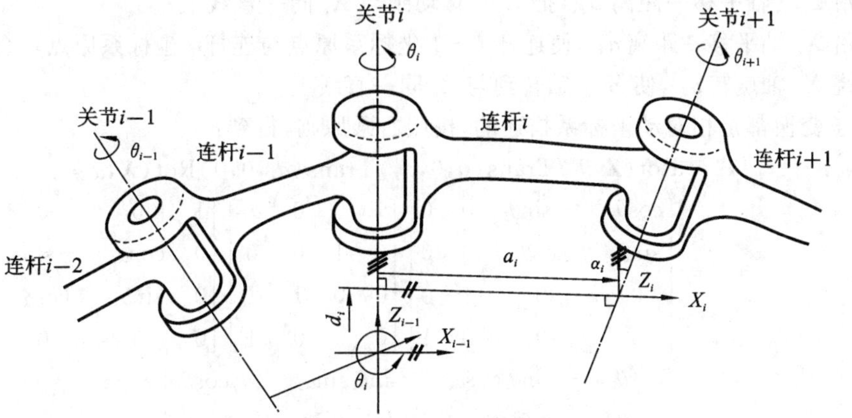

图 3-15　转动关节连杆 D-H 坐标系示意图

连杆 i 的坐标系 Z_i 轴位于连杆 i 与连杆 $i+1$ 的转动关节轴线上；连杆 i 的两端轴线的公垂线为连杆坐标系的 X_i 轴，方向指向下一个连杆；坐标系的 Y_i 轴由 X_i 和 Z_i 轴确定；公垂线与 Z_i 轴的交点为坐标系原点。至此，连杆 i 的坐标系 $\{i\}$ 确定。

上述建立的连杆坐标系用 4 个参数来描述连杆及连杆间的关系，如图 3-15 所示，其中，连杆长度 a_i 和连杆扭角 α_i 参数用来描述连杆本身；连杆距离 d_i 和连杆夹角 θ_i 参数用来描述相邻连杆之间的关系。参数的具体含义为：连杆长度 a_i 是两关节轴线沿公垂线的距离；连杆扭角 α_i 是垂直于 a_i 所在平面内两关节轴线（Z_{i-1} 和 Z_i）的夹角。两轴线平行时，$\alpha_i=0°$；两轴线相交时，$a_i=0$，此时 α_i 的指向不定。于是连杆长度 a_i 和连杆扭角 α_i 完全定义了连杆 i 的特征。

连杆距离 d_i 是沿关节 i 轴线上两个公垂线 a_{i-1} 与 a_i 之间的距离；连杆夹角 θ_i 是垂直于关节 i 轴线的平面内两个公垂线 a_{i-1} 与 a_i 之间的夹角。

连杆长度 a_i 恒为正，扭角 α_i 可正、可负，表示连杆绕 X_i 轴从 Z_{i-1} 旋转到 Z_i 的角度；d_i 和 θ_i 均可为正、负，d_i 表示 a_{i-1} 与轴线 i 的交点到 a_i 与轴线 i 交点间的距离，沿轴线 i 测量的长度；θ_i 表示 a_{i-1} 与 a_i 之间的夹角，绕轴线 i 由 a_{i-1} 到 a_i 测量的角度。

注意：连杆坐标系的设定不是唯一的，比如虽然 Z_i 与关节轴 i 一致，但 Z_i 的指向有两种；当 Z_{i-1} 与 Z_i 相交时，原点取在两轴交点上，X_i 的指向有两种；当 Z_{i-1} 与 Z_i 平行时，$\{i\}$ 的原点选择也有一定的任意性。选择不同的连杆坐标系，相应的连杆参数将会改变。

对于旋转关节 i，则 θ_i 是可变的，其他三个参数固定不变；对于移动关节，d_i 是可变的，其他三个参数固定不变。那么参数 θ_i 或 d_i 称为关节变量。

3.4.2　连杆坐标变换矩阵

用 ${}^{i-1}_{i}\boldsymbol{T}$ 表示机器人连杆坐标系 $\{i\}$ 相对于连杆坐标系 $\{i-1\}$ 的齐次坐标变换矩阵，也称为连杆变换。显而易见，${}^{i-1}_{i}\boldsymbol{T}$ 与 a_i、α_i、d_i 和 θ_i 这四个连杆参数有关。为了便于写出相邻连杆 i 与连杆 $i-1$ 之间的关系，把 ${}^{i-1}_{i}\boldsymbol{T}$ 分解为四个基本的子变换问题，每个子变换只依赖于一个连杆参数。其中四个基本的子变换如下：

(1) 绕 Z_{i-1} 轴旋转 θ_i，使 X_{i-1} 轴转到与 X_i 同一平面；

(2) 沿 Z_{i-1} 轴平移一距离 d_i，把 X_{i-1} 移动到与 X_i 同一直线上；

(3) 沿 X_i 轴平移一距离 a_i，使连杆 $i-1$ 坐标系原点与连杆 i 坐标系原点重合；

(4) 绕 X_i 轴旋转 α_i，使 Z_{i-1} 轴转到与 Z_i 同一直线上。

这些子变换都是相对动坐标系描述的，按照右乘原则，得到：

$$
{}_{i}^{i-1}\boldsymbol{T} = \mathrm{Rot}(\boldsymbol{Z},\theta_i)\mathrm{Trans}(0,0,d_i)\mathrm{Trans}(a_i,0,0)\mathrm{Rot}(\boldsymbol{X},\alpha_i)
$$

$$
= \begin{bmatrix} \cos\theta_i & -\sin\theta_i & 0 & 0 \\ \sin\theta_i & \cos\theta_i & 0 & 0 \\ 0 & 0 & 1 & 0 \\ 0 & 0 & 0 & 1 \end{bmatrix} \begin{bmatrix} 1 & 0 & 0 & a_i \\ 0 & 1 & 0 & 0 \\ 0 & 0 & 1 & d_i \\ 0 & 0 & 0 & 1 \end{bmatrix} \begin{bmatrix} 1 & 0 & 0 & 0 \\ 0 & \cos\alpha_i & -\sin\alpha_i & 0 \\ 0 & \sin\alpha_i & \cos\alpha_i & 0 \\ 0 & 0 & 0 & 1 \end{bmatrix}
$$

$$
= \begin{bmatrix} \cos\theta_i & -\sin\theta_i\cos\alpha_i & \sin\theta_i\sin\alpha_i & a_i\cos\theta_i \\ \sin\theta_i & \cos\theta_i\cos\alpha_i & -\cos\theta_i\sin\alpha_i & a_i\sin\theta_i \\ 0 & \sin\alpha_i & \cos\alpha_i & d_i \\ 0 & 0 & 0 & 1 \end{bmatrix} \tag{3-24}
$$

对于转动关节 i，${}_{i}^{i-1}\boldsymbol{T}$ 是关于 θ_i 的函数；对于移动关节 i，${}_{i}^{i-1}\boldsymbol{T}$ 是关于 d_i 的函数。用 q_i 表示第 i 个关节变量，对于转动关节 i，有 $q_i = \theta_i$；对于移动关节 i，有 $q_i = d_i$。

3.4.3　运动方程

将各个连杆坐标变换矩阵 ${}_{i}^{i-1}\boldsymbol{T}(\mathrm{i}=1,2,\cdots,n)$ 相乘，可得：

$$
{}_{1}^{0}\boldsymbol{T}{}_{2}^{1}\boldsymbol{T}{}_{3}^{2}\boldsymbol{T}\cdots{}_{n}^{n-1}\boldsymbol{T} = {}_{n}^{0}\boldsymbol{T} \tag{3-25}
$$

${}_{n}^{0}\boldsymbol{T}$ 是 n 个关节变量 q_1、q_2、…、q_n 的函数，表示末端连杆坐标系 $\{n\}$ 相对于机座坐标系 $\{0\}$ 的齐次坐标变换。

若已知各关节变量 $q_i(i=1,2,\cdots,n)$ 的值，即可求出 ${}_{n}^{0}\boldsymbol{T}$。

$$
\begin{bmatrix} {}_{n}^{0}\boldsymbol{n} & {}_{n}^{0}\boldsymbol{o} & {}_{n}^{0}\boldsymbol{a} & {}_{n}^{0}\boldsymbol{P} \\ 0 & 0 & 0 & 1 \end{bmatrix} = \begin{bmatrix} {}_{n}^{0}R & {}_{n}^{0}P \\ 0\quad 0\quad 0 & 1 \end{bmatrix} = {}_{1}^{0}\boldsymbol{T}(q_1){}_{2}^{1}\boldsymbol{T}(q_2)\cdots{}_{n}^{n-1}\boldsymbol{T}(q_n) \tag{3-26}
$$

式(3-26)称为运动方程。它表示末端连杆位姿$(\boldsymbol{n},\boldsymbol{o},\boldsymbol{a},\boldsymbol{P})$与关节变量 q_1、q_2、…、q_n 之间的关系。

3.5　串联机器人运动学分析

串联机器人是由若干杆件和关节组成首尾不相连的开式运动链。不考虑力和质量等因素的影响，运用几何学方法来研究机器人的运动称为机器人运动学。运动学问题分为两类：已知机器人各关节变量和连杆参数，研究其末端执行器位姿的过程称为正向运动学；已知机器人几何参数和末端执行器位姿，求解机器人各关节变量的过程称为逆向运动学。运动学分析目的是建立各运动参数与机器人末端执行器（手部）位姿的关系，为机器人运动控制研究提供素材。

3.5.1　正向运动学

假设一台六连杆关节型串联机器人，${}_{1}^{0}\boldsymbol{T}$ 描述第一个连杆相对于机座的位姿，${}_{2}^{1}\boldsymbol{T}$ 描述第二个连杆相对于第一个连杆的位姿，${}^{i-1}_{i}\boldsymbol{T}(i=3,4,5,6)$ 分别描述后一连杆对于前一个连杆的位姿，机器人末端执行器坐标系即连杆坐标系 {6} 的坐标相对于连杆坐标系 {$i-1$} 的齐次变换矩阵用 ${}^{i-1}_{6}\boldsymbol{T}$ 表示，即：

$$
{}^{i-1}_{6}\boldsymbol{T}={}^{i-1}_{i}\boldsymbol{T}\ {}^{i}_{i+1}\boldsymbol{T}\cdots{}^{i+1}_{6}\boldsymbol{T} \tag{3-27}
$$

于是，机器人末端执行器相对于机座坐标系的齐次坐标变换矩阵 ${}^{0}_{6}\boldsymbol{T}$ 为

$$
{}^{0}_{6}\boldsymbol{T}={}^{0}_{1}\boldsymbol{T}\ {}^{1}_{2}\boldsymbol{T}\ {}^{2}_{3}\boldsymbol{T}\ {}^{3}_{4}\boldsymbol{T}\ {}^{4}_{5}\boldsymbol{T}\ {}^{5}_{6}\boldsymbol{T} \tag{3-28}
$$

若已知各关节变量和连杆参数，通过式(3-28)便可计算出末端执行器相对于机座坐标系位姿即为运动正解。

下面分别以斯坦福机械手和 ABB IRB140 机械手臂为例，运用 D-H 方法建立其末端位姿矩阵。

例 3.6 斯坦福机械手结构示意如图 3-16 所示，求齐次坐标变换矩阵 ${}^{0}_{6}\boldsymbol{T}$。

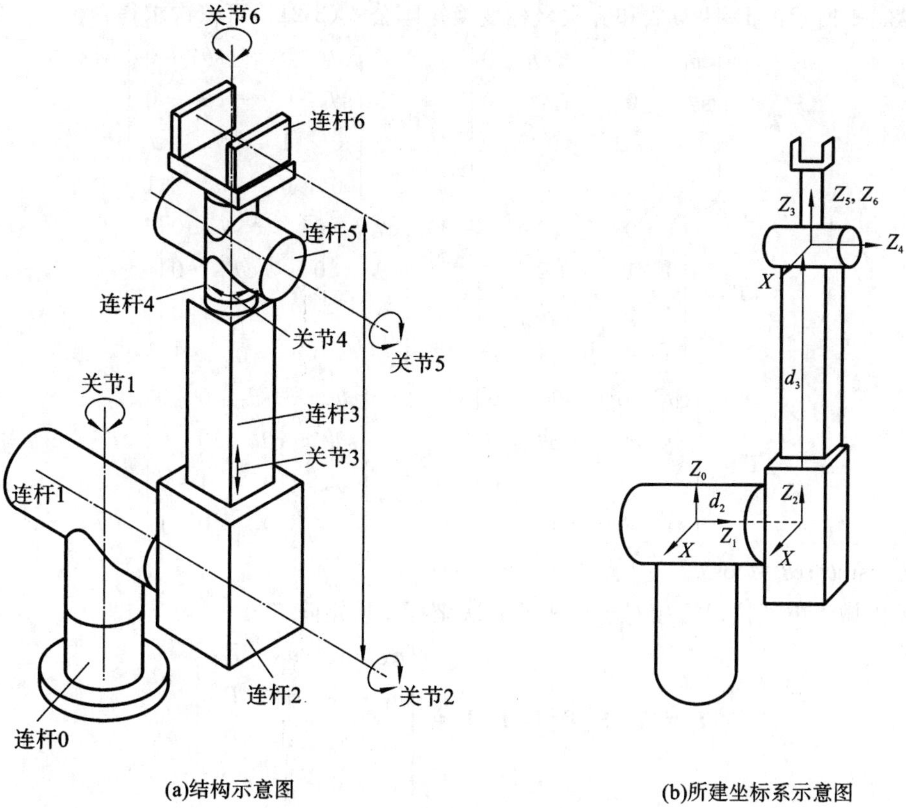

图 3-16 斯坦福机械手结构及坐标系示意图

解 (1) D-H 坐标系的建立。

如图 3-16(a)所示的结构示意图，按 D-H 方法建立各连杆坐标系，如图 3-16(b)所示。图中 Z_0 轴为沿关节 1 的轴，Z_i 轴为沿关节 $i+1$ 的轴，令所有 X_i 轴与机座坐标系 X_0 轴平行，Y_i 轴按右手坐标系确定。

(2) 确定各连杆的 D-H 参数和关节变量。

各连杆的 D-H 参数和关节变量如表 3-1 所示。

表 3-1 各连杆的 D-H 参数和关节变量

关节 i	连杆转角 θ_i /(°)	连杆扭角 α_i /(°)	连杆长度 a/mm	连杆距离 d/mm
1	θ_1	−90°	0	0
2	θ_2	90°	0	d_2
3	0	0	0	d_3（变量）
4	θ_4	−90°	0	0
5	θ_5	90°	0	0
6	θ_6	0	0	0

(3) 求两连杆之间的位姿矩阵 ${}^{i-1}_{i}\boldsymbol{T}(i=1,2,\cdots,6)$。

由表 3-1 所示的 D-H 参数和齐次坐标变换矩阵公式(3-24),可依次求得:

$$
{}^0_1\boldsymbol{T}=\begin{bmatrix} c\theta_1 & 0 & -s\theta_1 & 0 \\ s\theta_1 & 0 & c\theta_1 & 0 \\ 0 & -1 & 0 & 0 \\ 0 & 0 & 0 & 1 \end{bmatrix} \quad {}^1_2\boldsymbol{T}=\begin{bmatrix} c\theta_2 & 0 & -s\theta_2 & 0 \\ s\theta_2 & 0 & -c\theta_2 & 0 \\ 0 & 1 & 0 & d_2 \\ 0 & 0 & 0 & 1 \end{bmatrix}
$$

$$
{}^2_3\boldsymbol{T}=\begin{bmatrix} 1 & 0 & 0 & 0 \\ 0 & 1 & 0 & 0 \\ 0 & 0 & 1 & d_3 \\ 0 & 0 & 0 & 1 \end{bmatrix} \quad {}^3_4\boldsymbol{T}=\begin{bmatrix} c\theta_4 & 0 & -s\theta_4 & 0 \\ s\theta_4 & 0 & c\theta_4 & 0 \\ 0 & -1 & 0 & 0 \\ 0 & 0 & 0 & 1 \end{bmatrix}
$$

$$
{}^4_5\boldsymbol{T}=\begin{bmatrix} c\theta_5 & 0 & s\theta_5 & 0 \\ s\theta_5 & 0 & -c\theta_5 & 0 \\ 0 & 1 & 0 & 0 \\ 0 & 0 & 0 & 1 \end{bmatrix} \quad {}^5_6\boldsymbol{T}=\begin{bmatrix} c\theta_6 & -s\theta_6 & 0 & 0 \\ s\theta_6 & c\theta_6 & 0 & 0 \\ 0 & 0 & 1 & 0 \\ 0 & 0 & 0 & 1 \end{bmatrix}
$$

式中:$s\theta_i=\sin\theta_i$;$c\theta_i=\cos\theta_i$。

(4) 机械手末端执行器相对于机座的齐次坐标变换矩阵 ${}^0_6\boldsymbol{T}$。

$$
{}^0_6\boldsymbol{T}={}^0_1\boldsymbol{T}\,{}^1_2\boldsymbol{T}\,{}^2_3\boldsymbol{T}\,{}^3_4\boldsymbol{T}\,{}^4_5\boldsymbol{T}\,{}^5_6\boldsymbol{T}=\begin{bmatrix} n_X & o_X & a_X & P_X \\ n_Y & o_Y & a_Y & P_Y \\ n_Z & o_Z & a_Z & P_Z \\ 0 & 0 & 0 & 1 \end{bmatrix}
$$

式中:

$n_X = c\theta_1[c_{23}(c\theta_4 c\theta_5 c\theta_6 - s\theta_4 s\theta_6) - s_{23} s\theta_5 c\theta_6] - s\theta_1(s\theta_4 c\theta_5 c\theta_6 + c\theta_4 s\theta_6)$;

$n_Y = s\theta_1[c_{23}(c\theta_4 c\theta_5 c\theta_6 - s\theta_4 s\theta_6) - s_{23} s\theta_5 c\theta_6] + c\theta_1(s\theta_4 c\theta_5 c\theta_6 + c\theta_4 s\theta_6)$;

$n_Z = -s_{23}(c\theta_4 c\theta_5 c\theta_6 - s\theta_4 s\theta_6) - c_{23} s\theta_5 c\theta_6$;

$o_X = c\theta_1[-c_{23}(c\theta_4 c\theta_5 c\theta_6 - s\theta_4 s\theta_6) + s_{23} s\theta_5 c\theta_6] - s\theta_1(-s\theta_4 c\theta_5 s\theta_6 + c\theta_4 c\theta_6)$;

$o_Y = s\theta_1[-c_{23}(c\theta_4 c\theta_5 c\theta_6 - s\theta_4 s\theta_6) + s_{23} s\theta_5 c\theta_6] + c\theta_1(-s\theta_4 c\theta_5 s\theta_6 + c\theta_4 c\theta_6)$;

$o_Z = s_{23}(c\theta_4 c\theta_5 s\theta_6 + s\theta_4 c\theta_6) + c_{23} s\theta_5 s\theta_6$;

$a_X = c\theta_1(c_{23}c\theta_4 s\theta_5 + s_{23}c\theta_5) - s\theta_1 s\theta_4 s\theta_5$；

$a_Y = s\theta_1(c_{23}c\theta_4 s\theta_5 + s_{23}c\theta_5) + c\theta_1 s\theta_4 s\theta_5$；

$a_Z = -s_{23}c\theta_4 s\theta_5 + c_{23}c\theta_5$；

$P_X = c\theta_1 s\theta_2 d_3 - s\theta_1 d_2$；

$P_Y = s\theta_1 s\theta_2 d_3 + c\theta_1 d_2$；

$P_Z = c\theta_2 d_3$。

式中：$s_{ij} = \sin(\theta_i + \theta_j)$，$c_{ij} = \cos(\theta_i + \theta_j)$。

例 3.7 瑞典 ABB 公司生产的 IRB140 是一款结构紧凑、功能强大的关节型 6 轴机械臂，其连杆坐标系示意图如图 3-17(a)所示，求齐次坐标变换矩阵${}^0_6\boldsymbol{T}$。

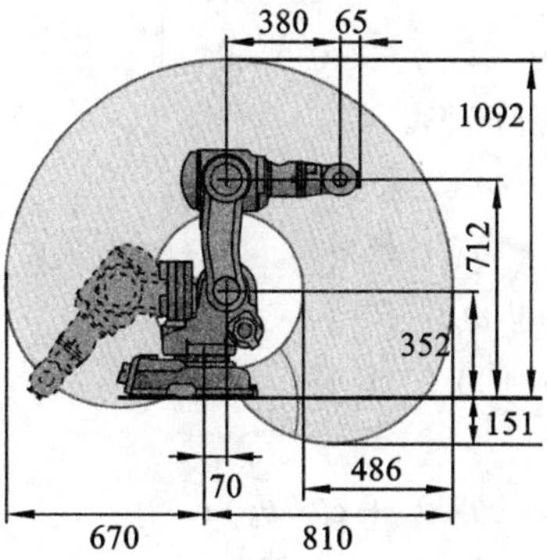

(a)结构示意图

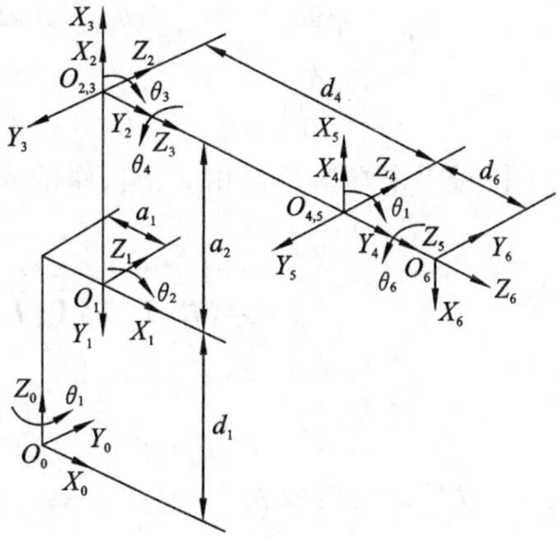

(b)所建坐标系示意图

图 3-17 ABB IRB140 连杆坐标系示意图

解 (1) D-H 坐标系的建立。

如图 3-17(b)所示，用 D-H 方法建立各连杆坐标系。

(2) 确定各连杆的 D-H 参数和关节变量。

各连杆的 D-H 参数和关节变量如表 3-2 所示。

表 3-2 各连杆的 D-H 参数和关节变量

关节 i	连杆转角 θ_i/(°)	连杆扭角 α_i (°)	连杆长度 a/mm	连杆距离 d/mm	关节变量范围/(°)
1	θ_1(0)	−90°	a_1(70)	d_1(352)	+180 ～−180
2	θ_2(−90)	0	a_2(360)	0	+110 ～−90
3	θ_3(0)	−90°	0	0	+50～−230
4	θ_4(0)	90°	0	d_4(380)	+200 ～−200
5	θ_5(0)	−90°	0	0	+120 ～−120
6	θ_6(180)	0	0	d_6(65)	+400 ～−400

(3) 求两连杆之间的位姿矩阵 ${}^{i-1}_{i}\boldsymbol{T}(i = 1,2,\cdots,6)$。

由表 3-2 所示的 D-H 参数和齐次坐标变换矩阵公式(3-24)，可依次求得：

$$
{}_1^0\boldsymbol{T}=\begin{bmatrix} c\theta_1 & 0 & -s\theta_1 & a_1 c\theta_1 \\ s\theta_1 & 0 & c\theta_1 & a_1 s\theta_1 \\ 0 & -1 & 0 & d_1 \\ 0 & 0 & 0 & 1 \end{bmatrix} \quad {}_2^1\boldsymbol{T}=\begin{bmatrix} c\theta_2 & -s\theta_2 & 0 & a_2 c\theta_2 \\ s\theta_2 & c\theta_2 & 0 & a_2 s\theta_2 \\ 0 & 0 & 1 & d_2 \\ 0 & 0 & 0 & 1 \end{bmatrix}
$$

$$
{}_3^2\boldsymbol{T}=\begin{bmatrix} c\theta_3 & 0 & -s\theta_3 & a_3 c\theta_3 \\ s\theta_3 & 0 & c\theta_3 & a_3 s\theta_3 \\ 0 & -1 & 0 & d_3 \\ 0 & 0 & 0 & 1 \end{bmatrix} \quad {}_4^3\boldsymbol{T}=\begin{bmatrix} c\theta_4 & 0 & s\theta_4 & a_4 c\theta_4 \\ s\theta_4 & 0 & -c\theta_4 & a_4 s\theta_4 \\ 0 & 1 & 0 & d_4 \\ 0 & 0 & 0 & 1 \end{bmatrix}
$$

$$
{}_5^4\boldsymbol{T}=\begin{bmatrix} c\theta_5 & 0 & -s\theta_5 & a_5 c\theta_5 \\ s\theta_5 & 0 & c\theta_5 & a_5 c\theta_5 \\ 0 & -1 & 0 & d_5 \\ 0 & 0 & 0 & 1 \end{bmatrix} \quad {}_6^5\boldsymbol{T}=\begin{bmatrix} c\theta_6 & -s\theta_6 & 0 & a_6 c\theta_6 \\ s\theta_6 & c\theta_6 & 0 & a_6 c\theta_6 \\ 0 & 0 & 1 & d_6 \\ 0 & 0 & 0 & 1 \end{bmatrix}
$$

(4) 机械手末端执行器相对于机座的齐次坐标变换矩阵 ${}_6^0\boldsymbol{T}$。

$$
{}_6^0\boldsymbol{T}={}_1^0\boldsymbol{T}\,{}_2^1\boldsymbol{T}\,{}_3^2\boldsymbol{T}\,{}_4^3\boldsymbol{T}\,{}_5^4\boldsymbol{T}\,{}_6^5\boldsymbol{T}=\begin{bmatrix} n_X & o_X & a_X & P_X \\ n_Y & o_Y & a_Y & P_Y \\ n_Z & o_Z & a_Z & P_Z \\ 0 & 0 & 0 & 1 \end{bmatrix}
$$

式中：

$n_X = c\theta_1[c_{23}(c\theta_4 c\theta_5 c\theta_6 - s\theta_4 s\theta_6) - s_{23} s\theta_5 c\theta_6] + s\theta_1(s\theta_4 c\theta_5 c\theta_6 + c\theta_4 s\theta_6)$；

$n_Y = s\theta_1[c_{23}(c\theta_4 c\theta_5 c\theta_6 - s\theta_4 s\theta_6) - s_{23} s\theta_5 c\theta_6] - c\theta_1(s\theta_4 c\theta_5 c\theta_6 + c\theta_4 s\theta_6)$；

$n_Z = -s_{23}(c\theta_4 c\theta_5 c\theta_6 - s\theta_4 s\theta_6) - c_{23} s\theta_5 c\theta_6$；

$o_X = c\theta_1[c_{23}(-c\theta_4 c\theta_5 s\theta_6 - s\theta_4 c\theta_6) + s_{23} s\theta_5 c\theta_6] + s\theta_1(c\theta_4 c\theta_6 - s\theta_4 c\theta_5 s\theta_6)$；

$o_Y = s\theta_1[c_{23}(-c\theta_4 c\theta_5 s\theta_6 - s\theta_4 c\theta_6) + s_{23} s\theta_5 c\theta_6] - c\theta_1(c\theta_4 c\theta_6 - s\theta_4 c\theta_5 s\theta_6)$；

$o_Z = -s_{23}(-c\theta_4 c\theta_5 s\theta_6 - s\theta_4 c\theta_6) + c_{23} s\theta_5 s\theta_6$；

$a_X = -c\theta_1(c_{23} c\theta_4 s\theta_5 + s_{23} c\theta_5) - s\theta_1 s\theta_4 s\theta_5$；

$a_Y = -s\theta_1(c_{23} c\theta_4 s\theta_5 + s_{23} c\theta_5) + c\theta_1 s\theta_4 s\theta_5$；

$a_Z = s_{23} c\theta_4 s\theta_5 - c_{23} c\theta_5$；

$P_X = c\theta_1[a_2 c\theta_2 + a_3 c_{23} - d_4 s_{23}] - d_3 s\theta_1$；

$P_Y = s\theta_1[a_2 c\theta_2 + a_3 c_{23} - d_4 s_{23}] + d_3 c\theta_1$；

$P_Z = -a_3 s_{23} - a_2 s\theta_2 - d_4 c_{23}$。

其中：$s_{ij} = \sin(\theta_i + \theta_j)$，$c_{ij} = \cos(\theta_i + \theta_j)$。

3.5.2 逆向运动学

对于具有 n 个自由度的机械手，则有：

$$
{}_1^0\boldsymbol{T}(q_1)\,{}_2^1\boldsymbol{T}(q_2)\cdots{}_n^{n-1}\boldsymbol{T}(q_n)=\begin{bmatrix} n_X & o_X & a_X & P_X \\ n_Y & o_Y & a_Y & P_Y \\ n_Z & o_Z & a_Z & P_Z \\ 0 & 0 & 0 & 1 \end{bmatrix} \tag{3-29}
$$

若给定末端执行器位姿，即已知 $\boldsymbol{n},\boldsymbol{o},\boldsymbol{a},\boldsymbol{P}$，求解关节变量 $q_1,q_2,\cdots,q_n$ 的值称为运动学反解，逆(反)向运动学常用于工业机器人的路径规划等。

例 3.8 已知例 3.6 中斯坦福机械手末端执行器位姿 ${}^0_6\boldsymbol{T}$，求其运动反解即关节变量 $q_i(i=1,2,\cdots,6)$。

$$
{}^0_6\boldsymbol{T}=\begin{bmatrix} n_X & o_X & a_X & P_X \\ n_Y & o_Y & a_Y & P_Y \\ n_Z & o_Z & a_Z & P_Z \\ 0 & 0 & 0 & 1 \end{bmatrix}
$$

解 由已知条件知：

$$
{}^0_6\boldsymbol{T}={}^0_1\boldsymbol{T}\,{}^1_2\boldsymbol{T}\,{}^2_3\boldsymbol{T}\,{}^3_4\boldsymbol{T}\,{}^4_5\boldsymbol{T}\,{}^5_6\boldsymbol{T} \tag{3-30}
$$

(1) 求 θ_1。

用 ${}^0_1\boldsymbol{T}^{-1}$ 左乘式(3-30)，可得：

$$
{}^0_1\boldsymbol{T}^{-1}\,{}^0_6\boldsymbol{T}={}^1_2\boldsymbol{T}\,{}^2_3\boldsymbol{T}\,{}^3_4\boldsymbol{T}\,{}^4_5\boldsymbol{T}\,{}^5_6\boldsymbol{T}={}^1_6\boldsymbol{T} \tag{3-31}
$$

式中：

$$
\begin{aligned}
{}^0_1\boldsymbol{T}^{-1}\,{}^0_6\boldsymbol{T} &= \begin{bmatrix} \mathrm{c}\theta_1 & \mathrm{s}\theta_1 & 0 & 0 \\ 0 & 0 & -1 & 0 \\ -\mathrm{s}\theta_1 & \mathrm{c}\theta_1 & 0 & 0 \\ 0 & 0 & 0 & 1 \end{bmatrix}\begin{bmatrix} n_X & o_X & a_X & P_X \\ n_Y & o_Y & a_Y & P_Y \\ n_Z & o_Z & a_Z & P_Z \\ 0 & 0 & 0 & 1 \end{bmatrix} \\
&= \begin{bmatrix} f_{11}(\boldsymbol{n}) & f_{11}(\boldsymbol{o}) & f_{11}(\boldsymbol{a}) & f_{11}(\boldsymbol{P}) \\ f_{12}(\boldsymbol{n}) & f_{12}(\boldsymbol{o}) & f_{12}(\boldsymbol{a}) & f_{12}(\boldsymbol{P}) \\ f_{13}(\boldsymbol{n}) & f_{13}(\boldsymbol{o}) & f_{13}(\boldsymbol{a}) & f_{13}(\boldsymbol{P}) \\ 0 & 0 & 0 & 1 \end{bmatrix}
\end{aligned} \tag{3-32}
$$

式中：$f_{11}(\boldsymbol{i})=\mathrm{c}\theta_1 i_X+\mathrm{s}\theta_1 i_Y$；$f_{12}(\boldsymbol{i})=-i_Z$；$f_{13}(\boldsymbol{i})=-\mathrm{s}\theta_1 i_X+\mathrm{c}\theta_1 i_Y$；$\boldsymbol{i}=\boldsymbol{n},\boldsymbol{o},\boldsymbol{a}$。

$$
\begin{aligned}
{}^1_6\boldsymbol{T} &= {}^1_2\boldsymbol{T}\;{}^2_3\boldsymbol{T}\;{}^3_4\boldsymbol{T}\;{}^4_5\boldsymbol{T}\;{}^5_6\boldsymbol{T} \\
&= \begin{bmatrix} \mathrm{c}\theta_2(\mathrm{c}\theta_4\mathrm{c}\theta_5\mathrm{c}\theta_6-\mathrm{s}\theta_4\mathrm{s}\theta_6)-\mathrm{s}\theta_2\mathrm{s}\theta_5\mathrm{c}\theta_6 & -\mathrm{c}\theta_2(\mathrm{c}\theta_4\mathrm{c}\theta_5\mathrm{s}\theta_6+\mathrm{s}\theta_4\mathrm{s}\theta_6)+\mathrm{s}\theta_2\mathrm{s}\theta_5\mathrm{s}\theta_6 & \mathrm{c}\theta_2\mathrm{c}\theta_4\mathrm{s}\theta_5+\mathrm{s}\theta_2\mathrm{c}\theta_5 & \mathrm{s}\theta_2 d_3 \\ \mathrm{s}\theta_2(\mathrm{c}\theta_4\mathrm{c}\theta_5\mathrm{c}\theta_6-\mathrm{s}\theta_4\mathrm{s}\theta_6)+\mathrm{c}\theta_2\mathrm{s}\theta_5\mathrm{c}\theta_6 & -\mathrm{s}\theta_2(\mathrm{c}\theta_4\mathrm{c}\theta_5\mathrm{s}\theta_6+\mathrm{s}\theta_4\mathrm{c}\theta_6)-\mathrm{c}\theta_2\mathrm{s}\theta_5\mathrm{s}\theta_6 & \mathrm{s}\theta_2\mathrm{c}\theta_4\mathrm{s}\theta_5-\mathrm{c}\theta_2\mathrm{c}\theta_5 & -\mathrm{c}\theta_2 d_3 \\ \mathrm{s}\theta_4\mathrm{c}\theta_5\mathrm{c}\theta_6+\mathrm{c}\theta_4\mathrm{s}\theta_6 & -\mathrm{s}\theta_4\mathrm{c}\theta_5\mathrm{s}\theta_6+\mathrm{c}\theta_4\mathrm{c}\theta_6 & \mathrm{s}\theta_4\mathrm{s}\theta_5 & d_2 \\ 0 & 0 & 0 & 1 \end{bmatrix}
\end{aligned} \tag{3-33}
$$

式(3-33)中 (3,4) 的元素为常数，和式(3-32)中的相应元素对等起来，则有：

$$
f_{13}(\boldsymbol{P})=d_2 \tag{3-34}
$$

即

$$
-\sin\theta_1 P_X+\cos\theta_1 P_Y=d_2
$$

采用三角代换：

$$
P_X=\rho\cos\varphi,P_Y=\rho\sin\varphi
$$

式中：$\rho=\sqrt{P_X^2+P_Y^2}$，$\varphi=\arctan2(P_Y,P_X)$。

进行三角代换后，可解得：

$$
\sin(\varphi-\theta_1)=\frac{d_2}{\rho},\quad \cos(\varphi-\theta_1)=\pm\sqrt{1-\left(\frac{d_2}{\rho}\right)^2}
$$

$$\varphi-\theta_1=\arctan2\left[\frac{d_2}{\rho},\pm\sqrt{1-\left(\frac{d_2}{\rho}\right)^2}\right]$$

$$\theta_1=\arctan2(P_Y,P_X)-\arctan2(d_2,\pm\sqrt{P_X+P_Y-d_2{}^2})$$

(2) 求 θ_2 。

用 ${}^1_2\boldsymbol{T}^{-1}$ 左乘式(3-33)，可得：

$$ {}^1_2\boldsymbol{T}^{-1}{}^0_1\boldsymbol{T}^{-1}{}^0_6\boldsymbol{T}={}^2_3\boldsymbol{T}{}^3_4\boldsymbol{T}{}^4_5\boldsymbol{T}{}^5_6\boldsymbol{T} \tag{3-35}$$

查找右边的元素，这些元素是各关节的函数。经过上式计算得到矩阵后，(1,4) 和 (2,4) 是 $\sin\theta_2 d_3$ 的函数，于是有：

$$\sin\theta_2 d_3=\cos\theta_1 P_X+\sin\theta_1 P_Y$$

$$-\cos\theta_2 d_3=-P_Z$$

由于 $d_3>0$，故 θ_2 有唯一解：

$$\theta_2=\arctan\frac{\cos\theta_1 P_X+\sin\theta_1 P_Y}{P_Z}$$

(3) 求 d_3 。

用 ${}^2_3\boldsymbol{T}^{-1}$ 左乘式(3-35)可得：

$$ {}^2_3\boldsymbol{T}^{-1}{}^1_2\boldsymbol{T}^{-1}{}^0_1\boldsymbol{T}^{-1}{}^0_6\boldsymbol{T}={}^3_4\boldsymbol{T}{}^4_5\boldsymbol{T}{}^5_6\boldsymbol{T} \tag{3-36}$$

因 θ_1、θ_2 已求得，故 $\sin\theta_1$、$\cos\theta_1$、$\sin\theta_2$、$\cos\theta_2$ 均为已知。计算式(3-36)，令 (3,4) 对应元素相等，有：

$$d_3=\sin\theta_2(\cos\theta_1 P_X+\sin\theta_1 P_Y)+\cos\theta_2 P_Z$$

(4) 求 θ_4 。

用 ${}^3_4\boldsymbol{T}^{-1}$ 左乘式(3-36)可得：

$$ {}^3_4\boldsymbol{T}^{-1}{}^2_3\boldsymbol{T}^{-1}{}^1_2\boldsymbol{T}^{-1}{}^0_1\boldsymbol{T}^{-1}{}^0_6\boldsymbol{T}={}^4_5\boldsymbol{T}{}^5_6\boldsymbol{T} \tag{3-37}$$

计算式(3-36)，令两边矩阵中 (3,3) 的元素相等，则有

$$-s\theta_4[c\theta_2(c\theta_1 a_X+s\theta_1 a_Y)-s\theta_2 a_Z]+c\theta_4(-s\theta_1 a_X+c\theta_1 a_Y)=0$$

解得 $\theta_4=\arctan2[-s\theta_1 a_X+c\theta_1 a_Y,c\theta_2(c\theta_1 a_X+s\theta_1 a_Y)-s\theta_2 a_Z]$

(5) 求 θ_5 。

用 ${}^4_5\boldsymbol{T}^{-1}$ 左乘式(3-37)可得：

$$ {}^4_5\boldsymbol{T}^{-1}{}^3_4\boldsymbol{T}^{-1}{}^2_3\boldsymbol{T}^{-1}{}^1_2\boldsymbol{T}^{-1}{}^0_1\boldsymbol{T}^{-1}{}^0_6\boldsymbol{T}={}^5_6T \tag{3-38}$$

同样，令式(3-38)左、右两边相应元素相等，可得到 $s\theta_5$、$c\theta_5$ 的方程，即

$$s\theta_5=c\theta_4[c\theta_2(c\theta_1 a_X+s\theta_1 a_Y)-s\theta_2 a_Z]+s\theta_4(-s\theta_1 a_X+c\theta_1 a_Y)$$

$$c\theta_5=s\theta_2(c\theta_1 a_X+s\theta_1 a_Y)+c\theta_2 a_Z$$

解得：

$$\theta_5=\arctan2\{c\theta_4[c\theta_2(c\theta_1 a_X+s\theta_1 a_Y)-s\theta_2 a_Z]+s\theta_4(-s\theta_1 a_X+c\theta_1 a_Y),\ s\theta_2(c\theta_1 a_X+s\theta_1 a_Y)+c\theta_2 a_Z\}$$

(6) 求 θ_6 。

继续令式(3-38)左、右两边对应元素相等，可得 $s\theta_6$、$c\theta_6$ 的方程，即

$$s\theta_6 = -c\theta_5\{c\theta_4[c\theta_2(c\theta_1 o_X + s\theta_1 o_Y) - s\theta_2 o_Z] + s\theta_4(-s\theta_1 o_X + c\theta_1 o_Y)\}$$
$$+ s\theta_5[s\theta_2(c\theta_1 o_X + s\theta_1 o_Y) + c\theta_2 o_Z]$$
$$c\theta_6 = -s\theta_4[c\theta_2(c\theta_1 o_X + s\theta_1 o_Y) - s\theta_2 o_Z] + c\theta_4(-s\theta_1 o_X + c\theta_1 o_Y)$$

解得：
$$\theta_6 = \arctan2(s\theta_6, c\theta_6)$$

3.5.3 运动学反解讨论

例 3.8 题中虽求得了运动学反解，但求解步骤相对复杂。实际上机械手的运动方程可写成：

$$\begin{cases} \boldsymbol{n} = n(q_1, q_2, \cdots, q_n) = n(q) \\ \boldsymbol{o} = o(q_1, q_2, \cdots, q_n) = o(q) \\ \boldsymbol{a} = a(q_1, q_2, \cdots, q_n) = a(q) \\ \boldsymbol{P} = P(q_1, q_2, \cdots, q_n) = P(q) \end{cases} \tag{3-39}$$

$(\boldsymbol{n}, \boldsymbol{o}, \boldsymbol{a}, \boldsymbol{P})$ 表示末端执行器位姿；$\boldsymbol{q} = [q_1, q_2, \cdots, q_n]^{\mathrm{T}}$ 是关节矢量，下标是关节数目。

对于 6 个自由度的机械手，方程组(3-39)中有 6 个未知数 $q_i(i = 1, 2, \cdots, 6)$。表面上看，方程组(3-39)有 12 个方程，实际上只有 6 个是独立的。这些方程都是非线性超越方程，存在是否有解、解是否唯一以及如何求解等问题。

1. 工作空间和解的存在性

工作空间是机械手末端执行器能够到达的空间范围，即手爪能够到达的目标点的集合。工作空间分成以下两种。

①灵活(工作)空间。指机械手末端执行器能以任意方位到达的目标点集合。

②可达(工作)空间。指机械手末端执行器至少能以一个方位到达的目标点集合。

显然，灵活空间是可达空间的子集。

若给定末端位姿位于工作空间内，则反解是存在的，否则反解不存在。任意给定一个目标系 $\{G\}$，要使机械手达到 $\{G\}$，一般是不可能的，通常是要找到最接近目标系 $\{G\}$ 的可达位姿。使用时，用户最关心的是工具端部所能到达的位姿，这与工具系 $\{T\}$ 有关。在讨论和研究机械手本身运动学时，并不把工具系 $\{T\}$ 的变换包含在内，而是考虑腕系 $\{W\}$ 的工作空间。对于给定的工具系 $\{T\}$，相对于目标系 $\{G\}$ 的腕系 $\{W\}$ 便可解出，从而判别 $\{W\}$ 是否处于工作空间内。

2. 反解的唯一性和最优解

在解运动学方程组(3-39)时，遇到的另一问题是反解并非唯一(即多解)。机械手运动学反解的数目取决于关节数目、连杆参数和关节变量的活动范围。一般来说，非零连杆参数越多，到达某一目标的方式愈多，运动学反解数目愈多。表 3-3 列出了反解最大数目与连杆长度非零数目之间的关系。

表 3-3 连杆长度非零数目与反解最大数目间的关系

连杆长度 a_i	反解数目
$a_1 = a_3 = a_5 = 0$	$\leqslant 4$

续表

连杆长度 a_i	反解数目
$a_3 = a_5 = 0$	$\leqslant 8$
$a_3 = 0$	$\leqslant 16$
$a_i \neq 0$	$\leqslant 16$

如何从多重解中选择一组解呢？一般视具体情况而定，在避免碰撞的前提下，按“最短行程”准则（即使每个关节的移动量为最小）来选取。工业机械手决定末端执行器空间位置的前三个连杆尺寸较大，末端执行器姿态的后三个连杆尺寸较小，故应加权处理，遵循“多移动小关节，少移动大关节”的原则。

3. 求解方法

逆向运动学要比正向运动学问题复杂得多，而且随着自由度的增加，反解愈加复杂。运动学反解方法分为两类：封闭解法和数值解法。

封闭解法计算速度高，效率高，便于实时控制。封闭解也称为解析解，即根据严格的公式进行推导，给出任意的自变量代入解析函数便可求出因变量，解析解是一个封闭的函数。大多数工业机械手都满足封闭解的两个充分条件中的一个（Pieper 准则）：

①三个相邻关节轴相交于一点；

②三个相邻关节轴相互平行。

关于非线性方程组的数值解法本身就是一个有待研究的领域，数值解是采用某种计算方法比如迭代法、插值法等得到的解，运用此方法所求得的因变量为一个个离散数值。其特点是数学模型较简单，但计算速度慢，不能求得机构的所有解。“机械手运动学是可解的”指可找到一种求解关节变量的算法，用于确定末端执行器位姿所对应关节变量的全部解，在多解情况下，应计算出所有的解。某些迭代算法不能保证求出所有的解，故不适合于求机械手的运动学反解问题。

3.6 并联机器人机构位置分析

并联机器人是若干关节和连杆组成的首尾相连的闭式运动链。其位置分析是求解输入机构与输出机构的空间位置关系，是机构运动分析的最基本任务，同时也是机构速度、加速度、受力分析、工作空间分析、误差分析等的基础。

正如前面所述，串联机械手位姿分析中，正解较易，反解困难；而在并联机器人机构位置分析反解较简单正解则相当复杂。虽然并联机构在结构上类型繁多，但实际应用中最常见的是 Stewart 并联机构及其演化形式。下面以 6-SPS（S-球铰，P-移动副）型 Stewart 并联机构为例进行位置分析。

3.6.1 位置反解

6-SPS 型 Stewart 并联机构的上、下平台用 6 个分支连接，每个分支中间是一移动副，两端

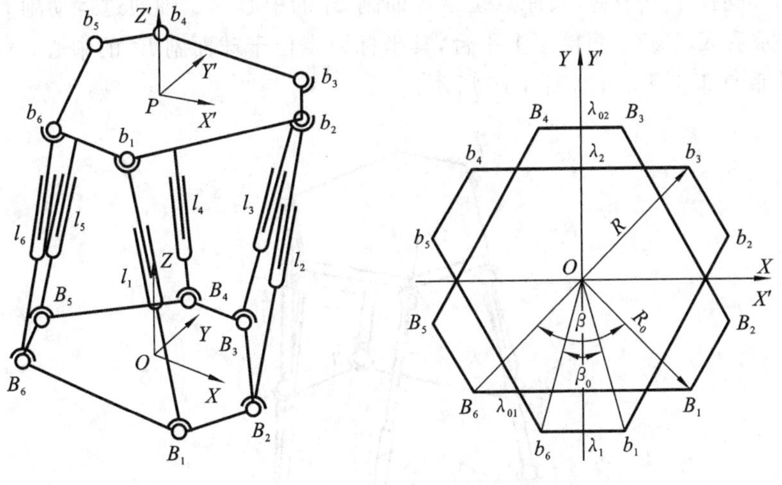

(a) (b)

图 3-18 6-SPS 型 Stewart 并联机构

分别通过球铰与上、下平台相连。原动机推动移动副做往复直线运动，改变各杆长度，从而使上平台在空间的位姿发生变化。给定上平台的空间位姿，求各个杆长即各移动副的位移，即为该机构的位置反解。

如图 3-18(a)所示，在机构的上、下平台各建立一坐标系。动系 $P\text{-}X'Y'Z'$ 建立在上平台上，固定坐标系 $O\text{-}XYZ$ 固接于下平台，那么在动系中的任一向量 $\boldsymbol{R}'$ 可通过坐标变换方法求出在固定坐标系中的 $\boldsymbol{R}$，即

$$\boldsymbol{R} = \boldsymbol{T}\boldsymbol{R}' + \boldsymbol{P} \tag{3-40}$$

式中：$\boldsymbol{T}$ ——上平台姿态的方向余弦矩阵；

$\boldsymbol{P}$ ——选定在上平台的参考点，即动坐标系的原点在固定坐标系中的位置矢量。

当给定机构的各个尺寸后，利用几何关系，便很容易写出上、下平台各铰链点 b_i、B_i $(i=1,2,\cdots,6)$ 在各自坐标系中的坐标值。上平台中各铰链点 $b_i(i=1,2,\cdots,6)$ 在固定坐标系 $O\text{-}XYZ$ 中的坐标值由式(3-40)计算得到。此时 6 个分支的杆长矢量 $\boldsymbol{l}_i(i=1,2,\cdots,6)$ 在固定坐标系中可表示为

$$\boldsymbol{l}_i = \boldsymbol{b}_i - \boldsymbol{B}_i \quad (i=1,2,\cdots,6) \tag{3-41}$$

从而得到机构的位置反解计算方程：

$$l_i = \sqrt{l_{ix}^2 + l_{iy}^2 + l_{iz}^2} \quad (i=1,2,\cdots,6) \tag{3-42}$$

当已知机构的基本尺寸和上平台的位姿后，可利用式(3-42)求出 6 个分支的杆长。此方法普遍适用于从 6-SPS 机构演化出来的多其他平台机构。

3.6.2 位置正解

6-SPS 型 Stewart 并联机构的正解位置分析要比反解复杂得多，下面介绍一种较简便的位置正解方法。

为便于分析，在下、上平台中分别建立固定坐标系 $X_0Y_0Z_0$ 和运动坐标系 $X_NY_NZ_N$。固定

坐标系 $X_0Y_0Z_0$ 固接于下平台，其原点位于球面副 B_1 的中心，X_0 轴通过运动副 B_2，Z_0 轴垂直于下平台；坐标系 $X_NY_NZ_N$ 固接于上平台，其坐标原点位于球面副 E_1 的中心，X_N 轴通过运动副 E_2，Z_N 轴垂直于上平台，如图 3-19 所示。

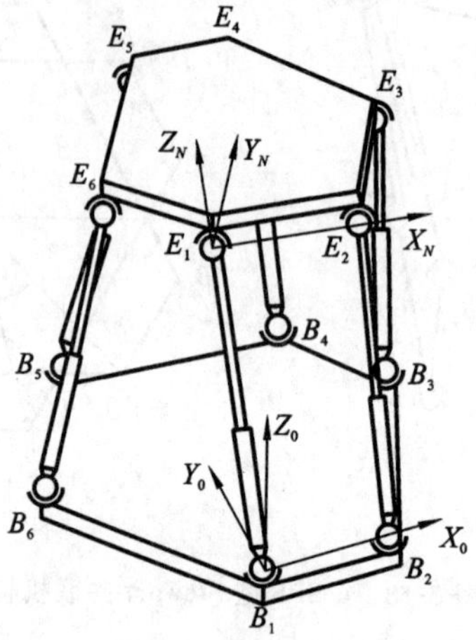

图 3-19　6-SPS 型 Stewart 坐标系示意图

坐标系 $X_NY_NZ_N$ 到坐标系 $X_0Y_0Z_0$ 的变换矩阵 ${}^0_N\boldsymbol{T}$ 为

$$ {}^0_N\boldsymbol{T} = \begin{bmatrix} \boldsymbol{R} & \boldsymbol{P} \\ 0 & 1 \end{bmatrix} \tag{3-43}$$

式中：$\boldsymbol{P} = [x, y, z]^{\mathrm{T}}$ 是原点 O_N 在坐标系 $X_0Y_0Z_0$ 中的位置矢量。矩阵 $\boldsymbol{R}$ 是一 3×3 的方向余弦矩阵，其每一列为坐标系 $X_NY_NZ_N$ 的 X、Y、Z 轴在坐标系 $X_0Y_0Z_0$ 中的方向余弦，即

$$\boldsymbol{R} = \begin{bmatrix} l_x & m_x & n_x \\ l_y & m_y & n_y \\ l_z & m_z & n_z \end{bmatrix} \tag{3-44}$$

矩阵 $\boldsymbol{R}$ 中 9 个元素只有 3 个是独立的，其他 6 个元素可通过下列关系求得：

$$\begin{cases} l_x^2 + l_y^2 + l_z^2 = 1 \\ m_x^2 + m_y^2 + m_z^2 = 1 \\ l_x m_x + l_y m_y + l_z m_z = 0 \\ n_x = l_y m_z - l_z m_y \\ n_y = l_z m_x - l_x m_z \\ n_z = l_x m_y - l_y m_x \end{cases} \tag{3-45}$$

当给定 6 个输入杆的长度后，求解上述矩阵 $\boldsymbol{R}$ 和 $\boldsymbol{P}$ 中的 12 个元素，除式(3-45)的 6 个方程外，还需要 6 个方程，而这 6 个方程可通过 6 个杆长的约束方程给出。

下平台的每个球面副中心 B_i 在坐标系 $X_0Y_0Z_0$ 中的坐标可表示为

$$\begin{bmatrix} x_{Bi} \\ y_{Bi} \\ z_{Bi} \end{bmatrix} = \begin{bmatrix} a_i \\ b_i \\ 0 \end{bmatrix} \quad (i = 1, 2, \cdots, 6) \tag{3-46}$$

式中：$a_1 = b_1 = b_2 = 0$ 。

上平台每个球面副中心 E_i 在坐标系 $X_N Y_N Z_N$ 中的坐标为

$$\begin{bmatrix} x_{Ei} \\ y_{Ei} \\ z_{Ei} \end{bmatrix} = \begin{bmatrix} p_i \\ q_i \\ 0 \end{bmatrix} \quad (i = 1,2,\cdots,6) \tag{3-47}$$

式中：$p_1 = q_1 = q_2 = 0$ 。

E_i 在坐标系 $X_0 Y_0 Z_0$ 中的坐标可用坐标变换得到：

$$\begin{bmatrix} x_{ei} \\ y_{ei} \\ z_{ei} \end{bmatrix} = \begin{bmatrix} p_i l_x + q_i m_x + x \\ p_i l_y + q_i m_y + y \\ p_i l_z + q_i m_z + z \end{bmatrix} \quad (i = 1,2,\cdots,6)$$

则各杆长可表示为

$$\begin{aligned} l_i^2 = {} & (p_i l_x + q_i m_x + x - a_i)^2 + (p_i l_y + q_i m_y + y - b_i)^2 \\ & + (p_i l_z + q_i m_z + z)^2 \quad (i = 1,2,\cdots,6) \end{aligned} \tag{3-48}$$

从式(3-48)中可看出不含 n_x 、n_y 和 n_z ，那么在位置正解中只要求解 9 个未知数，因此需要 9 个方程，这 9 个方程为式(3-45)和式(3-48)。

目前来讲，基于数学软件强大的计算功能比如 Mathematica 软件中的强大符号运算功能便可解出该运动正解的解析表达式，进而计算出正解。

下面给出一种解这 9 个方程的求解方法。

其中式(3-48)为 6 个二阶方程组，通过引入中间变量 w_1 和 w_2 ，此方程组可以进一步简化为只有一个二次多项式和 5 个线性方程的方程组。

当 $i = 1$ 时，因 $a_1 = b_1 = p_1 = q_1 = 0$ ，式(3-48)可简化为

$$x^2 + y^2 + z^2 = l_1^2 \tag{3-49}$$

当 $i = 2,3,\cdots,6$ 时，将式(3-45)代入式(3-48)并化简为

$$p_i w_1 + q_i w_2 - a_i x - b_i y - C_i m_x = A_i l_x + B_i l_y + D_i m_y + E_i \tag{3-50}$$

式中：两个中间变量 w_1 和 w_2 为

$$\begin{aligned} w_1 &= l_x x + l_y y + l_z z \\ w_2 &= m_x x + m_y y + m_z z \end{aligned} \tag{3-51}$$

而 A_i, B_i, C_i, D_i 及 E_i 为常数，即

$$A_i = p_i a_i, \quad B_i = p_i b_i, \quad C_i = q_i a_i, \quad D_i = q_i b_i$$

$$E_i = \frac{l_i^2 - l_1^2 - a_i^2 - b_i^2 - q_i^2 - p_i^2}{2}$$

因为引入中间变量，未知量个数变为 11 个，即 l_x 、l_y 、l_z 、m_x 、m_y 、m_z 、x 、y 、z 、w_1 和 w_2 。将式(3-45)、式(3-48)～(3-51)中 11 个基本方程联立求解。求解的关键是要从上述 11 个方程中消去 10 个未知数，进而把方程表示为含有一个未知数的多项式形式的输入输出方程。

式(3-50)为一含有 8 个未知数的 5 个方程组成的线性方程组，若选其中的 3 个未知数 l_x、l_y、m_y 作为基本变量，则其余 5 个未知数 w_1、w_2、x、y 和 m_x 可表示为 3 个基本变量的函数。

$$\begin{bmatrix} w_1 \\ w_2 \\ x \\ y \\ m_x \end{bmatrix} = \begin{bmatrix} p_2 & q_2 & -a_2 & -b_2 & -C_2 \\ p_3 & q_3 & -a_3 & -b_3 & -C_3 \\ p_4 & q_4 & -a_4 & -b_4 & -C_4 \\ p_5 & q_5 & -a_5 & -b_5 & -C_5 \\ p_6 & q_6 & -a_6 & -b_6 & -C_6 \end{bmatrix}^{-1} \begin{bmatrix} A_2 l_x + B_2 l_y + D_2 m_y + E_2 \\ A_3 l_x + B_3 l_y + D_3 m_y + E_3 \\ A_4 l_x + B_4 l_y + D_4 m_y + E_4 \\ A_5 l_x + B_5 l_y + D_5 m_y + E_5 \\ A_6 l_x + B_6 l_y + D_6 m_y + E_6 \end{bmatrix} \tag{3-52}$$

或写成下列的线性方程形式：

$$\begin{cases} w_1 = F_1 l_x + G_1 l_y + H_1 m_y + I_1 \\ w_2 = F_2 l_x + G_2 l_y + H_2 m_y + I_2 \\ x_3 = F_3 l_x + G_3 l_y + H_3 m_y + I_3 \\ y_4 = F_4 l_x + G_4 l_y + H_4 m_y + I_4 \\ m_x = F_5 l_x + G_5 l_y + H_5 m_y + I_5 \end{cases} \tag{3-53}$$

式中：F_i、G_i、H_i 和 I_i $(i=1,2,\cdots,5)$ 为常数，可以通过矩阵运算来求出这些常数。

另外由式(3-45)中的前两式和式(3-48)，未知数 z、l_z、m_z 可表达为

$$\begin{cases} z^2 = l_1^2 - x^2 - y^2 \\ l_z^2 = 1 - l_x^2 - l_y^2 \\ m_z^2 = 1 - m_x^2 - m_y^2 \end{cases} \tag{3-54}$$

由式(3-45)、式(3-50)和式(3-51)，这 3 个未知数可表达为

$$\begin{cases} l_z m_z = -(l_x m_x + l_y m_y) \\ l_z z = w_1 - l_x x - l_y y \\ m_z z = w_2 - m_x x - m_y y \end{cases} \tag{3-55}$$

将式(3-53)～式(3-55)代入下列的 6 个恒等式：

$$\begin{cases} l_z^2 z^2 - (l_z z)^2 = 0 \\ m_z^2 z^2 - (m_z z)^2 = 0 \\ l_z^2 m_z^2 - (l_z m_z)^2 = 0 \\ l_z m_z z^2 - (l_z z)(m_z z) = 0 \\ m_z z l_z^2 - (l_z m_z)(l_z z) = 0 \\ l_z z m_z^2 - (l_z m_z)(m_z z) = 0 \end{cases} \tag{3-56}$$

可以得到 6 个只含有未知数 l_x、l_y 和 m_y 的方程，进一步简化这 6 个方程为

$$\begin{aligned} & f_{1,j} l_y^4 + f_{2,j} l_x^4 + f_{3,j} l_y^3 l_x + f_{4,j} l_y^2 l_x^2 + f_{5,j} l_y l_x^3 + f_{6,j} l_y^3 \\ & + f_{7,j} l_x^3 + f_{8,j} l_y^2 l_x + f_{9,j} l_y l_x^2 + f_{10,j} l_y^2 + f_{11,j} l_x^2 \\ & + f_{12,j} l_x l_y + f_{13,j} l_y + f_{14,j} l_x + f_{15,j} = 0 \quad (i=1,2,\cdots,6) \end{aligned} \tag{3-57}$$

式中：$f_{i,j}(i=1,2,\cdots,5)$ 是常数，$f_{i,j}(i=6,7,8,9)$ 是 m_y 的一次多项式，$f_{i,j}(i=10,11,12)$ 是 m_y 的二次多项式，$f_{i,j}(i=13,14,j=3)$ 是 m_y 的一次多项式，$f_{i,j}(i=13,14,j=1,5)$ 是 m_y 的二次多项式，$f_{i,j}(i=13,14,j=2,4,6)$ 是 m_y 的三次多项式，$f_{i,j}(i=15,j=1,3,5)$ 是 m_y 的二次多项式，$f_{i,j}(i=15,j=4,6)$ 是 m_y 的三次多项式，$f_{i,j}(i=15,j=2)$ 是 m_y 的四次多项式。

如何从式(3-57)中消去 l_x 和 l_y 而得到只含有 m_y 的方程呢？式(3-57)中含有 14 个 l_x 和 l_y

组合，即 $l_y^4, l_x^4, l_y^3 l_x, l_y^2 l_x^2, l_y l_x^3, l_y^3, l_x^3, l_y^2 l_x, l_y l_x^2, l_y^2, l_x^2, l_y l_x, l_y, l_x, 1$，其中最高次数为 4，最低次数为 0，如果每一种组合看成是一个未知数，则 6 个方程中含有 15 个未知数，式(3-57)无法求出这 15 个未知数。

下面通过一种处理方法找出含有 21 个未知数的 21 个方程。

设 $x_k(k=1,2,\cdots,5)$ 代表式(3-57)中的 4 次项即 $l_y^4, l_x^4, l_y^3 l_x, l_y^2 l_x^2, l_y l_x^3$，则式(3-57)可写为

$$\begin{aligned} & f_{1,j}x_1 + f_{2,j}x_2 + f_{3,j}x_3 + f_{4,j}x_4 + f_{5,j}x_5 \\ & = -f_{6,j}l_y^3 - f_{7,j}l_x^3 - f_{8,j}l_y^2 l_x - f_{9,j}l_y l_x^2 - f_{10,j}l_y^2 - f_{11,j}l_x^2 \\ & \quad - f_{12,j}l_x l_y - f_{13,j}l_y - f_{14,j}l_x - f_{15,j} = 0 \quad (j=1,2,\cdots,6) \end{aligned} \tag{3-58}$$

选其中的 5 个方程 $(j=1,3,4,5,6)$ 并写成下列形式：

$$\begin{bmatrix} x_1 \\ x_2 \\ x_3 \\ x_4 \\ x_5 \end{bmatrix} = \begin{bmatrix} f_{1,1} & f_{2,1} & f_{3,1} & f_{4,1} & f_{5,1} \\ f_{1,3} & f_{2,3} & f_{3,3} & f_{4,3} & f_{5,3} \\ f_{1,4} & f_{2,4} & f_{3,4} & f_{4,4} & f_{4,5} \\ f_{1,5} & f_{2,5} & f_{3,5} & f_{4,5} & f_{5,5} \\ f_{1,6} & f_{2,6} & f_{3,6} & f_{4,6} & f_{5,6} \end{bmatrix}^{-1} \begin{bmatrix} -f_{6,1}l_y^3 - f_{7,1}l_x^3 - \cdots - f_{15,1} \\ -f_{6,3}l_y^3 - f_{7,3}l_x^3 - \cdots - f_{15,3} \\ -f_{6,4}l_y^3 - f_{7,4}l_x^3 - \cdots - f_{15,4} \\ -f_{6,5}l_y^3 - f_{7,5}l_x^3 - \cdots - f_{15,5} \\ -f_{6,6}l_y^3 - f_{7,6}l_x^3 - \cdots - f_{15,6} \end{bmatrix} \tag{3-59}$$

于是可得到 5 个方程式：

$$\begin{aligned} x_k = {} & g_{1,k}l_y^3 + g_{2,k}l_x^3 + g_{3,k}l_y^2 l_x + g_{4,k}l_y l_x^4 + g_{5,k}l_y^2 + g_{6,k}l_x^2 + \\ & g_{7,k}l_y l_x + g_{8,k}l_y + g_{9,k}l_x + g_{10,k} \quad (k=1,2,\cdots,5) \end{aligned} \tag{3-60}$$

式中：$g_{i,j}(i=1,2,3,4)$ 是 m_y 的一次多项式；$g_{i,j}(i=5,6,7)$ 是 m_y 的二次多项式；$g_{i,j}(i=8,9,10)$ 是 m_y 的三次多项式。

将式(3-60)代入式(3-58)的第 6 个方程式 $(j=2)$ 可得：

$$h_1 l_y^3 + h_2 l_x^3 + h_3 l_y^2 l_x + h_4 l_y l_x^2 + h_5 l_y^2 + h_6 l_x^2 + h_7 l_y l_x + h_8 l_y + h_9 l_x + h_{10} = 0$$

式中：$h_i(i=1,2,3,4)$ 是 m_y 的一次多项式，$h_i(i=5,6,7)$ 是 m_y 的二次多项式，$h_i(i=8,9)$ 是 m_y 的三次多项式，h_{10} 是 m_y 的四次多项式。

分别用 $1, l_y, l_x, l_y^2, l_x^2, l_y l_x$ 乘以式(3-60)可得到 5 个方程式，另外再用 $1, l_x, l_y$ 分别乘以式(3-59)可得到 15 个方程，这 21 个方程中含有 21 个未知数，可写成：

$$\boldsymbol{AX} = 0 \tag{3-61}$$

式中：$\boldsymbol{A}$ ——21×21 的矩阵，且元素为 m_y 的多项式；

$\boldsymbol{X}$——21 × 1 的未知变量，$\boldsymbol{X} = \{l_y^5, l_x^5, l_y^4 l_x, l_y^3 l_x^2, l_y^2 l_x^3, l_y l_x^4, l_x^4, l_y^3 l_x, l_y^2 l_x^2, l_y l_x^3, l_y^3, l_x^3, l_y^2 l_x, l_y l_x^2, l_y^2, l_x^2, l_y l_x, l_y, l_x, 1\}^{\mathrm{T}}$。

式(3-61)为一齐次线性方程组，其有解的条件为：

$$\det|\boldsymbol{A}| = 0 \tag{3-62}$$

从式(3-62)可得到一个关于 m_y 的 20 次多项式：

$$\sum_{i=0}^{20} a_{20-i} m_y^i = 0 \tag{3-63}$$

式(3-63)的多项式系数非常复杂，通常借助于计算机数学软件来求解。

式(3-63)为 20 次多项式，故 m_y 有 20 个可能解，则对应一个 m_y，z、l_z、m_z 可有两组可能

的解，由此可以得出：6-SPS 型 Stewart 并联平台对应一组给定的输入杆长，最多有 40 个可能的位形。

本章小结

本章首先讨论机器人坐标系及其位姿在坐标系内的描述；其次给出齐次坐标及其变换的定义，在此基础上对机器人位姿进行齐次坐标的描述和分析；随后探讨连杆坐标系的建立以及描述坐标系的参数，进而表达了连杆坐标间的变换矩阵；最后介绍正向运动学和逆向运动学的概念，并用实例形式讨论了串联机器人、并联机器人的正向运动学和逆向运动学计算问题。

习　　题

1. 点矢量 $\boldsymbol{v}$ 为 $[10\quad 20\quad 30]^{\mathrm{T}}$，相对参考系作如下齐次坐标变换：

$$\boldsymbol{A}=\begin{bmatrix}0.866 & -0.500 & 0.000 & 11\\ 0.500 & 0.866 & 0.000 & -3\\ 0.000 & 0.000 & 1.000 & 9\\ 0 & 0 & & 1\end{bmatrix}$$

求变换后点矢量 $\boldsymbol{v}$ 的齐次坐标，并说明是什么性质的变换，写出旋转算子 Rot 及平移算子 Trans。

2. 矩阵 $\begin{bmatrix}? & 0 & -1 & 0\\ ? & 0 & 0 & 1\\ ? & -1 & 0 & 2\\ ? & 0 & 0 & 1\end{bmatrix}$ 代表齐次坐标变换，求其中的未知元素，即第一列元素。

3. 写出齐次变换矩阵 ${}^{A}_{B}\boldsymbol{T}$，它表示相对固定坐标系 $\{A\}$ 作以下变换：

(a)绕 z_A 轴转90°；(b)再绕 x_A 轴转 $-90°$；(c)最后作移动 $[3\quad 7\quad 9]^{\mathrm{T}}$。

4. 写出齐次变换矩阵 ${}^{A}_{B}\boldsymbol{T}$，它表示相对运动坐标系 $\{B\}$ 作以下变换：

(a)移动 $[3\quad 7\quad 9]^{\mathrm{T}}$；(b)再绕 x_B 轴转 $-90°$；(c)绕 z_B 轴转 90°。

5. 求下面齐次变换

$$\boldsymbol{T}=\begin{bmatrix}0 & 1 & 0 & -1\\ 0 & 0 & -1 & 2\\ -1 & 0 & 0 & 0\\ 0 & 0 & 0 & 1\end{bmatrix}$$

的逆变换 $\boldsymbol{T}^{-1}$。

6. 如题图 3-1 所示的二自由度平面机械手，关节 1 为转动关节，关节变量为 θ_1；关节 2 为移动关节，关节变量为 d_2。试求：

(1) 建立关节坐标系，并写出该机械手的运动方程式；

(2) 当关节变量 $\theta_1=0°$，$d_2=0.50$ m 和 $\theta_1=30°$，$d_2=0.80$ m 时，求出手部中心的位置值。

7. 如题图 3-1 所示二自由度平面机械手，已知手部中心坐标值为(X_0 , Y_0)。求该机械

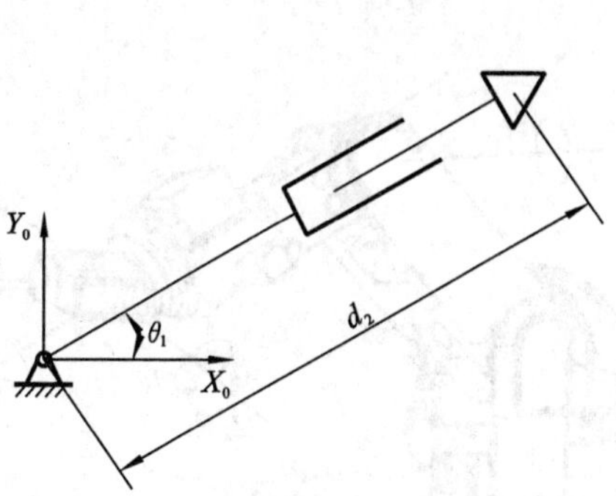

题图 3-1

手运动学方程的逆解 θ_1 和 d_2 。

8. 题图 3-2 所示为一个二自由度的机械手，两连杆长度均为 1 m，试建立各杆件坐标系，求出 A_1 、A_2 及该机械手的运动学逆解。

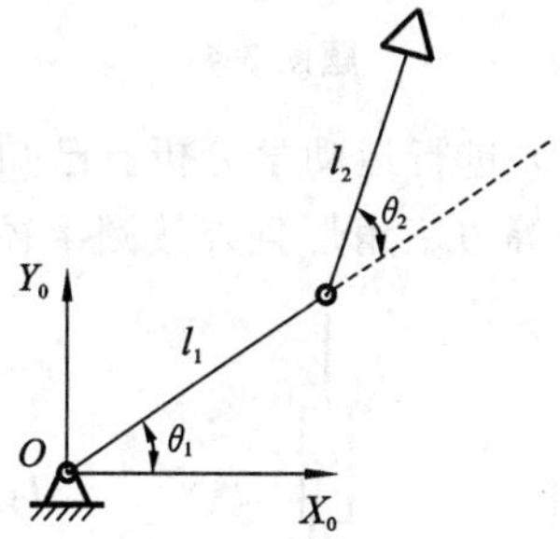

题图 3-2

9. 有一台如题图 3-3 所示的三自由度机械手结构，各关节转角正向均由箭头所示方向指定，请标出各连杆的 D-H 坐标系，然后求各变换矩阵 $\boldsymbol{A}_1$、$\boldsymbol{A}_2$ 和 $\boldsymbol{A}_3$。

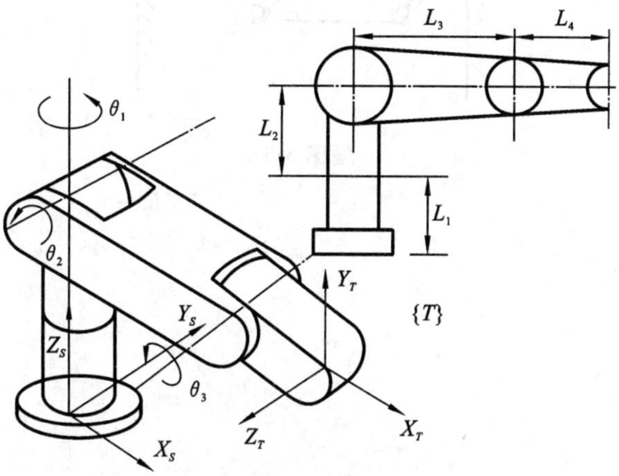

题图 3-3

10. 试求题图 3-4 所示 V80 型机器人的运动学方程。

11. 并联机器人和串联机器人运动学分析的特点各是什么？

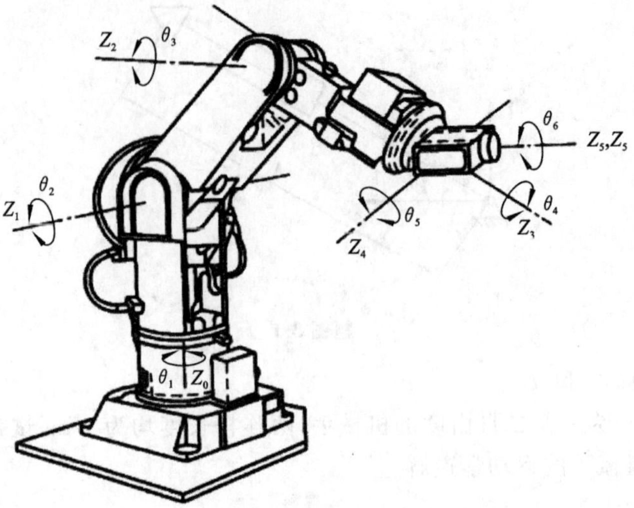

题图 3-4

12. 对题图 3-5 中的混联机器人进行运动学分析。已知图中 L_1、L_2、L_3 互成 120°，并外接于一圆，半径为 R，平台 $S_1S_2S_3$ 为等边三角形且外接圆半径为 r。

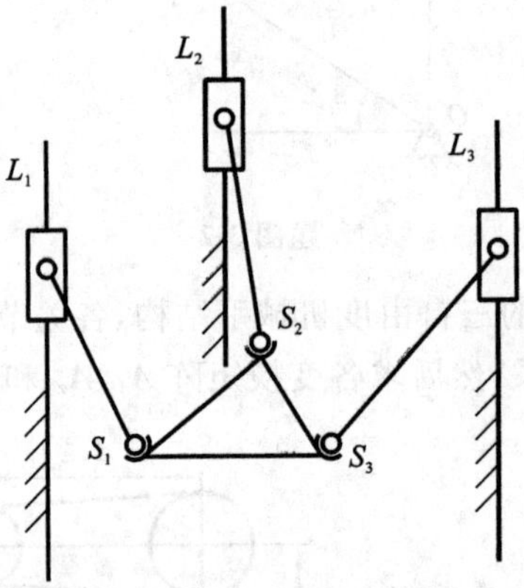

题图 3-5

第 4 章　机器人动力学分析

为了对机器人进行控制、优化设计和仿真，需要通过机器人动力学方法分析机器人各关节运动和受力之间的关系。机器人动力学主要解决动力学的正问题和逆问题。动力学正问题即根据各关节的驱动力或力矩，求解机器人运动的关节位移、速度和加速度，用于机器人的仿真分析。动力学逆问题即已知机器人关节的位移、速度和加速度，求解所需要的关节力或力矩，用于机器人的实时控制。

4.1　串联机器人速度雅可比矩阵与速度分析

4.1.1　串联机器人速度雅可比矩阵

在机器人学中，雅可比矩阵是一个把关节速度向量变换为手爪相对基坐标的广义速度向量的变换矩阵。机器人雅克比矩阵揭示了机器人操作空间与关节空间的映射关系。雅克比矩阵不仅表示操作空间与关节空间的速度映射关系，也表示二者之间力的传递关系，为确定机器人的静态关节力矩，以及不同坐标系间速度、加速度和静力的变换提供了便捷的方法。

数学上雅可比矩阵(Jacobian matrix)是一个多元函数的偏导矩阵。假设有六个函数，每个函数有六个变量，即

$$\begin{cases} y_1 = f_1(x_1, x_2, x_3, x_4, x_5, x_6) \\ y_2 = f_2(x_1, x_2, x_3, x_4, x_5, x_6) \\ \quad\vdots \\ y_6 = f_6(x_1, x_2, x_3, x_4, x_5, x_6) \end{cases} \tag{4-1}$$

可写成：

$$Y = F(X) \tag{4-2}$$

将其微分，得：

$$\begin{cases} \mathrm{d}y_1 = \dfrac{\partial f_1}{\partial x_1}\mathrm{d}x_1 + \dfrac{\partial f_1}{\partial x_2}\mathrm{d}x_2 + \cdots + \dfrac{\partial f_1}{\partial x_6}\mathrm{d}x_6 \\ \mathrm{d}y_2 = \dfrac{\partial f_2}{\partial x_1}\mathrm{d}x_1 + \dfrac{\partial f_2}{\partial x_2}\mathrm{d}x_2 + \cdots + \dfrac{\partial f_2}{\partial x_6}\mathrm{d}x_6 \\ \quad\vdots \\ \mathrm{d}y_6 = \dfrac{\partial f_6}{\partial x_1}\mathrm{d}x_1 + \dfrac{\partial f_6}{\partial x_2}\mathrm{d}x_2 + \cdots + \dfrac{\partial f_6}{\partial x_6}\mathrm{d}x_6 \end{cases} \tag{4-3}$$

也可简写成：

$$\mathrm{d}\boldsymbol{Y}=\frac{\partial \boldsymbol{F}}{\partial \boldsymbol{X}}\mathrm{d}\boldsymbol{X} \tag{4-4}$$

在串联机器人速度分析和静力学分析中，我们将式(4-4)中的矩阵 $\frac{\partial \boldsymbol{F}}{\partial \boldsymbol{X}}$ 称为机器人雅可比矩阵，简称雅可比，一般用符号 $\boldsymbol{J}$ 表示。下面求解二自由度平面关节型串联机器人的雅可比矩阵。

图 4-1 所示为二自由度平面关节型串联机器人，其端点位置 (x,y) 与关节变量 θ_1、θ_2 的关系为

$$\begin{cases} x=l_1\cos\theta_1+l_2\cos(\theta_1+\theta_2) \\ y=l_1\sin\theta_1+l_2\sin(\theta_1+\theta_2) \end{cases} \tag{4-5}$$

即

$$\begin{cases} x=x(\theta_1,\ \theta_2) \\ y=y(\theta_1,\ \theta_2) \end{cases} \tag{4-6}$$

将其微分，得：

$$\begin{cases} \mathrm{d}x=\dfrac{\partial x}{\partial \theta_1}\mathrm{d}\theta_1+\dfrac{\partial x}{\partial \theta_2}\mathrm{d}\theta_2 \\ \mathrm{d}y=\dfrac{\partial y}{\partial \theta_1}\mathrm{d}\theta_1+\dfrac{\partial y}{\partial \theta_2}\mathrm{d}\theta_2 \end{cases} \tag{4-7}$$

将其写成矩阵形式为

$$\begin{bmatrix} \mathrm{d}x \\ \mathrm{d}y \end{bmatrix}=\begin{bmatrix} \dfrac{\partial x}{\partial \theta_1} & \dfrac{\partial x}{\partial \theta_2} \\ \dfrac{\partial y}{\partial \theta_1} & \dfrac{\partial y}{\partial \theta_2} \end{bmatrix}\begin{bmatrix} \mathrm{d}\theta_1 \\ \mathrm{d}\theta_2 \end{bmatrix} \tag{4-8}$$

令

$$\boldsymbol{J}=\begin{bmatrix} \dfrac{\partial x}{\partial \theta_1} & \dfrac{\partial x}{\partial \theta_2} \\ \dfrac{\partial y}{\partial \theta_1} & \dfrac{\partial y}{\partial \theta_2} \end{bmatrix} \tag{4-9}$$

则式(4-8)可简写为：

$$\mathrm{d}\boldsymbol{X}=\boldsymbol{J}\mathrm{d}\boldsymbol{\theta} \tag{4-10}$$

式中：$\mathrm{d}\boldsymbol{X}=\begin{bmatrix} \mathrm{d}x \\ \mathrm{d}y \end{bmatrix}$；$\mathrm{d}\boldsymbol{\theta}=\begin{bmatrix} \mathrm{d}\theta_1 \\ \mathrm{d}\theta_2 \end{bmatrix}$。

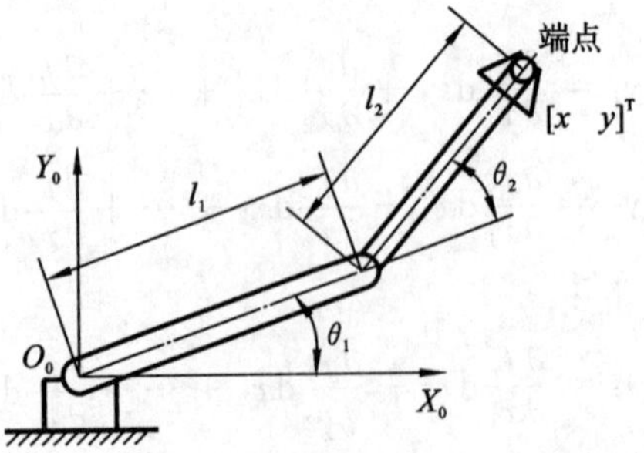

图 4-1　二自由度平面关节型串联机器人

我们将 $\boldsymbol{J}$ 称为图 4-1 所示二自由度平面关节型串联机器人的速度雅可比矩阵，它反映了关节空间微小运动 $\mathrm{d}\boldsymbol{\theta}$ 与手部作业空间微小位移 $\mathrm{d}\boldsymbol{X}$ 之间的关系。

依据式(4-9)，二自由度串联机器人的雅可比矩阵写为：

$$\boldsymbol{J}=\begin{bmatrix} -l_1\sin\theta_1-l_2\sin(\theta_1+\theta_2) & -l_2\sin(\theta_1+\theta_2) \\ l_1\cos\theta_1+l_2\cos(\theta_1+\theta_2) & l_2\cos(\theta_1+\theta_2) \end{bmatrix} \tag{4-11}$$

从 $\boldsymbol{J}$ 中元素的组成可见，$\boldsymbol{J}$ 的值是 θ_1 及 θ_2 的函数。

n 自由度串联机器人的关节变量可用广义关节变量 $\boldsymbol{q}$ 表示，$\boldsymbol{q}=[q_1 \quad q_2 \quad \cdots \quad q_n]^{\mathrm{T}}$。当关节为转动关节时，$q_i=\theta_i$；当关节为移动关节时，$q_i=d_i$。$\mathrm{d}\boldsymbol{q}=[\mathrm{d}q_1\ \mathrm{d}q_2 \cdots \mathrm{d}q_n]^{\mathrm{T}}$，反映了关节空间的微小运动。串联机器人手部在操作空间的运动参数用 $\boldsymbol{X}$ 表示，它是关节变量的函数，即 $\boldsymbol{X}=X(\boldsymbol{q})$，并且是一个 6 维列矢量。因此，$\mathrm{d}\boldsymbol{X}=[\mathrm{d}x \quad \mathrm{d}y \quad \mathrm{d}z \quad \delta\phi_x \quad \delta\phi_y \quad \delta\phi_z]^{\mathrm{T}}$ 反映了操作空间的微小运动，它由串联机器人手部微小线位移和微小角位移构成，d 和δ没差别，因为在数学上，$\mathrm{d}x=\delta x$。于是，参照式(4-10)可写出类似的方程式，即

$$\mathrm{d}\boldsymbol{X}=\boldsymbol{J}(\boldsymbol{q})\mathrm{d}\boldsymbol{q} \tag{4-12}$$

式中：$\boldsymbol{J}(q)$——$6\times n$ 的偏导数矩阵，称为 n 自由度串联机器人速度雅可比矩阵。它反映了关节空间微小运动 $\mathrm{d}\boldsymbol{q}$ 与手部作业空间微小运动 $\mathrm{d}\boldsymbol{X}$ 之间的关系。它的第 i 行第 j 列元素为

$$\boldsymbol{J}_{ij}(\boldsymbol{q})=\frac{\partial x_i(\boldsymbol{q})}{\partial q_j} \quad (i=1,2,\cdots,6;j=1,2,\cdots,n) \tag{4-13}$$

4.1.2 串联机器人速度分析

对式(4-12)左、右两边各除以 $\mathrm{d}t$，得：

$$\frac{\mathrm{d}\boldsymbol{X}}{\mathrm{d}t}=\boldsymbol{J}(\boldsymbol{q})\frac{\mathrm{d}\boldsymbol{q}}{\mathrm{d}t} \tag{4-14}$$

即

$$\boldsymbol{V}=\boldsymbol{J}(\boldsymbol{q})\dot{\boldsymbol{q}} \tag{4-15}$$

式中：$\boldsymbol{V}$——串联机器人手部在操作空间中的广义速度，$\boldsymbol{V}=\dot{\boldsymbol{X}}$；

$\dot{\boldsymbol{q}}$——串联机器人关节在关节空间中的速度；

$\boldsymbol{J}(\boldsymbol{q})$——确定关节空间速度 $\dot{\boldsymbol{q}}$ 与操作空间速度 $\boldsymbol{V}$ 之间关系的雅可比矩阵。

对于图 4-1 所示 2R 串联机器人来说，$\boldsymbol{J}(\boldsymbol{q})$ 是式(4-11)所示的 2×2 矩阵。若令 $\boldsymbol{J}_1$、$\boldsymbol{J}_2$ 分别为式(4-11)所示雅可比的第一列矢量和第二列矢量，则式(4-15)可写成：

$$\boldsymbol{V}=\boldsymbol{J}_1\dot{\theta}_1+\boldsymbol{J}_2\dot{\theta}_2 \tag{4-16}$$

式中：$\boldsymbol{J}_1\dot{\theta}_1$——仅由第一个关节运动引起的端点速度；

$\boldsymbol{J}_2\dot{\theta}_2$——仅由第二个关节运动引起的端点速度。

总的端点速度为这两个速度矢量的合成。因此，串联机器人速度雅可比矩阵的每一列表示其他关节不动而某一关节运动产生的端点速度。

图 4-1 所示二自由度平面关节型串联机器人手部的速度为

$$\boldsymbol{V}=\begin{bmatrix} v_x \\ v_y \end{bmatrix}=\begin{bmatrix} -[l_1\sin\theta_1+l_2\sin(\theta_1+\theta_2)]\dot{\theta}_1-l_2\sin(\theta_1+\theta_2)\dot{\theta}_2 \\ [l_1\cos\theta_1+l_2\mathrm{c}(\theta_1+\theta_2)]\dot{\theta}_1+l_2\cos(\theta_1+\theta_2)\dot{\theta}_2 \end{bmatrix} \tag{4-17}$$

假如 θ_1 及 θ_2 是时间的函数，$\theta_1=f_1(t)$，$\theta_2=f_2(t)$，则可求出该串联机器人手部在某一时刻的速度 $V=f(t)$，即手部瞬时速度。反之，如果给定串联机器人手部速度，可由式(4-15)解出相应的关节速度，即

$$\dot{\boldsymbol{q}}=\boldsymbol{J}^{-1}\boldsymbol{V} \tag{4-18}$$

式中：$\boldsymbol{J}^{-1}$——串联机器人逆速度雅可比矩阵。

如果要求串联机器人手部在空间按规定的速度工作，则用式(4-16)可以计算出沿路径上每一瞬时相应的关节速度。但是，通常求逆速度雅可比矩阵 $\boldsymbol{J}^{-1}$ 比较困难，可能还会出现奇异解，也就无法解算关节速度。

当串联机器人逆速度雅可比矩阵 $\boldsymbol{J}^{-1}$ 出现奇异解时，通常可以分为以下两种情况。

(1) 工作域边界上奇异。当串联机器人手臂全部伸展开或全部折回而使手部处于串联机器人工作域的边界上或边界附近时，出现逆速度雅可比矩阵奇异，这时串联机器人相应的形位称为奇异形位。

(2) 工作域内部奇异。奇异并不一定发生在工作域边界上，也可以是由两个或更多个关节轴线重合所引起的。

当串联机器人处在奇异形位时，就会产生退化现象，丧失一个或更多自由度。这意味着在空间某个方向上，不管串联机器人关节速度怎样，手部都不可能实现移动。

例 4.1 如图 4-2 所示的二自由度平面关节型机械手，手部某瞬沿固定坐标系 X_0 轴正向以 1.0 m/s 速度移动，杆长为 $l_1=l_2=0.5$ m。假设该瞬时 $\theta_1=30°$，$\theta_2=-60°$。求相应瞬时的关节速度。

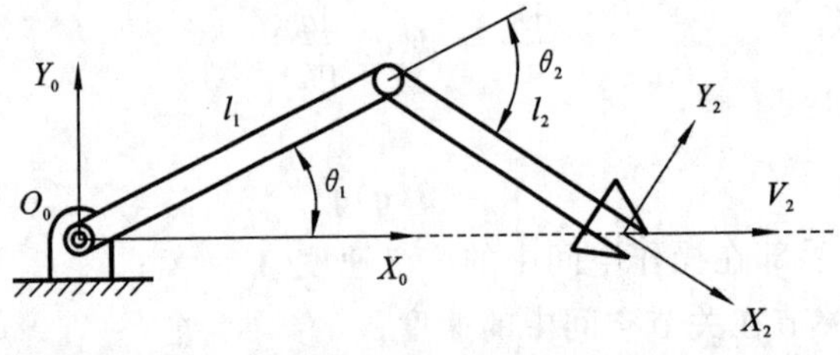

图 4-2 二自由度机械手手臂沿 X_0 方向运动

解 由式(4-11)知，二自由度机械手的速度雅可比矩阵为：

$$\boldsymbol{J}=\begin{bmatrix}-l_1\sin\theta_1-l_2\sin(\theta_1+\theta_2) & -l_2\sin(\theta_1+\theta_2)\\ l_1\cos\theta_1+l_2\cos(\theta_1+\theta_2) & l_2\cos(\theta_1+\theta_2)\end{bmatrix} \tag{4-19}$$

因此，逆速度雅可比矩阵为：

$$\boldsymbol{J}^{-1}=\frac{1}{l_1 l_2\sin\theta_2}\begin{bmatrix}l_2\cos(\theta_1+\theta_2) & l_2\sin(\theta_1+\theta_2)\\ -l_1\cos\theta_1-l_2\cos(\theta_1+\theta_2) & -l_1\sin\theta_1-l_2\sin(\theta_1+\theta_2)\end{bmatrix} \tag{4-20}$$

$\boldsymbol{V}=\begin{bmatrix}v_x\\ v_y\end{bmatrix}=\begin{bmatrix}1\\ 0\end{bmatrix}$，因此，由式(4-16)可得：

$$\dot{\boldsymbol{\theta}} = \begin{bmatrix} \dot{\theta}_1 \\ \dot{\theta}_2 \end{bmatrix} = \boldsymbol{J}^{-1}\boldsymbol{V}$$

$$= \frac{1}{l_1 l_2 \sin\theta_2} \begin{bmatrix} l_2\cos(\theta_1+\theta_2) & l_2\sin(\theta_1+\theta_2) \\ -l_1\cos\theta_1 - l_2\cos(\theta_1+\theta_2) & -l_1\sin\theta_1 - l_2\sin(\theta_1+\theta_2) \end{bmatrix} \begin{bmatrix} 1 \\ 0 \end{bmatrix} \tag{4-21}$$

因此

$$\dot{\theta}_1 = \frac{\cos(\theta_1+\theta_2)}{l_1\sin\theta_2} = -2\ \text{rad/s} \tag{4-22}$$

$$\dot{\theta}_2 = -\frac{\cos\theta_1}{l_2\sin\theta_2} - \frac{\cos(\theta_1+\theta_2)}{l_1\sin\theta_2} = 4\ \text{rad/s} \tag{4-23}$$

从以上可知，在该瞬时 $\theta_1=30°$，$\theta_2=-60°$，$\dot{\theta}_1=-2$ rad/s，$\dot{\theta}_2=4$ rad/s，手部瞬时速度为 1 m/s。

奇异讨论：当 $l_1 l_2 \sin\theta_2=0$ 时，式(4-20)无解。因为 $l_1\neq0$，$l_2\neq0$，所以，在 $\theta_2=0$ 或 $\theta_2=180°$ 时，二自由度串联机器人逆速度雅可比矩阵 $\boldsymbol{J}^{-1}$ 奇异。这时，该串联机器人两臂完全伸直或完全折回，即两杆重合，串联机器人处于奇异形位。在这种奇异形位下，手部正好处在工作域的边界上，该瞬时手部只能沿着一个方向运动，不能沿其他方向运动，因此机器人也就退化了一个自由度。

对于在三维空间中作业的一般六自由度串联机器人，其速度雅可比 $\boldsymbol{J}$ 是一个 6×6 矩阵，$\dot{\boldsymbol{q}}$ 和 $\boldsymbol{V}$ 分别是 6×1 列阵，即 $\boldsymbol{V}_{(6\times1)}=\boldsymbol{J}(q)_{(6\times6)}\dot{\boldsymbol{q}}_{(6\times1)}$。手部速度矢量 $\boldsymbol{V}$ 是由 3×1 线速度矢量和 3×1 角速度矢量组合而成的 6 维列矢量。关节速度矢量 $\dot{\boldsymbol{q}}$ 是由 6 个关节速度组合而成的 6 维列矢量。雅可比矩阵 $\boldsymbol{J}$ 的前三行代表手部线速度与关节速度的传递比；后三行代表手部角速度与关节速度的传递比。而雅可比矩阵 $\boldsymbol{J}$ 的第 i 列则代表第 i 个关节速度 $\dot{q}_i$ 对手部线速度和角速度的传递比。

4.2 串联机器人静力学分析

串联机器人在工作中，当手部或末端执行器与环境接触时，各个关节会产生相应的作用力。机器人各关节的驱动装置为机器人提供关节力矩，通过连杆传递到手部，以克服外界作用力。因此分析关节驱动力和力矩与末端执行器的力和力矩之间的关系是研究机器人手臂力控制的基础。本节讨论机器人手臂在静止状态下力的平衡关系。假定各关节“锁住”，则机器人将成为一个结构体，关节的锁定用力与手部所支持的载荷需达到静力学平衡，求解这种锁定用的关节力矩，或求解在已知驱动力作用下手部的输出力的过程就是对串联机器人手臂进行静力学分析的过程。

4.2.1 机器人手臂的静力学

以机器人手臂中单个杆件为例分析其受力情况。如图 4-3 所示，杆 i 通过关节 i 和 $i+1$ 分别与杆 $i-1$ 和杆 $i+1$ 相连，在关节 $i-1$ 和关节 i 上分别建立两个坐标系 $\{O_{i-1}\}$ 和 $\{O_i\}$。

定义以下变量：

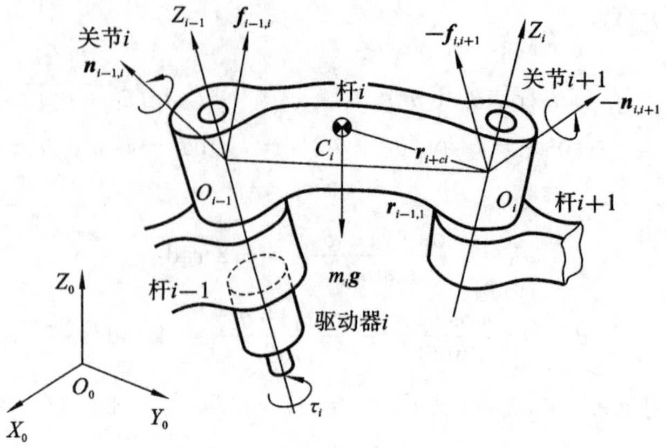

图 4-3 杆 i 上的力和力矩

$\boldsymbol{f}_{i-1,i}$及$\boldsymbol{n}_{i-1,i}$——杆 $i-1$ 通过关节 i 作用在杆 i 上的力和力矩；

$\boldsymbol{f}_{i,i+1}$及$\boldsymbol{n}_{i,i+1}$——杆 i 通过关节 $i+1$ 作用在杆 $i+1$ 上的力和力矩；

$-\boldsymbol{f}_{i,i+1}$及$-\boldsymbol{n}_{i,i+1}$——杆 $i+1$ 通过关节 $i+1$ 作用在杆 i 上的反作用力和反作用力矩；

$\boldsymbol{f}_{n,n+1}$及$\boldsymbol{n}_{n,n+1}$——串联机器人手部端点对外界环境的作用力和力矩；

$-\boldsymbol{f}_{n,n+1}$及$-\boldsymbol{n}_{n,n+1}$——外界环境对串联机器人手部端点的作用力和力矩；

$\boldsymbol{f}_{0,1}$及$\boldsymbol{n}_{0,1}$——串联机器人底座对杆 1 的作用力和力矩；

$m_i\boldsymbol{g}$——作用在质心 C_i上的连杆 i 的重力。

杆 i 的静力学平衡条件为其上所受的合力和合力矩为零，因此力和力矩平衡方程式为：

$$\boldsymbol{f}_{i-1,i}+(-\boldsymbol{f}_{i,i+1})+m_i\boldsymbol{g}=0 \tag{4-24}$$

$$\boldsymbol{n}_{i-1,i}+(-\boldsymbol{n}_{i,i+1})+(\boldsymbol{r}_{i-1,i}+\boldsymbol{r}_{i,ci})\times\boldsymbol{f}_{i-1,i}+(\boldsymbol{r}_{i,ci})\times(-\boldsymbol{f}_{i,i+1})=0 \tag{4-25}$$

式中：$\boldsymbol{r}_{i-1,i}$——坐标系$\{i\}$的原点相对于坐标系$\{i-1\}$的位置矢量；

$\boldsymbol{r}_{i,Ci}$——质心相对于坐标系$\{i\}$的位置矢量。

假如已知外部对串联机器人最末杆的作用力和力矩，那么可以由最后一个杆向第 0 号杆依次递推，从而计算出每个杆上的受力情况。为了便于表示串联机器人手部端点对外界环境的作用力和力矩（简称为端点力，用 $\boldsymbol{F}$ 表示），可将 $\boldsymbol{f}_{n,n+1}$和 $\boldsymbol{n}_{n,n+1}$合并写成一个 6 维矢量：

$$\boldsymbol{F}=\begin{bmatrix}\boldsymbol{f}_{n,\ n+1}\\ \boldsymbol{n}_{n,\ n+1}\end{bmatrix} \tag{4-26}$$

各关节驱动器的驱动力（或力矩）可写成一个 n 维矢量的形式，即

$$\boldsymbol{\tau}=\begin{bmatrix}\tau_1\\ \tau_2\\ \vdots\\ \tau_n\end{bmatrix} \tag{4-27}$$

式中：n——关节的个数；

$\boldsymbol{\tau}$——关节力矩（或关节力）矢量，简称广义关节力矩。对于转动关节，τ_i表示关节驱动力矩；对于移动关节，τ_i表示关节驱动力。

4.2.2 串联机器人力雅可比

假定各关节之间没有摩擦，且忽略各个杆件的重力，则广义关节力矩 $\boldsymbol{\tau}$ 与串联机器人手部端点力 $\boldsymbol{F}$ 的关系为：

$$\boldsymbol{\tau}=\boldsymbol{J}^{\mathrm{T}}\boldsymbol{F} \tag{4-28}$$

式中：$\boldsymbol{J}^{\mathrm{T}}$ 为 $n\times 6$ 的串联机器人力雅可比矩阵。

式(4-28)可采用虚功原理证明。考虑各个关节的虚位移为 δq_i，手部的虚位移为 $\delta\boldsymbol{X}$，如图 4-4 所示。

$$\delta\boldsymbol{X}=\begin{bmatrix}\boldsymbol{d}\\ \boldsymbol{\delta}\end{bmatrix},\delta\boldsymbol{q}=[\delta q_1 \quad \delta q_2 \quad \cdots \quad \delta q_n]^{\mathrm{T}} \tag{4-29}$$

式中：$\boldsymbol{d},\boldsymbol{\delta}$——手部的线虚位移和角虚位移，$\boldsymbol{d}=[d_x \quad d_y \quad d_z]^{\mathrm{T}}$，$\boldsymbol{\delta}=[\delta\phi_x \quad \delta\phi_y \quad \delta\phi_z]^{\mathrm{T}}$；

$\delta\boldsymbol{q}$——由各关节虚位移 δq_i 组成的串联机器人关节虚位移矢量。

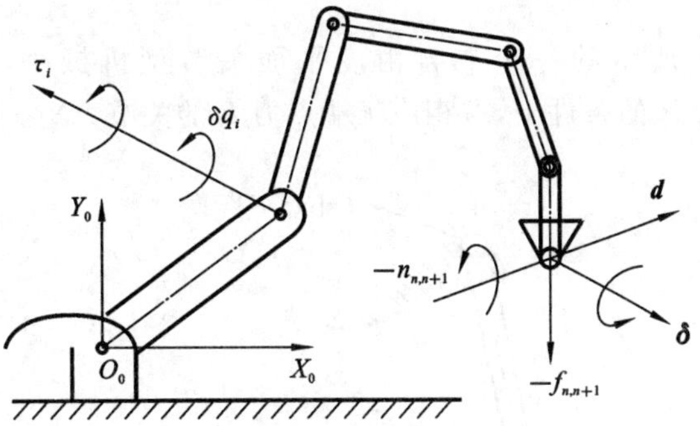

图 4-4 手部及各关节的虚位移

假如发生上述虚位移时，各关节力矩为 $\tau_i(i=1,2,\cdots,n)$，外部作用在机器人手部端点上的力和力矩分别为 $-f_{n,n+1}$ 和 $-n_{n,n+1}$。上述力和力矩所做的虚功可以由式(4-30)求出：

$$\delta W=\tau_1\delta q_1+\tau_2\delta q_2+\cdots+\tau_n\delta q_n-f_{n,n+1}d-n_{n,n+1}\delta \tag{4-30}$$

或写成：

$$\delta W=\boldsymbol{\tau}^{\mathrm{T}}\delta\boldsymbol{q}-\boldsymbol{F}^{\mathrm{T}}\delta\boldsymbol{X} \tag{4-31}$$

根据虚位移原理，串联机器人处于平衡状态的充分必要条件是对任意符合几何约束的虚位移，有：

$$\delta W=0 \tag{4-32}$$

其中虚位移 δq 和 δX 并不是独立的，而是符合杆件的几何约束条件的。利用式(4-10)，$\mathrm{d}\boldsymbol{X}=\boldsymbol{J}\mathrm{d}\boldsymbol{q}$，式(4-31)可写成：

$$\delta W=\boldsymbol{\tau}^{\mathrm{T}}\delta\boldsymbol{q}-\boldsymbol{F}^{\mathrm{T}}\boldsymbol{J}\delta\boldsymbol{q}=(\boldsymbol{\tau}-\boldsymbol{J}^{\mathrm{T}}\boldsymbol{F})^{\mathrm{T}}\delta\boldsymbol{q} \tag{4-33}$$

式中：$\delta\boldsymbol{q}$——几何上允许位移的关节独立变量。对于任意的 $\delta\boldsymbol{q}$，欲使 $\delta W=0$，必有：

$$\boldsymbol{\tau}=\boldsymbol{J}^{\mathrm{T}}\boldsymbol{F} \tag{4-34}$$

式(4-34)表示在静力平衡状态下，手部端点力 $\boldsymbol{F}$ 向广义关节力矩 $\boldsymbol{\tau}$ 映射的线性关系。式中 $\boldsymbol{J}^{\mathrm{T}}$ 与手部端点力 $\boldsymbol{F}$ 和广义关节力矩 $\boldsymbol{\tau}$ 之间的力传递有关，故称为串联机器人力雅可比矩阵。显而易见，力雅可比 J^T 正好是串联机器人速度雅可比矩阵 J 的转置。

4.2.3 串联机器人静力学的两类问题

从机器人手部端点力 F 与广义关节力矩 τ 之间的关系式 $\tau=J^T F$ 可知，机器人手臂静力学可分为两类问题：

(1) 已知外界环境对串联机器人手部作用力 F'，即手部端点力 $F=-F'$，求相应的满足静力学平衡条件的关节驱动力矩 τ。

(2) 已知关节驱动力矩 τ，确定串联机器人手部对外界环境的作用力 F 或载荷。

第二类问题是第一类问题的逆解。这时

$$F=(J^T)^{-1}\tau \tag{4-35}$$

但是，由于串联机器人的自由度可能不是 6，比如 $n>6$，力雅可比矩阵就有可能不是一个方阵，则 J^T 没有逆解。如果 F 的维数比 τ 的维数低，且 J 是满秩的话，则可利用最小二乘法求得 F 的估值。

例 4.2 如图 4-5 所示的一个二自由度平面关节型机械手，已知手部端点力 $F=[F_x \quad F_y]^T$，在不考虑摩擦的条件下，求相应于端点力 F 的关节力矩。

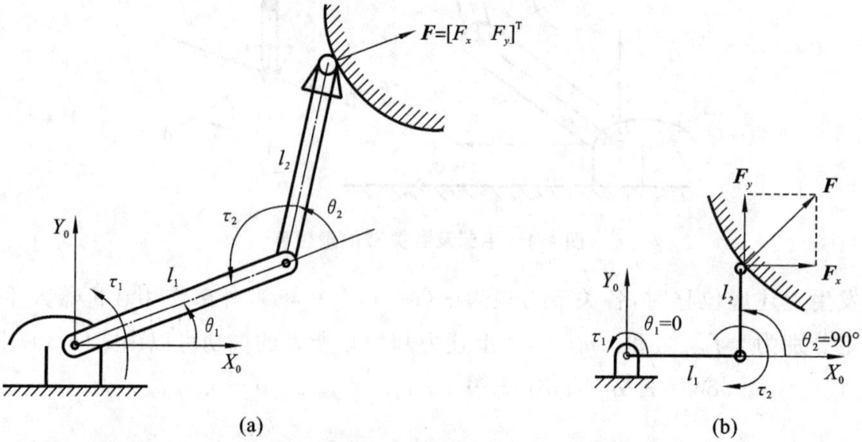

图 4-5 手部端点力 F 与关节力矩 τ

解 已知该机械手的速度雅可比为：

$$J=\begin{bmatrix}-l_1\sin\theta_1-l_2\sin(\theta_1+\theta_2) & -l_2\sin(\theta_1+\theta_2)\\ l_1\cos\theta_1+l_2\cos(\theta_1+\theta_2) & l_2\cos(\theta_1+\theta_2)\end{bmatrix} \tag{4-36}$$

则该机械手的力雅可比为：

$$J^T=\begin{bmatrix}-l_1\sin\theta_1-l_2\sin(\theta_1+\theta_2) & l_1\cos\theta_1+l_2\cos(\theta_1+\theta_2)\\ -l_2\sin(\theta_1+\theta_2) & l_2\cos(\theta_1+\theta_2)\end{bmatrix} \tag{4-37}$$

根据 $\tau=J^T F$，得：

$$\tau=\begin{bmatrix}\tau_1\\ \tau_2\end{bmatrix}=\begin{bmatrix}-l_1\sin\theta_1-l_2\sin(\theta_1+\theta_2) & l_1\cos\theta_1+l_2\cos(\theta_1+\theta_2)\\ -l_2\sin(\theta_1+\theta_2) & l_2\cos(\theta_1+\theta_2)\end{bmatrix}\begin{bmatrix}F_x\\ F_y\end{bmatrix} \tag{4-38}$$

所以

$$\tau_1 = -[l_1\sin\theta_1 + l_2\sin(\theta_1+\theta_2)]F_x + [l_1\cos\theta_1 + l_2\cos(\theta_1+\theta_2)]F_y \tag{4-39}$$

$$\tau_2 = -l_2\sin(\theta_1+\theta_2)F_x + l_2\cos(\theta_1+\theta_2)F_y \tag{4-40}$$

如图 4-5(b)所示,在某瞬时 $\theta_1=0$,$\theta_2=90°$,则在该瞬时与手部端点力相对应的关节力矩为:

$$\tau_1 = -l_2F_x + l_1F_y \tag{4-41}$$

$$\tau_2 = -l_2F_x \tag{4-42}$$

4.3 机器人动力学分析

串联机器人动力学分析是串联机器人设计、运动仿真和动态实时控制的基础。串联机器人动力学问题分为两类。

①动力学正问题——已知关节的驱动力矩,求串联机器人系统相应的运动参数(包括关节位移、速度和加速度)。也就是说,给出关节力矩向量 $\boldsymbol{\tau}$,求串联机器人所产生的运动参数 θ、$\dot{\theta}$ 及 $\ddot{\theta}$。

②动力学逆问题——已知运动轨迹点上的关节位移、速度和加速度,求出所需要的关节力矩。即给出 θ、$\dot{\theta}$ 及 $\ddot{\theta}$,求相应的关节力矩向量 $\boldsymbol{\tau}$。

串联机器人是由多个连杆和多个关节组成的复杂的动力学系统,具有多个输入和多个输出,存在着错综复杂的耦合关系和严重的非线性。因此,对串联机器人动力学的研究十分广泛,所用的方法很多,有拉格朗日(Lagrange)方法、牛顿-欧拉方法(Newton-Euler)方法、高斯(Gauss)方法、凯恩(Kane)方法、旋量对偶数方法、罗伯逊-魏登堡(Roberson-Wittenburg)方法等。本节主要以较为常用的拉格朗日方法和牛顿-欧拉方法展开介绍。拉格朗日方法不仅能以最简单的形式求得非常复杂的系统动力学方程,而且具有显式结构,物理意义比较明确,对于理解串联机器人动力学比较方便。

串联机器人动力学问题的求解通常比较困难,计算时间较长,因此需要简化求解的过程,最大限度地减少串联机器人动力学在线计算的时间。

4.3.1 拉格朗日方程

1. 拉格朗日函数

拉格朗日函数 L 定义为一个机械系统的动能 E_k 和势能 E_q 之差,即

$$L = E_k - E_q \tag{4-43}$$

令 $q_i(i=1,2,\cdots,n)$是使系统具有完全确定位置的广义关节变量,$\dot{q}_i$ 是相应的广义关节速度。由于系统动能 E_k 是 q_i 和 $\dot{q}_i$ 的函数,系统势能 E_q 是 q_i 的函数,因此拉格朗日函数也是 q_i 和 $\dot{q}_i$ 的函数。

2. 拉格朗日方程

系统的拉格朗日方程为:

$$F_i = \frac{\mathrm{d}}{\mathrm{d}t}\frac{\partial L}{\partial \dot{q}_i} - \frac{\partial L}{\partial q_i} \quad (i=1,2,\cdots,n) \tag{4-44}$$

式中：F_i——关节 i 的广义驱动力。如果是移动关节，则 F_i 为驱动力；如果是转动关节，则 F_i 为驱动力矩。

3. 建立串联机器人动力学方程

用拉格朗日法建立串联机器人动力学方程的步骤如下。

(1) 选取坐标系，选定完全而且独立的广义关节变量 $q_i(i=1,2,\cdots,n)$。

(2) 选定相应的关节上的广义力 F_i：当 q_i 是位移变量时，F_i 为力；当 q_i 是角度变量时，则 F_i 为力矩。

(3) 求出串联机器人各构件的动能和势能，构造拉格朗日函数。

(4) 代入拉格朗日方程，求得串联机器人系统的动力学方程。

4. 求解动力学方程

针对二自由度平面关节型串联机器人，分析拉格朗日动力学方程的求解方法。

1) *广义关节变量及广义力的选定*

选取笛卡儿坐标系如图 4-6 所示。连杆 1 和连杆 2 的关节变量分别为转角 θ_1 和 θ_2，相应的关节 1 和关节 2 的力矩是 $\boldsymbol{\tau}_1$ 和 $\boldsymbol{\tau}_2$。连杆 1 和连杆 2 的质量分别是 m_1 和 m_2，杆长分别为 l_1 和 l_2，质心分别在 C_1 和 C_2 处，质心离相应关节中心的距离分别为 p_1 和 p_2。因此，连杆 1 质心 C_1 的位置坐标为：

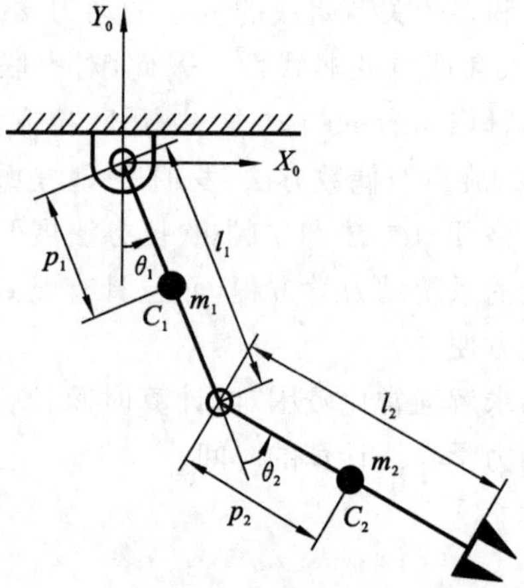

图 4-6　二自由度工业机器人动力学方程的建立

$$x_1 = p_1 \sin\theta_1 \tag{4-45}$$

$$y_1 = -p_1 \cos\theta_1 \tag{4-46}$$

杆 1 质心 C_1 的速度平方为：

$$\dot{x}_1^2 + \dot{y}_1^2 = (p_1\dot{\theta}_1)^2 \tag{4-47}$$

杆 2 质心 C_2 的位置坐标为：

$$x_2 = l_1 \sin\theta_1 + p_2 \sin(\theta_1 + \theta_2) \tag{4-48}$$

$$y_2 = -l_1 \cos\theta_1 - p_2 \cos(\theta_1 + \theta_2) \tag{4-49}$$

杆 2 质心 C_2 的速度平方为：

$$\dot{x}_2 = l_1 \cos\theta_1 \dot{\theta}_1 + p_2 \cos(\theta_1 + \theta_2)(\dot{\theta}_1 + \dot{\theta}_2) \tag{4-50}$$

$$\dot{y}_2 = l_1\sin\theta_1\dot{\theta}_1 + p_2\sin(\theta_1+\theta_2)(\dot{\theta}_1+\dot{\theta}_2) \tag{4-51}$$

$$\dot{x}_2^2+\dot{y}_2^2 = l_1^2\dot{\theta}_1^2 + p_2^2(\dot{\theta}_1+\dot{\theta}_2)^2 + 2l_1p_2(\dot{\theta}_1^2+\dot{\theta}_1\dot{\theta}_2)\cos\theta_2 \tag{4-52}$$

（2）系统动能。

$$E_{k1} = \frac{1}{2}m_1p_1^2\dot{\theta}_1^2 \tag{4-53}$$

$$E_{k2} = \frac{1}{2}m_2l_1^2\dot{\theta}_1^2 + \frac{1}{2}m_2p_2^2(\dot{\theta}_1+\dot{\theta}_2)^2 + m_2l_1p_2(\dot{\theta}_1^2+\dot{\theta}_1\dot{\theta}_2)\cos\theta_2 \tag{4-54}$$

$$E_k = \sum_{i=1}^{2}E_{ki} = \frac{1}{2}(m_1p_1^2+m_2l_1^2)\dot{\theta}_1^2 + \frac{1}{2}m_2p_2^2(\dot{\theta}_1+\dot{\theta}_2)^2 + m_2l_1p_2(\dot{\theta}_1^2+\dot{\theta}_1\dot{\theta}_2)\cos\theta_2 \tag{4-55}$$

（3）系统势能。

$$E_{p1} = m_1gp_1(1-\cos\theta_1) \tag{4-56}$$

$$E_{p2} = m_2gl_1(1-\cos\theta_1) + m_2gp_2[1-\cos(\theta_1+\theta_2)] \tag{4-57}$$

$$E_p = \sum_{i=1}^{2}E_{pi} = (m_1p_1+m_2l_1)g(1-\cos\theta_1) + m_2gp_2[1-\cos(\theta_1+\theta_2)] \tag{4-58}$$

（4）拉格朗日函数。

$$\begin{aligned} L &= E_k - E_p \\ &= \frac{1}{2}(m_1p_1^2+m_2l_1^2)\dot{\theta}_1^2 + \frac{1}{2}m_2p_2^2(\dot{\theta}_1+\dot{\theta}_2)^2 + m_2l_1p_2(\dot{\theta}_1^2+\dot{\theta}_1\dot{\theta}_2)\cos\theta_2 \\ &\quad - (m_1p_1+m_2l_1)g(1-\cos\theta_1) - m_2gp_2[1-\cos(\theta_1+\theta_2)] \end{aligned} \tag{4-59}$$

（5）系统动力学方程。

根据拉格朗日方程

$$F_i = \frac{\mathrm{d}}{\mathrm{d}t}\frac{\partial L}{\partial \dot{q}_i} - \frac{\partial L}{\partial q_i} \quad (i=1,2,\cdots,n) \tag{4-60}$$

可计算各关节上的力矩，得到系统动力学方程。

计算关节1上的力矩 τ_1：

$$\frac{\partial L}{\partial \dot{\theta}_1} = (m_1p_1^2+m_2l_1^2)\dot{\theta}_1 + m_2p_2^2(\dot{\theta}_1+\dot{\theta}_2) + m_2l_1p_2(2\dot{\theta}_1+\dot{\theta}_2)\cos\theta_2 \tag{4-61}$$

$$\frac{\partial L}{\partial \theta_1} = -(m_1p_1+m_2l_1)g\sin\theta_1 - m_2gp_2\sin(\theta_1+\theta_2) \tag{4-62}$$

所以

$$\begin{aligned} \tau_1 &= \frac{\mathrm{d}}{\mathrm{d}t}\frac{\partial L}{\partial \dot{\theta}_1} - \frac{\partial L}{\partial \theta_1} \\ &= (m_1p_1^2+m_2p_2^2+m_2l_1^2+2m_2l_1p_2\cos\theta_2)\ddot{\theta}_1 \\ &\quad + (m_2p_2^2+m_2l_1p_2\cos\theta_2)\ddot{\theta}_2 + (-2m_2l_1p_2\sin\theta_2)\dot{\theta}_1\dot{\theta}_2 \\ &\quad + (-m_2l_1p_2\sin\theta_2)\dot{\theta}_2^2 + (m_1p_1+m_2l_1)g\sin\theta_1 + m_2gp_2\sin(\theta_1+\theta_2) \end{aligned} \tag{4-63}$$

式(4-63)可简写为：

$$\tau_1 = D_{11}\ddot{\theta}_1 + D_{12}\ddot{\theta}_2 + D_{112}\dot{\theta}_1\dot{\theta}_2 + D_{122}\dot{\theta}_2^2 + D_1 \tag{4-64}$$

由此可得

$$\begin{cases} D_{11} = m_1 p_1^2 + m_2 p_2^2 + m_2 l_1^2 + 2m_2 l_1 p_2 \cos\theta_2 \\ D_{12} = m_2 p_2^2 + m_2 l_1 p_2 \cos\theta_2 \\ D_{112} = -2m_2 l_1 p_2 \sin\theta_2 \\ D_{122} = -m_2 l_1 p_2 \sin\theta_2 \\ D_1 = (m_1 p_1 + m_2 l_1) g \sin\theta_1 + m_2 g p_2 \sin(\theta_1 + \theta_2) \end{cases} \tag{4-65}$$

计算关节 2 上的力矩 τ_2：

$$\frac{\partial L}{\partial \dot{\theta}_2} = m_2 p_2^2 (\dot{\theta}_1 + \dot{\theta}_2) + m_2 l_1 p_2 \dot{\theta}_1 \cos\theta_2 \tag{4-66}$$

$$\frac{\partial L}{\partial \theta_2} = -m_2 g p_2 \sin(\theta_1 + \theta_2) - m_2 l_1 p_2 (\dot{\theta}_1^2 + \dot{\theta}_1 \dot{\theta}_2) \sin\theta_2 \tag{4-67}$$

所以

$$\begin{aligned} \tau_2 &= \frac{\mathrm{d}}{\mathrm{d}t} \frac{\partial L}{\partial \dot{\theta}_2} - \frac{\partial L}{\partial \theta_2} \\ &= (m_2 p_2^2 + m_2 l_1 p_2 \cos\theta_2) \ddot{\theta}_1 + m_2 p_2^2 \ddot{\theta}_2 + [(-m_2 l_1 p_2 + m_2 l_1 p_2) \sin\theta_2] \dot{\theta}_1 \dot{\theta}_2 \\ &\quad + (m_2 l_1 p_2 \sin\theta_2) \dot{\theta}_1^2 + m_2 g p_2 \sin(\theta_1 + \theta_2) \end{aligned} \tag{4-68}$$

式(4-68)可简写为：

$$\tau_2 = D_{21} \ddot{\theta}_1 + D_{22} \ddot{\theta}_2 + D_{212} \dot{\theta}_1 \dot{\theta}_2 + D_{211} \dot{\theta}_1^2 + D_2 \tag{4-69}$$

由此可得：

$$\begin{cases} D_{21} = m_2 p_2^2 + m_2 l_1 p_2 \cos\theta_2 \\ D_{22} = m_2 p_2^2 \\ D_{212} = (-m_2 l_1 p_2 + m_2 l_1 p_2) \sin\theta_2 = 0 \\ D_{211} = m_2 l_1 p_2 \sin\theta_2 \\ D_2 = m_2 g p_2 \sin(\theta_1 + \theta_2) \end{cases} \tag{4-70}$$

式(4-64)至式(4-70)表示了关节驱动力矩与关节位移、速度、加速度之间的关系，即力和运动之间的关系，称为图 4.6 所示二自由度串联机器人的动力学方程。对其进行分析可知：

(1) 含有 $\ddot{\theta}_1$ 或 $\ddot{\theta}_2$ 的项表示由加速度引起的关节力矩项，其中：含有 D_{11} 和 D_{22} 的项分别表示由关节 1 加速度和关节 2 加速度引起的惯性力矩项；含有 D_{12} 的项表示关节 2 的加速度对关节 1 的耦合惯性力矩项；含有 D_{21} 的项表示关节 1 的加速度对关节 2 的耦合惯性力矩项。

(2) 含有 $\dot{\theta}_1^2$ 和 $\dot{\theta}_2^2$ 的项表示由向心力引起的关节力矩项，其中：含有 D_{122} 的项表示关节 2 速度引起的向心力对关节 1 的耦合力矩项；含有 D_{211} 的项表示关节 1 速度引起的向心力对关节 2 的耦合力矩项。

(3) 含有 $\dot{\theta}_1 \dot{\theta}_2$ 的项表示由科氏力引起的关节力矩项，其中：含有 D_{112} 的项表示科氏力对关节 1 的耦合力矩项；含有 D_{212} 的项表示科氏力对关节 2 的耦合力矩项。

(4) 只含关节变量 θ_1、θ_2 的项表示重力引起的关节力矩项。其中：

含有 D_1 的项表示连杆 1、连杆 2 的重量对关节 1 引起的重力矩项；

含有 D_2 的项表示连杆 2 的重量对关节 2 引起的重力矩项。

从上面推导可以看出，很简单的二自由度平面关节型串联机器人，其动力学方程已经很复杂了，包含很多因素，这些因素都在影响串联机器人的动力学特性。对于复杂一些的多自由度串联机器人，动力学方程更庞杂，推导过程也更为复杂，这给串联机器人实时控制也带来不小的麻烦。通常，有一些简化问题的方法：

(1) 当杆件重量很轻时，动力学方程中的重力矩项可以省略；

(2) 当关节速度不很大，串联机器人不是高速串联机器人时，含有 $\dot{\theta}_1^2$ 、$\dot{\theta}_2^2$ 、$\dot{\theta}_1\dot{\theta}_2$ 等项可以省略；

(3) 当关节加速度不很大，也就是关节电动机的升降速不是很突然时，那么含 $\ddot{\theta}_1$ 、$\ddot{\theta}_2$ 的项有时可以省略。当然，关节加速度的减少，会引起速度升降的时间增加，延长串联机器人作业循环的时间。

4.3.2 牛顿-欧拉方程

假设机器人的每个杆件都为刚体，为了使杆件运动，必须对杆件施加力以使它们加速或减速，运动杆件所需要的力或力矩是所需加速度和杆件质量分布的函数。牛顿方程与用于转动情况的欧拉方程一起，用于描述机器人驱动力矩、负载力(力矩)、惯量和加速度之间的相互关系。

首先研究质心的平动，如图 4-7 所示，假设刚体的质量为 m，质心在 C 点，质心处的位置矢量用 $\boldsymbol{c}$ 表示，则质心处的加速度为 $\ddot{\boldsymbol{c}}$；设刚体绕质心转动的角速度用 ω 表示，绕质心的角加速度为 ε，根据牛顿方程可得作用在刚体质心 C 处的力为

$$\boldsymbol{F} = m\ddot{\boldsymbol{c}} \tag{4-71}$$

根据三维空间欧拉方程，作用在刚体上的力矩为

$$\boldsymbol{\tau} = \boldsymbol{I}_C\varepsilon + \omega \times \boldsymbol{I}_C\omega \tag{4-72}$$

式中：$\boldsymbol{\tau}$——作用力对刚体质心的矩；

ω 和 ε ——绕质心的角速度和角加速度。

式(4-71)、式(4-72)合称为牛顿-欧拉方程。

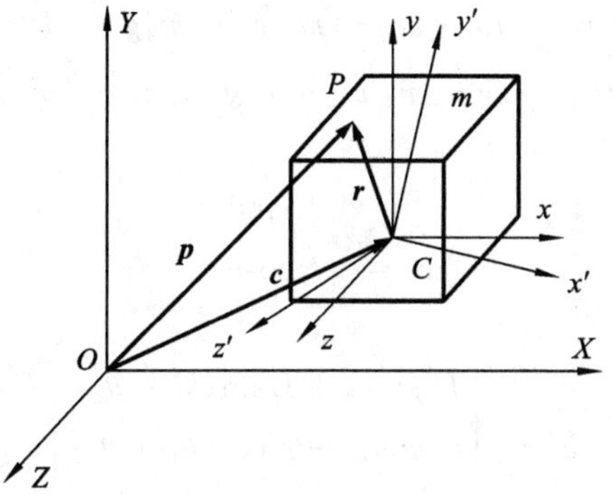

图 4-7 刚体 m

例 4.3 如图 4-8 所示为平面二自由度机器人机构。连杆 1 长度为 L_1，质心为 C_1，质量为 m_1，驱动力矩为 $\boldsymbol{\tau}_1=[0\ 0\ \tau_{11}]^{\mathrm{T}}$，角速度为 $\boldsymbol{\omega}_1=[0\ 0\ \omega_1]^{\mathrm{T}}$，加速度为 $\boldsymbol{\varepsilon}_1=[0\ 0\ \varepsilon_1]^{\mathrm{T}}$；连杆 2 长度为 L_2，质心为 C_2，质量为 m_2，驱动力矩为 $\boldsymbol{\tau}_2=[0\ 0\ \tau_{22}]^{\mathrm{T}}$，角速度为 $\boldsymbol{\omega}_2=[0\ 0\ \omega_2]^{\mathrm{T}}$，加速度为 $\boldsymbol{\varepsilon}_2=[0\ 0\ \varepsilon_2]^{\mathrm{T}}$。

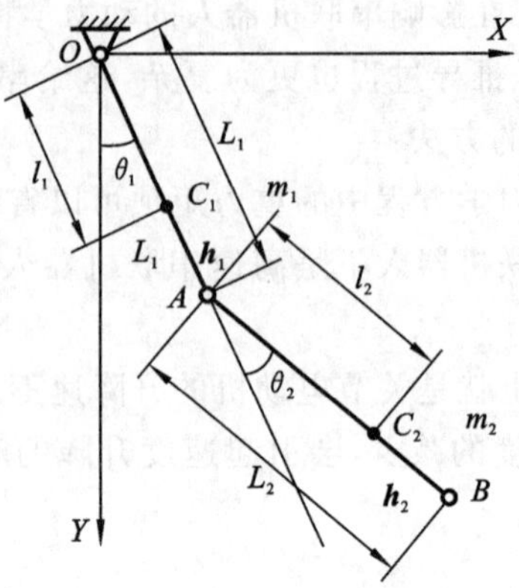

图 4-8　平面二自由度机器人机构

选取关节 O 和关节 A 处的转角 θ_1 和 θ_2 为系统的广义坐标，可以写出连杆 1 的牛顿-欧拉方程：

$$\boldsymbol{f}_{0,1} - \boldsymbol{f}_{1,2} + \boldsymbol{f}_1 = m_1 \ddot{\boldsymbol{c}}_1 \tag{4-73}$$

$$\boldsymbol{\tau}_{0,1} + \boldsymbol{f}_{0,1} \times \boldsymbol{l}_1 - \boldsymbol{\tau}_{1,2} - \boldsymbol{f}_{1,2} \times \boldsymbol{h}_1 = I_{C1} \cdot \boldsymbol{\varepsilon}_1 \tag{4-74}$$

连杆 2 的牛顿-欧拉方程为：

$$\boldsymbol{f}_{1,2} + \boldsymbol{f}_2 = m_2 \ddot{\boldsymbol{c}}_2 \tag{4-75}$$

$$\boldsymbol{\tau}_{1,2} + \boldsymbol{f}_{1,2} \times \boldsymbol{l}_2 = I_{C2} \cdot \boldsymbol{\varepsilon}_2 \tag{4-76}$$

式中：

$$\boldsymbol{f}_1 = [0 \quad m_1 g \quad 0]^{\mathrm{T}} \tag{4-77}$$

$$\boldsymbol{f}_2 = [0 \quad m_2 g \quad 0]^{\mathrm{T}} \tag{4-78}$$

$$\boldsymbol{\tau}_{01} = \boldsymbol{\tau}_1 = [0 \quad 0 \quad \tau_{11}]^{\mathrm{T}} \tag{4-79}$$

$$\boldsymbol{\tau}_{02} = \boldsymbol{\tau}_2 = [0 \quad 0 \quad \tau_{22}]^{\mathrm{T}} \tag{4-80}$$

由以上几式消去杆件间作用力，可解得：

$$\boldsymbol{\tau}_2 = I_{C2} \cdot \boldsymbol{\varepsilon}_2 - (\boldsymbol{m}_2 \ddot{\boldsymbol{c}}_2 - \boldsymbol{m}_2 \boldsymbol{g}) \times \boldsymbol{l}_2 \tag{4-81}$$

$$\boldsymbol{\tau}_1 = I_{C1} \cdot \boldsymbol{\varepsilon}_1 - (\boldsymbol{m}_1 \ddot{\boldsymbol{c}}_1 - m_1 \boldsymbol{g} - m_2 \ddot{\boldsymbol{c}}_2 + m_2 \boldsymbol{g}) \times \boldsymbol{l}_1 - (m_2 \ddot{\boldsymbol{c}}_2 - m_2 \boldsymbol{g}) \times \boldsymbol{h}_1 + \boldsymbol{\tau}_2 \tag{4-82}$$

考虑质心位置：

$$\boldsymbol{c}_1 = \begin{bmatrix} l_1 \sin\theta_1 \\ l_1 \cos\theta_1 \\ 0 \end{bmatrix} \tag{4-83}$$

$$\boldsymbol{c}_2 = \begin{bmatrix} L_1 \sin\theta_1 + l_2 \sin(\theta_1 + \theta_2) \\ L_1 \cos\theta_1 + l_2 \cos(\theta_1 + \theta_2) \\ 0 \end{bmatrix} \tag{4-84}$$

求导得：

$$\dot{\boldsymbol{c}}_1 = \begin{bmatrix} l_1 \dot{\theta}_1 \cos\theta_1 \\ -l_1 \dot{\theta}_1 \sin\theta_1 \\ 0 \end{bmatrix} \tag{4-85}$$

$$\ddot{\boldsymbol{c}}_1=\begin{bmatrix}l_1(-\dot{\theta}_1^2\sin\theta_1+\ddot{\theta}_1\cos\theta_1)\\-l_1(\dot{\theta}_1^2\cos\theta_1+\ddot{\theta}_1\sin\theta_1)\\0\end{bmatrix} \tag{4-86}$$

$$\dot{\boldsymbol{c}}_2=\begin{bmatrix}L_1\dot{\theta}_1\cos\theta_1+l_2(\dot{\theta}_1+\dot{\theta}_2)\cos(\theta_1+\theta_2)\\-L_1\dot{\theta}_1\sin\theta_1-l_2(\dot{\theta}_1+\dot{\theta}_2)\sin(\theta_1+\theta_2)\\0\end{bmatrix} \tag{4-87}$$

$$\ddot{\boldsymbol{c}}_2=\begin{bmatrix}-L_1\dot{\theta}^2{}_1\sin\theta_1-l_2(\dot{\theta}_1+\dot{\theta}_2)^2\sin(\theta_1+\theta_2)+L_1\ddot{\theta}_1\cos\theta_1+l_2(\ddot{\theta}_1+\ddot{\theta}_2)\cos(\theta_1+\theta_2)\\-L_1\dot{\theta}^2{}_1\cos\theta_1-l_2(\dot{\theta}_1+\dot{\theta}_2)^2\cos(\theta_1+\theta_2)-L_1\ddot{\theta}_1\sin\theta_1-l_2(\ddot{\theta}_1+\ddot{\theta}_2)\sin(\theta_1+\theta_2)\\0\end{bmatrix} \tag{4-88}$$

另外：

$$\boldsymbol{h}_1=\begin{bmatrix}(L_1-l_1)\sin\theta_1\\(L_1-l_1)\cos\theta_1\\0\end{bmatrix} \tag{4-89}$$

$$\boldsymbol{h}_1=\begin{bmatrix}l_1\sin\theta_1\\l_1\cos\theta_1\\0\end{bmatrix} \tag{4-90}$$

$$\boldsymbol{h}_2=\begin{bmatrix}l_2\sin(\theta_1+\theta_2)\\l_2\cos(\theta_1+\theta_2)\\0\end{bmatrix} \tag{4-91}$$

有：

$$\boldsymbol{\tau}_1=\begin{bmatrix}0\\0\\\tau_{11}\end{bmatrix}=\begin{bmatrix}I_{x2}&0&0\\0&I_{y2}&0\\0&0&I_{z2}\end{bmatrix}\begin{bmatrix}0\\0\\\ddot{\theta}_1+\ddot{\theta}_2\end{bmatrix}-m_2\begin{bmatrix}\ddot{c}_{2x}\\\ddot{c}_{2y}-g\\0\end{bmatrix}\times\begin{bmatrix}l_2\sin(\theta_1+\theta_2)\\l_2\cos(\theta_1+\theta_2)\\0\end{bmatrix} \tag{4-92}$$

$$\boldsymbol{\tau}_{11}=I_{z2}(\ddot{\theta}_1+\ddot{\theta}_2)-m_2l_2[\ddot{c}_{2x}\cos(\theta_1+\theta_2)-(\ddot{c}_{2y}-g)\sin(\theta_1+\theta_2)] \tag{4-93}$$

代入加速度分量，得：

$$\begin{aligned}\boldsymbol{\tau}_{11}=&I_{z2}(\ddot{\theta}_1+\ddot{\theta}_2)-2m_2l_2\{[-L_1\dot{\theta}_1^2\sin\theta_1-l_2(\dot{\theta}_1+\dot{\theta}_2)\sin(\theta_1+\theta_2)\\&+L_1\ddot{\theta}_1\cos\theta_1+l_2(\ddot{\theta}_1+\ddot{\theta}_2)\cos(\theta_1+\theta_2)]\cos(\theta_1+\theta_2)\\&-2[-L_1\dot{\theta}_1^2\cos\theta_1-l_2(\dot{\theta}_1+\dot{\theta}_2)\cos(\theta_1+\theta_2)\\&-L_1\ddot{\theta}_1\sin\theta_1-l_2(\ddot{\theta}_1+\ddot{\theta}_2)\sin(\theta_1+\theta_2)-g]\sin(\theta_1+\theta_2)\}\end{aligned} \tag{4-94}$$

对 $\boldsymbol{\tau}_{22}$ 可同样写出矩阵方程。化简可得：

$$\begin{aligned}\boldsymbol{\tau}_{11}=&(I_{z1}+I_{z2}+2m_2L_1l_2\cos\theta_2+m_1l_1^2+m_2L_1^2+m_2l_2^2)\ddot{\theta}_1+\\&(I_{z2}+m_2l_2^2+m_2L_1l_2\cos\theta_2)\ddot{\theta}_2-m_2L_1l_2\dot{\theta}^2{}_2\sin\theta_2-2m_2L_1l_2\dot{\theta}_1\dot{\theta}_2\sin\theta_2\\&-m_2gl_2\sin(\theta_1+\theta_2)-(m_1+m_2)gl_1\sin\theta_1\\\boldsymbol{\tau}_{22}=&(I_{z2}+m_2l_2^2+m_2L_1l_2\cos\theta_2)\ddot{\theta}_1+(I_{z2}+m_2l_2^2)\ddot{\theta}_2\end{aligned} \tag{4-95}$$

$$+m_2L_1l_2\dot{\theta}^2{}_1\sin\theta_2-m_2gl_2\sin(\theta_1+\theta_2) \tag{4-96}$$

式(4-96)即为各杆件关节的驱动力计算公式,它是一个以角加速度为变量、变系数的非线性动力学方程。

4.3.3 关节空间和操作空间及动力学

1. 关节空间和操作空间

n 自由度机器人手臂的手部位姿 $\boldsymbol{X}$ 由 n 个关节变量所决定,这 n 个关节变量也称为 n 维关节矢量 $\boldsymbol{q}$,所有关节矢量 $\boldsymbol{q}$ 构成了关节空间。而手部的作业是在直角坐标空间中进行的,即机器人手臂手部位姿又是在直角坐标空间中描述的,因此把这个空间称为操作空间。运动学方程 $\boldsymbol{X}=X(\boldsymbol{q})$ 就是关节空间向操作空间的映射;而运动学逆解则是由映射求其在关节空间中的原象。在关节空间和操作空间中机器人手臂动力学方程有不同的表示形式,并且两者之间存在着一定的对应关系。

2. 关节空间动力学方程

将式(4-64)至(4-70)写成矩阵形式,则

$$\boldsymbol{\tau}=\boldsymbol{D}(\boldsymbol{q})\ddot{\boldsymbol{q}}+\boldsymbol{H}(\boldsymbol{q},\ \dot{\boldsymbol{q}})+\boldsymbol{G}(\boldsymbol{q}) \tag{4-97}$$

式中:$\boldsymbol{\tau}=\begin{bmatrix}\tau_1\\ \tau_2\end{bmatrix}$;$\boldsymbol{q}=\begin{bmatrix}\theta_1\\ \theta_2\end{bmatrix}$;$\dot{\boldsymbol{q}}=\begin{bmatrix}\dot{\theta}_1\\ \dot{\theta}_2\end{bmatrix}$;$\ddot{\boldsymbol{q}}=\begin{bmatrix}\ddot{\theta}_1\\ \ddot{\theta}_2\end{bmatrix}$。

所以

$$\boldsymbol{D}(\boldsymbol{q})=\begin{bmatrix}m_1p_1^2+m_2(l_1^2+p_2^2+2l_1p_2\cos\theta_2) & m_2(p_2^2+l_1p_2\cos\theta_2)\\ m_2(p_2^2+l_1p_2\cos\theta_2) & m_2p_2^2\end{bmatrix} \tag{4-98}$$

$$\boldsymbol{H}(\boldsymbol{q},\dot{\boldsymbol{q}})=m_2l_1p_2\sin\theta_2\begin{bmatrix}\dot{\theta}_2^2+2\dot{\theta}_1\dot{\theta}_2\\ \dot{\theta}_1^2\end{bmatrix} \tag{4-99}$$

$$\boldsymbol{G}(\boldsymbol{q})=\begin{bmatrix}(mp_1+m_2l_1)g\sin\theta_1+m_2p_2g\sin(\theta_1+\theta_2)\\ m_2p_2g\sin(\theta_1+\theta_2)\end{bmatrix} \tag{4-100}$$

式(4-97)就是机器人手臂在关节空间中的动力学方程的一般结构形式,它反映了关节力矩与关节变量、速度、加速度之间的函数关系。对于 n 关节的机器人手臂,$\boldsymbol{D}(\boldsymbol{q})$是 $n\times n$ 的正定对称矩阵,是 $\boldsymbol{q}$ 的函数,称为机器人手臂的惯性矩阵;$\boldsymbol{H}(\boldsymbol{q},\dot{\boldsymbol{q}})$是 $n\times1$ 的离心力和科氏力矢量;$\boldsymbol{G}(\boldsymbol{q})$是 $n\times1$ 的重力矢量,与机器人手臂的形位 n 有关。

3. 操作空间动力学方程

与关节空间动力学方程相对应,在笛卡儿操作空间中,可以用直角坐标变量即手部位姿的矢量 $\boldsymbol{X}$ 来表示串联机器人动力学方程。因此,操作力量与手部加速度 $\ddot{\boldsymbol{X}}$ 之间的关系可表示为:

$$\boldsymbol{F}=\boldsymbol{M}_x(\boldsymbol{q})\ddot{X}+\boldsymbol{U}_x(\boldsymbol{q},\ \dot{\boldsymbol{q}})+\boldsymbol{G}_x(\boldsymbol{q}) \tag{4-101}$$

式中:$\boldsymbol{M}_x(\boldsymbol{q})$、$\boldsymbol{U}_x(\boldsymbol{q},\dot{\boldsymbol{q}})$和 $\boldsymbol{G}_x(\boldsymbol{q})$——操作空间中的惯性矩阵、离心力和科氏力矢量、重力矢量,它们都是在操作空间中表示的;

$\boldsymbol{F}$——广义操作力矢量。

关节空间动力学方程和操作空间动力学方程之间的对应关系可以通过广义操作力 $\boldsymbol{F}$ 与广义关节力矩 $\boldsymbol{\tau}$ 之间的关系

$$\boldsymbol{\tau}=\boldsymbol{J}^{\mathrm{T}}(\boldsymbol{q})\boldsymbol{F} \tag{4-102}$$

和操作空间与关节空间之间的速度、加速度的关系

$$\begin{cases}\dot{\boldsymbol{X}}=\boldsymbol{J}(\boldsymbol{q})\dot{\boldsymbol{q}}\\ \ddot{\boldsymbol{X}}=\boldsymbol{J}(\boldsymbol{q})\ddot{\boldsymbol{q}}+\dot{\boldsymbol{J}}(\boldsymbol{q})\dot{\boldsymbol{q}}\end{cases} \tag{4-103}$$

求出。

4.4 并联机器人动力学分析

4.4.1 并联机器人动力学

对并联机器人进行高精度控制需要引入动力学控制，而建立高效算法的动力学方程是进行动力学控制的首要问题。同串联机器人相比较，并联机器人由于具有封闭环结构及运动学约束的内在特性，其动力学模型是较为复杂的。下面以 Stewart 并联机器人为模型(其结构如图 3-18 所示)，采用拉格朗日方法分析其动力学特性。

4.4.2 RPY 角描述方法

RPY 角是描述船舶在海中航行时姿态的一种方法。将船的行驶方向取为 X 轴的方向，则绕 Z 轴的旋转称为回转(roll)；把绕 Y 轴的旋转称为俯仰(pitch)；将绕 X 轴的旋转称为偏转(yaw)。采用 RPY 方法描述机器人姿态的规则如下。

如图 4-9 所示，活动坐标系的初始方位与固定坐标系重合，首先将活动坐标系绕固定坐标系的 X 轴旋转 γ 角，再绕固定坐标系的 Y 轴转 β 角，最后绕固定坐标系的 Z 轴转 α 角，由于三次旋转都是相对于固定坐标系$\{A\}$进行的，按照矩阵左乘的规则，可得旋转矩阵：

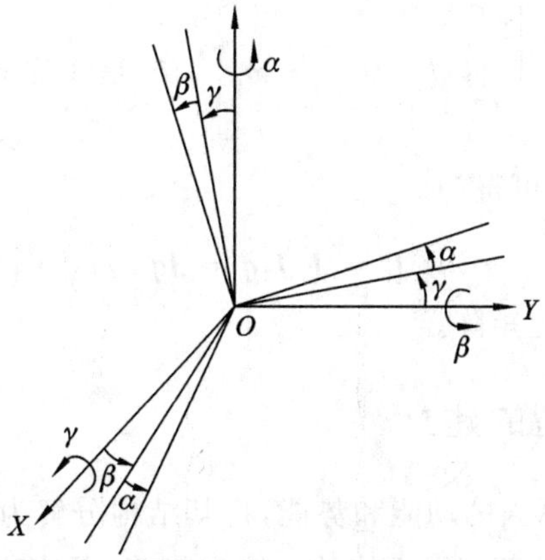

图 4-9 RPY 角

$$
\begin{aligned}
{}_B^A\boldsymbol{R}_{XYZ}(\gamma,\beta,\alpha) &= \boldsymbol{R}(Z_{A},\alpha)\boldsymbol{R}(Y_A,\beta)\boldsymbol{R}(X_A,\gamma) \\
&= \begin{bmatrix} c\alpha c\beta & c\alpha s\beta s\gamma - s\alpha c\gamma & c\alpha s\beta c\gamma + s\alpha s\gamma \\ s\alpha c\beta & s\alpha s\beta s\gamma + c\alpha c\gamma & s\alpha s\beta c\gamma - c\alpha s\gamma \\ -s\beta & c\beta s\gamma & c\beta c\gamma \end{bmatrix}
\end{aligned} \tag{4-104}
$$

式中：$c\alpha = \cos\alpha$，$s\alpha = \sin\alpha$，以此类推。

4.4.3 雅可比矩阵

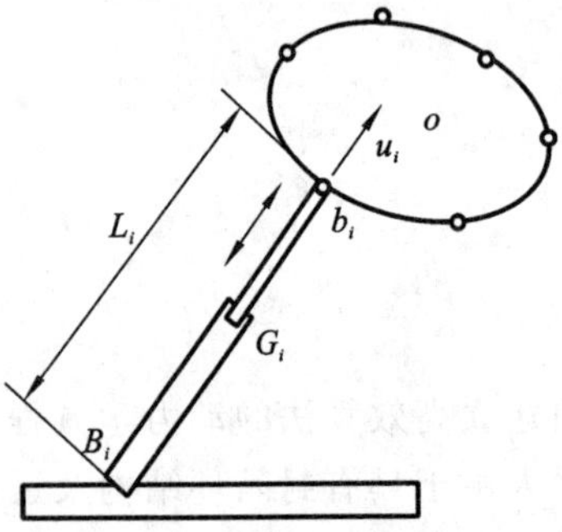

图 4-10 Stewart 并联机器人第 i 个关节的示意图

采用拉格朗日方程为六自由度 Stewart 并联机器人建立动力学模型（见图 4-10），首先引入两个雅可比矩阵 $\boldsymbol{J}_1$ 和 $\boldsymbol{J}_2$。

设 $\dot{\boldsymbol{L}} = \boldsymbol{J}_1\boldsymbol{V}_b$，则

$$
\boldsymbol{J}_1 = \mathrm{diag}\{\boldsymbol{u}_1^{\mathrm{T}},\boldsymbol{u}_2^{\mathrm{T}},\boldsymbol{u}_3^{\mathrm{T}},\boldsymbol{u}_4^{\mathrm{T}},\boldsymbol{u}_5^{\mathrm{T}},\boldsymbol{u}_6^{\mathrm{T}}\} \in \mathbf{R}^{6\times 18} \tag{4-105}
$$

式中：$\boldsymbol{u}_i$——单位矢量，$\boldsymbol{u}_i = \dfrac{\overrightarrow{B_ib_i}}{L_i}$，代表第 i 个连杆的方向；

$\boldsymbol{V}_{bi}$——上铰点 b_i 处的速度矢量。

设 $\boldsymbol{V}_b = \boldsymbol{J}_2\dot{\boldsymbol{q}}$，则

$$
\boldsymbol{J}_2 = \begin{bmatrix}
\boldsymbol{I}_3 & S(v)R_\alpha R_\beta R_\gamma b_1' & R_\alpha S(j)R_\beta R_\gamma S(j)b_1' & R_\alpha R_\beta S(i)R_r b_1' \\
\boldsymbol{I}_3 & S(v)R_\alpha R_\beta R_\gamma b_2' & R_\alpha S(j)R_\beta R_\gamma S(j)b_2' & R_\alpha R_\beta S(i)R_r b_2' \\
\boldsymbol{I}_3 & S(v)R_\alpha R_\beta R_\gamma b_3' & R_\alpha S(j)R_\beta R_\gamma S(j)b' 3 & R_\alpha R_\beta S(i)R_r b_3' \\
\boldsymbol{I}_3 & S(v)R_\alpha R_\beta R_\gamma b_4' & R_\alpha S(j)R_\beta R_\gamma S(j)b_4' & R_\alpha R_\beta S(i)R_r b_4' \\
\boldsymbol{I}_3 & S(v)R_\alpha R_\beta R_\gamma b_5' & R_\alpha S(j)R_\beta R_\gamma S(j)b_5' & R_\alpha R_\beta S(i)R_r b_5' \\
\boldsymbol{I}_3 & S(v)R_\alpha R_\beta R_\gamma b_6' & R_\alpha S(j)R_\beta R_\gamma S(j)b_6' & R_\alpha R_\beta S(i)R_r b_6'
\end{bmatrix} \tag{4-106}
$$

当 $\boldsymbol{v} = \begin{bmatrix} v_1 \\ v_2 \\ v_3 \end{bmatrix}$ 时，$\boldsymbol{S}(v) = \begin{bmatrix} 0 & -v_3 & v_2 \\ v_3 & 0 & -v_1 \\ -v_2 & v_3 & 0 \end{bmatrix}$；$\boldsymbol{I}_3$ 是 3 阶单位矩阵。

根据这两个矩阵的定义，可得：

$$
\dot{\boldsymbol{L}} = \boldsymbol{J}_1\boldsymbol{J}_2\dot{\boldsymbol{q}} = \boldsymbol{J}\dot{\boldsymbol{q}}
$$

式中：$\boldsymbol{J}$——机器人速度雅可比矩阵。

4.4.4 并联机器人模型的建立

为求解 Stewart 并联机器人的动能和势能，将其结构分解为两个子系统即动平台和六个连杆来分别考虑。首先推导这两个子系统的动能和势能，再构建整体的动力学方程。动平台的方位描述采用 RPY 角，动平台的位姿为

$$\boldsymbol{q}=[x_p \quad y_p \quad z_p \quad \alpha \quad \beta \quad \gamma]^{\mathrm{T}} \tag{4-107}$$

式中：(x_p, y_p, z_p)——动平台原点在定平台坐标系中的坐标。

设动平台角速度为 ω_h，则平移和转动的动能为

$$\boldsymbol{E}_{\mathrm{h}}=\frac{1}{2}(m_{\mathrm{u}}(\dot{\boldsymbol{x}}_{\mathrm{p}}^2+\dot{\boldsymbol{y}}_{\mathrm{p}}^2+\dot{\boldsymbol{z}}_{\mathrm{p}}^2)+\boldsymbol{\omega}_{\mathrm{h}}^{\mathrm{T}}\boldsymbol{I}_{\mathrm{ch}}^0\boldsymbol{\omega}_{\mathrm{h}}) \tag{4-108}$$

式中：m_{u}——动平台质量；

$\boldsymbol{I}_{\mathrm{ch}}^0$——动平台相对于过质心的坐标系的惯量矩阵，且

$$\boldsymbol{I}_{ch}^0=\boldsymbol{R}\boldsymbol{I}_c^h\boldsymbol{R}^{\mathrm{T}} \tag{4-109}$$

式中：$\boldsymbol{R}$——按 RPY 角旋转原则的旋转矩阵；

$\boldsymbol{I}_c^h$——绕动坐标系的转动惯量，可表示为

$$\boldsymbol{I}_c^h=\begin{bmatrix} I_X & 0 & 0 \\ 0 & I_Y & 0 \\ 0 & 0 & I_Z \end{bmatrix} \tag{4-110}$$

表示动平台姿态参数的 RPY 角对时间的导数并不是平台的角速度，但有如下关系式成立：

$$\boldsymbol{\omega}_h=\dot{\gamma}\boldsymbol{R}_Z(\boldsymbol{\alpha})R_Y(\boldsymbol{\beta})\boldsymbol{X}+\dot{\beta}\boldsymbol{R}_Z(\alpha)\boldsymbol{Y}+\dot{\alpha}\boldsymbol{Z}=\begin{bmatrix} \mathrm{c}\alpha\mathrm{c}\beta & -\mathrm{s}\alpha & 0 \\ \mathrm{s}\alpha\mathrm{c}\beta & \mathrm{c}\alpha & 0 \\ -\mathrm{s}\beta & 0 & 1 \end{bmatrix}\begin{bmatrix} \dot{\gamma} \\ \dot{\beta} \\ \dot{\alpha} \end{bmatrix} \tag{4-111}$$

综合上述平台平移和转动动能，可以得出整个动平台的动能为

$$\boldsymbol{E}_{Rh}=\frac{1}{2}\dot{\boldsymbol{q}}^{\mathrm{T}}\boldsymbol{M}_h(\boldsymbol{q})\dot{\boldsymbol{q}} \tag{4-112}$$

式中：

$$\boldsymbol{M}_h(\boldsymbol{q})=\begin{bmatrix} m_u & 0 & 0 & 0 & 0 & 0 \\ 0 & m_u & 0 & 0 & 0 & 0 \\ 0 & 0 & m_u & 0 & 0 & 0 \\ 0 & 0 & 0 & M_{h44} & M_{h45} & -I_X\mathrm{s}\beta \\ 0 & 0 & 0 & M_{h54} & M_{h55} & 0 \\ 0 & 0 & 0 & -I_X\mathrm{s}\beta & 0 & I_X \end{bmatrix} \tag{4-113}$$

式中：

$M_{h44}=I_X\mathrm{s}^2\beta+I_Y\mathrm{s}^2\gamma\mathrm{c}^2\beta$；

$M_{h45}=(I_Y-I_Z)\mathrm{c}\gamma\mathrm{s}\gamma\mathrm{c}\beta$；

$M_{h54}=(I_Y-I_Z)\mathrm{c}\gamma\mathrm{s}\gamma\mathrm{c}\beta$；

$M_{h55}=I_Y\mathrm{c}^2\gamma+I_Z\mathrm{s}^2\gamma$。

动平台的势能为

$$\boldsymbol{E}_{Ph}=m_u\boldsymbol{g}\boldsymbol{z}_p=[0 \quad 0 \quad m_ug \quad 0 \quad 0 \quad 0]^{\mathrm{T}}\boldsymbol{q} \tag{4-114}$$

式中：g——重力加速度。

接下来计算六个液压支路的动能和势能。对于液压驱动并联机器人，可将液压缸和液压杆分解成两部分来考虑，液压缸是固定部分，液压杆是移动部分，将它们看成具有各自转动惯量的刚体，然而这样计算相当复杂，为求得一个简化的模型，将每个支路用一个质点来代替。

设下铰点到液压缸质心的距离为 l_1，上铰点到液压杆质心的距离为 l_2；缸体、液压杆的质量分别为 m_1 和 m_2。则第 i 个液压支路重心 G_i 的位置为

$$\overrightarrow{B_iG_i}=\frac{1}{m_1+m_2}[m_1l_1+m_2(L_i-l_2)]\boldsymbol{u}_i=\left[\hat{l}+\frac{m_2}{m_1+m_2}L_i\right]\boldsymbol{u}_i \tag{4-115}$$

式中：$\hat{l}=\dfrac{l_1m_1-l_2m_2}{m_1+m_2}$；

L_i ——第 i 支路的长度；

$\boldsymbol{u}_i$ ——单位向量，代表 i 支路的方向，即 $\boldsymbol{u}_i=\dfrac{\overrightarrow{B_ib_i}}{L_i}$。

因此，重心 G_i 处的速度 $\boldsymbol{V}_{G_i}$ 可以表示为

$$\boldsymbol{V}_{G_i}=\frac{\mathrm{d}\,\overrightarrow{B_iG_i}}{\mathrm{d}t}=\hat{l}\,\frac{\mathrm{d}\boldsymbol{u}_i}{\mathrm{d}t}+\frac{m_2}{m_1+m_2}\frac{\mathrm{d}\,\overrightarrow{B_ib_i}}{\mathrm{d}t} \tag{4-116}$$

由于

$$\frac{\mathrm{d}\boldsymbol{u}_i}{\mathrm{d}t}=-\frac{1}{L_i^2}\frac{\mathrm{d}L_i}{\mathrm{d}t}\overrightarrow{B_ib_i}+\frac{1}{L_i}\frac{\mathrm{d}\,\overrightarrow{B_ib_i}}{\mathrm{d}t}=-\frac{1}{L_i}(\boldsymbol{V}_{b_i}\cdot\boldsymbol{u}_i)\,\boldsymbol{u}_i+\frac{1}{L_i}\boldsymbol{V}_{b_i} \tag{4-117}$$

则式(4-116)可写成：

$$\boldsymbol{V}_{G_i}=\frac{\hat{l}}{L_i}[\boldsymbol{V}_{b_i}-(\boldsymbol{V}_{b_i}\cdot\boldsymbol{u}_i)\boldsymbol{u}_i]+\frac{m_2}{m_1+m_2}\boldsymbol{V}_{b_i} \tag{4-118}$$

连杆的动能为

$$\boldsymbol{E}_{ki}=\frac{1}{2}(m_1+m_2)\boldsymbol{V}_{G_i}^{\mathrm{T}}\boldsymbol{V}_{G_i} \tag{4-119}$$

将式(4-118)代入式(4-119)，计算可得，

$$\boldsymbol{E}_{ki}=\frac{1}{2}(m_1+m_2)\left[\left(\frac{\hat{l}}{L_i}+\frac{m_2}{m_1+m_2}\right)^2\boldsymbol{V}_{b_i}^{\mathrm{T}}\boldsymbol{V}_{b_i}-\frac{\hat{l}}{L_i}\left(\frac{\hat{l}}{L_i}+\frac{2m_2}{m_1+m_2}\right)\boldsymbol{V}_{b_i}^{\mathrm{T}}\cdot(\boldsymbol{u}_i)\,(\boldsymbol{u}_i)^{\mathrm{T}}\boldsymbol{V}_{b_i}\right] \tag{4-120}$$

将式(4-120)写成紧凑形式：

$$\boldsymbol{E}_{ki}=\frac{1}{2}(m_1+m_2)[h_i\boldsymbol{V}_{b_i}^{\mathrm{T}}\boldsymbol{V}_{b_i}-k_i\boldsymbol{V}_{b_i}^{\mathrm{T}}\cdot(\boldsymbol{u}_i)\,(\boldsymbol{u}_i)^{\mathrm{T}}\boldsymbol{V}_{b_i}] \tag{4-121}$$

式中：$h_i=\left(\dfrac{\hat{l}}{L_i}+\dfrac{m_2}{m_1+m_2}\right)^2$；$k_i=h_i-\left(\dfrac{m_2}{m_1+m_2}\right)^2$。

因为六个液压支路结构完全相同，则六个液压支路的动能和为

$$\boldsymbol{E}_{k\mathrm{legs}}=\sum_{i=1}^{6}\boldsymbol{E}_{ki}=\frac{1}{2}(m_1+m_2)\left[\begin{bmatrix}\boldsymbol{V}_{b_1}\\\boldsymbol{V}_{b_2}\\\boldsymbol{V}_{b_3}\\\boldsymbol{V}_{b_4}\\\boldsymbol{V}_{b_5}\\\boldsymbol{V}_{b_6}\end{bmatrix}^{\mathrm{T}}\boldsymbol{H}\begin{bmatrix}\boldsymbol{V}_{b_1}\\\boldsymbol{V}_{b_2}\\\boldsymbol{V}_{b_3}\\\boldsymbol{V}_{b_4}\\\boldsymbol{V}_{b_5}\\\boldsymbol{V}_{b_6}\end{bmatrix}-\begin{bmatrix}\dot{L}_1\\\dot{L}_2\\\dot{L}_3\\\dot{L}_4\\\dot{L}_5\\\dot{L}_6\end{bmatrix}^{\mathrm{T}}\boldsymbol{K}\begin{bmatrix}\dot{L}_1\\\dot{L}_2\\\dot{L}_3\\\dot{L}_4\\\dot{L}_5\\\dot{L}_6\end{bmatrix}\right] \tag{4-122}$$

式中：

$\boldsymbol{H}=\mathrm{diag}[h_1 \quad h_1 \quad h_1 \quad \cdots \quad h_6 \quad h_6 \quad h_6]$；

$\boldsymbol{K}=\mathrm{diag}[k_1 \quad k_1 \quad k_1 \quad \cdots \quad k_6 \quad k_6 \quad k_6]$。

根据式(4-105)和式(4-106)所示两个雅可比矩阵 $\boldsymbol{J}_1$ 和 $\boldsymbol{J}_2$ 的定义，$\dot{\boldsymbol{L}}=\boldsymbol{J}_1\boldsymbol{V}_b$，$\boldsymbol{V}_b=\boldsymbol{J}_2\dot{\boldsymbol{q}}$，则(式 4-122)可写成：

$$\boldsymbol{K}_{\mathrm{legs}}=\frac{1}{2}\dot{\boldsymbol{q}}^{\mathrm{T}}\boldsymbol{M}_{\mathrm{legs}}(\boldsymbol{q})\dot{\boldsymbol{q}} \tag{4-123}$$

式中：

$$\boldsymbol{M}_{\mathrm{legs}}(\boldsymbol{q})=(m_1+m_2)[\boldsymbol{J}_2^{\mathrm{T}}(\boldsymbol{H}-\boldsymbol{J}_1^{\mathrm{T}}\boldsymbol{K}\boldsymbol{J}_1)\boldsymbol{J}_2] \tag{4-124}$$

液压支路的势能为：

$$\boldsymbol{E}_{p\mathrm{legs}}=(m_1+m_2)g\sum_{i=1}^{6}(\overrightarrow{B_iG_i}\cdot\boldsymbol{Z})=(m_1+m_2)g\sum_{i=1}^{6}\left(\hat{l}+\frac{m_2}{m_1+m_2}L_i\right)(\boldsymbol{u}_i\cdot\boldsymbol{Z}) \tag{4-125}$$

由于 $\boldsymbol{u}_i=\dfrac{\overrightarrow{B_ib_i}}{L_i}$，$\boldsymbol{u}_i\cdot\boldsymbol{Z}=\dfrac{1}{L_i}z_{b_i}$，再根据旋转变换可得

$$z_{b_i}=z_p+\boldsymbol{Z}\cdot\boldsymbol{Ob}_i=z_p+\begin{bmatrix}0\\0\\1\end{bmatrix}^{\mathrm{T}}R\begin{bmatrix}x'_{b_i}\\y'_{b_i}\\z'_{b_i}\end{bmatrix} \tag{4-126}$$

最终得到：

$$\boldsymbol{E}_{p\mathrm{legs}}=(m_1+m_2)g\sum_{i=1}^{6}\left[\frac{\hat{l}}{L_i}+\frac{m_2}{m_1+m_2}\right]\cdot(z_p-x_{b_i}{}'\mathrm{s}\beta+y_{b_i}{}'\mathrm{c}\beta\mathrm{s}\gamma+z_{b_i}{}'\mathrm{c}\beta\mathrm{c}\gamma) \tag{4-127}$$

根据拉格朗日方程

$$\frac{\mathrm{d}}{\mathrm{d}y}\left(\frac{\partial L(q,\dot{q})}{\partial\dot{q}_i}\right)-\frac{\partial L(q,\dot{q})}{\partial q_i}=\tau_i \quad (i=1,2,\cdots,n) \tag{4-128}$$

式中：$\boldsymbol{q}\in\mathbf{R}^n$ ——广义坐标；

L——机械系统的拉格朗日函数；

τ_i ——作用在第 i 个广义坐标上的力。

接下来建立 Stewart 并联机器人的拉格朗日动力学方程。以 $\boldsymbol{q}$ 为广义坐标，建立动力学方程如下：

$$M(\boldsymbol{q})\ddot{\boldsymbol{q}}+V_m(\boldsymbol{q},\dot{\boldsymbol{q}})\dot{\boldsymbol{q}}+G(\boldsymbol{q})=\boldsymbol{F} \tag{4-129}$$

方程中 $\boldsymbol{M}(\boldsymbol{q})$，$\boldsymbol{V}_m(\boldsymbol{q},\dot{\boldsymbol{q}})$ 和 $\boldsymbol{G}(\boldsymbol{q})$ 可以根据动平台和六个液压支路分成两部分来表达，即

$$\boldsymbol{M}(\boldsymbol{q})=\boldsymbol{M}_h+\boldsymbol{M}_{\mathrm{legs}}$$

$$\boldsymbol{V}_m(\boldsymbol{q},\dot{\boldsymbol{q}})=\boldsymbol{V}_{mh}+\boldsymbol{V}_{m\mathrm{legs}}$$

$$\boldsymbol{G}(\boldsymbol{q})=\boldsymbol{G}_h+\boldsymbol{G}_{\mathrm{legs}}$$

根据动平台和六个液压支路的动能、势能表达式，可以确定方程中系数 $\boldsymbol{M}(\boldsymbol{q})$、$\boldsymbol{V}_m(\boldsymbol{q},\dot{\boldsymbol{q}})$ 和 $\boldsymbol{G}(\boldsymbol{q})$。

$\boldsymbol{M}_h$的计算方法见式(4-113)，$\boldsymbol{V}_{mh}$可通过$\boldsymbol{V}_{mh}=m_i\boldsymbol{g}h_i$式求解，则

$$\boldsymbol{V}_m(\boldsymbol{q},\dot{\boldsymbol{q}})=\frac{1}{2}[\dot{\boldsymbol{M}}(\boldsymbol{q})+\boldsymbol{U}_M^{\mathrm{T}}-\boldsymbol{U}_m] \tag{4-130}$$

式中：$\boldsymbol{U}_m=(\boldsymbol{I}_n\otimes\dot{\boldsymbol{q}}^{\mathrm{T}})\left[\frac{\partial\boldsymbol{M}^{\mathrm{T}}}{\partial\boldsymbol{q}}\right]$，$\left[\frac{\partial\boldsymbol{M}^{\mathrm{T}}}{\partial\boldsymbol{q}}\right]=\left[\frac{\partial M}{\partial q_1}\quad\frac{\partial M}{\partial q_2}\quad\cdots\quad\frac{\partial M}{\partial q_n}\right]^{\mathrm{T}}\in\mathbf{R}^{(n\cdot n)\times n}$。

最后得显式表达式：

$$\boldsymbol{V}_{mh}=\begin{bmatrix}0&0&0&0&0&0\\0&0&0&0&0&0\\0&0&0&0&0&0\\0&0&0&V_{m44}&V_{m45}&V_{m46}\\0&0&0&V_{m54}&V_{m55}&V_{m56}\\0&0&0&V_{m64}&V_{m65}&V_{m66}\end{bmatrix} \tag{4-131}$$

式中：

$V_{m44}=\frac{1}{2}\mathrm{s}(2\beta)(I_x-\mathrm{s}^2\gamma I_z)\dot{\beta}+\frac{1}{2}\mathrm{c}^2\beta\mathrm{s}(2\gamma)(I_Y-I_Z)\dot{\gamma}$；

$V_{m45}=-\frac{1}{2}\mathrm{s}\beta\mathrm{s}(2\gamma)(I_Y-I_Z)\dot{\beta}+\frac{1}{2}\mathrm{c}\beta\mathrm{c}(2\gamma)(I_Y-I_Z)\dot{\gamma}+\frac{1}{2}\mathrm{s}(2\beta)(I_x-\mathrm{s}^2\gamma I_z-\mathrm{c}^2\gamma I_z)\dot{\alpha}$

$-\frac{1}{2}\mathrm{c}\beta I_X\dot{\gamma}$；

$V_{m46}=-\frac{1}{2}\mathrm{c}\beta I_X\dot{\beta}+\frac{1}{2}\mathrm{c}^2\beta\mathrm{s}(2\gamma)(I_Y-I_Z)+\frac{1}{2}\mathrm{c}\beta\mathrm{c}(2\gamma)(I_Y-I_Z)$，

$V_{m54}=\frac{1}{2}\mathrm{c}\beta\mathrm{c}(2\gamma)(I_Y-I_Z)\dot{\gamma}-\frac{1}{2}\mathrm{s}(2\beta)(I_x-\mathrm{s}^2\gamma I_z-\mathrm{c}^2\gamma I_z)\dot{\alpha}+\frac{1}{2}\mathrm{c}\beta I_X\dot{\gamma}$，

$V_{m55}=-\frac{1}{2}\mathrm{s}(2\gamma)(I_Y-I_Z)\dot{\gamma}$；

$V_{m56}=\frac{1}{2}\mathrm{c}\beta\mathrm{c}(2\gamma)(I_Y-I_Z)\dot{\alpha}-\mathrm{s}(2\gamma)(I_Y-I_Z)\dot{\beta}+\frac{1}{2}\mathrm{c}\beta I_X\dot{\alpha}$；

$V_{m64}=-\frac{1}{2}\mathrm{c}\beta I_X\dot{\beta}-\frac{1}{2}\mathrm{c}^2\beta\mathrm{s}(2\gamma)(I_Y-I_Z)\dot{\alpha}+\frac{1}{2}\mathrm{c}\beta\mathrm{c}(2\gamma)(I_Y-I_Z)\dot{\beta}$；

$V_{m65}=-\frac{1}{2}\mathrm{c}\beta I_X\dot{\alpha}+\frac{1}{2}\mathrm{c}\beta\mathrm{c}(2\gamma)(I_Y-I_Z)\dot{\alpha}+\frac{1}{2}\mathrm{s}(2\gamma)(I_Y-I_Z)\dot{\beta}$；

$V_{m66}=0$。

根据动平台势能表达式，可知，

$$\boldsymbol{G}_h=\frac{\partial\boldsymbol{E}_{ph}}{\partial\boldsymbol{q}}=[0\quad 0\quad m_u g\quad 0\quad 0\quad 0]^{\mathrm{T}} \tag{4-132}$$

$\boldsymbol{M}_{\mathrm{legs}}$的计算见式(4-124)，$\boldsymbol{V}_{m\mathrm{legs}}$根据式(4-130)求解，一般来说科氏力和离心力都很小，通常可以忽略不计。

根据各液压支路势能表达式可知，

$$G_{\text{legs}}=\frac{\partial E_{p\text{legs}}}{\partial q}=(m_1+m_2)g\sum_{i=1}^{6}\left[\frac{\partial}{\partial q}\left(\frac{\hat{l}}{L_i}+\frac{m_2}{m_1+m_2}\right)\right]\cdot(z_p-x_{b_i}{}'s\beta+y_{b_i}{}'c\beta s\gamma+z_{b_i}{}'c\beta c\gamma)$$

$$+(m_1+m_2)g\sum_{i=1}^{6}\left[\frac{\hat{l}}{L_i}+\frac{m_2}{m_1+m_2}\right]\cdot\frac{\partial}{\partial q}(z_p-x_{b_i}{}'s\beta+y_{b_i}{}'c\beta s\gamma+z_{b_i}{}'c\beta c\gamma)$$

$$=(m_1+m_2)g\sum_{i=1}^{6}(z_p-x_{b_i}{}'s\beta+y_{b_i}{}'c\beta s\gamma+z_{b_i}{}'c\beta c\gamma)\cdot\left[\frac{\hat{l}}{L_i}\left(\frac{\partial L_i}{\partial q}\right)^{\mathrm{T}}\right]$$

$$+(m_1+m_2)g\sum_{i=1}^{6}\left[\frac{\hat{l}}{L_i}+\frac{m_2}{m_1+m_2}\right]\cdot\begin{bmatrix}0\\0\\1\\0\\-x_{b_i}{}'c\beta-y_{b_i}{}'s\beta s\gamma-z_{b_i}{}'s\beta c\gamma\\y_{b_i}{}'c\beta c\gamma-z_{b_i}{}'c\beta s\gamma\end{bmatrix} \tag{4-133}$$

式中：$\frac{\partial L_i}{\partial q}$——雅可比矩阵 $\boldsymbol{J}$ 的第 i 行。

拉格朗日方程是以笛卡儿坐标 q 为广义坐标建立的，这里的 $\boldsymbol{F}$ 不是真正的驱动力，即不是液压支路的驱动力，而是分别作用在 $[x_p \quad y_p \quad z_p \quad \alpha \quad \beta \quad \gamma]$ 方向上的假想力或力矩，故称为广义力。而机器人的实际驱动过程是液压缸的油压力推动液压杆发生位移，从而引起平台的位姿变化。根据虚功原理有 $\boldsymbol{F}=\boldsymbol{J}^{\mathrm{T}}\boldsymbol{\tau}$，$\boldsymbol{\tau}$ 为关节驱动力（或力矩）矢量，$\boldsymbol{J}$ 是机器人的雅可比矩阵，$\dot{\boldsymbol{L}}=\boldsymbol{J}\dot{q}$，六自由度并联机器人的拉格朗日动力学方程可写成

$$\boldsymbol{M}(\boldsymbol{q})\ddot{\boldsymbol{q}}+\boldsymbol{V}_m(\boldsymbol{q},\dot{\boldsymbol{q}})\dot{\boldsymbol{q}}+\boldsymbol{G}(\boldsymbol{q})=\boldsymbol{J}^{\mathrm{T}}\boldsymbol{\tau} \tag{4-134}$$

式(4-134)即为六自由度 Stewart 并联机器人的动力学方程。

本章小结

机器人动力学分析驱动力和接触力之间的关系，以及带来的加速度和运动轨迹之间的关系。动力学方程在机器人的机构设计、控制和仿真计算中有着十分重要的作用，也是各种算法的基础。本章主要以串联机器人为研究对象，首先分析了机器人的速度和速度雅可比矩阵，其次介绍了静力学中机器人的力雅可比，以及静力学中的正向和逆向两类问题的求解，再介绍了两种常用的动力学分析方法，即拉格朗日方法和牛顿-欧拉方法，通过理论推导和实例相结合阐明求解过程，同时也分析了机器人的关节空间、操作空间及动力学之间的关系，最后采用拉格朗日方法对六自由度 Stewart 并联机器人动力学进行了分析求解。

习　　题

1. 题图 4-1 所示二自由度机械手，杆长为 $l_1=l_2=0.5$ m，试求题表 4-1 所示三种情况时

的关节瞬时速度 $\dot{\theta}_1$ 和 $\dot{\theta}_2$ 。

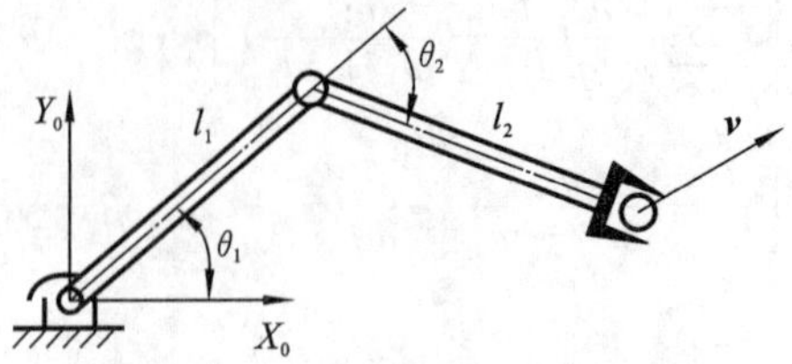

题图 4-1　二自由度机械手

题表 4-1

v_x/(m/s)	−1.0	0	1.0
v_y/(m/s)	0	1.0	1.0
θ_1	30°	30°	30°
θ_2	−60°	120°	−30°

2. 已知二自由度机械手的雅可比矩阵为

$$\boldsymbol{J}=\begin{bmatrix}-l_1\mathrm{s}_1-l_2\mathrm{s}_{12} & -l_2\mathrm{s}_{12}\\ l_1\mathrm{c}_1+l_2\mathrm{c}_{12} & l_2\mathrm{c}_{12}\end{bmatrix}$$

若忽略重力，当手部端点力 $\boldsymbol{F}=[1\quad 0]^{\mathrm{T}}$ 时，求与此力相应的关节力矩。

3. 题图 4-1 所示二自由度机械手，杆长为 $l_1=l_2=0.5$ m，手部中心受到外界环境的作用力 F'_x 及 F'_y，试求在题表 4-2 所示三种情况下，机械手取得静力学平衡时的关节力矩 τ_1 和 τ_2。

题表 4-2

F'_x/N	−10.0	0	10.0
F'_y/N	0	−10.0	10.0
θ_1	30°	30°	30°
θ_2	−60°	120°	−30°

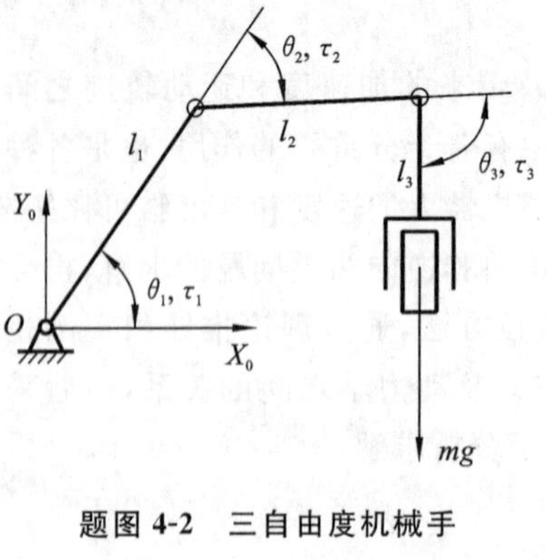

题图 4-2　三自由度机械手

4. 如题图 4-2 所示，一个三自由度机械手，其手部夹持一质量 $m=10$ kg 的重物，$l_1=l_2=0.8$ m，$l_3=0.4$ m，$\theta_1=60°$，$\theta_2=-60°$，$\theta_3=-90°$。若不计机械手的重量，求机械手处于平衡状态时各关节力矩。

5. 串联机器人力雅可比矩阵和速度雅可比矩阵有何关系？

6. 什么是拉格朗日函数和拉格朗日方程？

7. 二自由度平面关节型机械手动力学方程主要包含哪些项？有何物理意义？

第 5 章　机器人传感器

经过多年的发展，机器人已完成从第一代到第三代的进化。在不断的进化过程中，传感器起到了关键性作用。第一代机器人因未配置传感器，仅能够完成重复性工作。第二代机器人配置了类似于人的眼睛、耳朵或皮肤等一系列感觉装置（传感器），依据传感器获取的信息对周围环境进行判断，从而改变自身的动作。这些传感器的采用与否，是衡量第二代机器人的重要特征。第三代机器人是智能机器人，具有感觉和识别能力、声音合成功能、操作和行动功能，以及判断思考和处理问题的能力。现有的大部分工业机器人相当于第三代机器人。正因为配置了多类型传感器，机器人才具备了类似人类的知觉功能和反应能力。本章着重介绍机器人传感器。

5.1　机器人传感器分类和性能指标

5.1.1　机器人传感器定义

广义地说，传感器是一种以一定精度将被测量（如位移、力、加速度、温度等）转换为与之有确定对应关系、易于精确处理和测量的某种物理量（如电信号）的测量器件或装置。国际电工委员会（International Electrotechnical Committee，IEC）的定义为：传感器是测量系统中的一种前置部件，它将输入变量转换成可供测量的信号。从一般传感器在系统中所发挥的作用来看，传感器一般由敏感元件、转换元件、基本转换电路三部分组成，如图 5.1 所示。

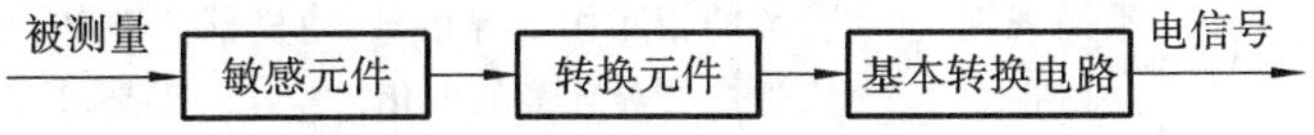

图 5-1　传感器组成框图

敏感元件是能直接感受被测量，并以确定关系输出某一物理量的元件，如弹性敏感元件可将力转换为位移或应变；转换元件可将敏感元件输出的非电物理量转换成电量；基本转换电路将由转换元件产生的电量转换成便于测量的电信号，如电压、电流、频率等，使传感器的信号输出符合具体工业系统的要求（如 4～20 mA、－5～5 V）。

图 5-2 给出了 3 种机器人传感器示例。对于机器人来说，无论是同外部环境进行交互，还是感知自身姿态，都需要通过传感器来获取相应的信息，通过这些信息，机器人不仅可以对自身的位姿、速度、加速度等进行控制，而且可以进行任务规划、路径规划，以完成既定的工作任务和工作目标。

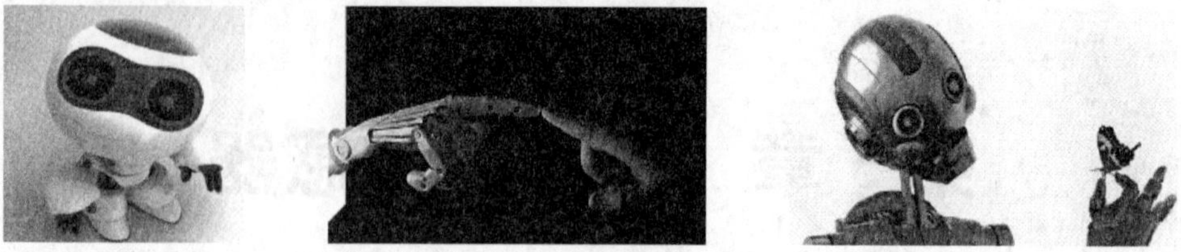

(a)机器人视觉　(b)机器人接触觉　(c)机器人力觉

图 5-2　机器人传感器示例

5.1.2　机器人传感器的分类

根据功能和位置的不同，机器人传感器可分为两大类：用于检测机器人自身状态的内部传感器和用于检测机器人相关环境参数的外部传感器。

内部传感器以机器人本身的坐标轴来确定其位置，安装在机器人本体中，用来感知与自身运动学及动力学参数相关的内部信息，如位移、速度、加速度等，以调整并控制机器人的行为和操作。它主要有位置、速度、加速度及力等传感器。内部传感器常用于控制系统反馈元件，检测机器人自身的状态参数，如关节运动的位移、手臂间角度、速度、加速度、力和力矩等。

外部传感系统也称为感觉传感器，用来感知机器人本体以外的外界物理信息，如外界环境、对象物的位置、形状、距离、接触力等，使机器人与环境发生交互作用，从而使机器人对环境有自校正和自适应能力。从机器人系统的观点来看，外部传感器的信号一般用于规划决策层。外部传感器可分为视觉传感器和非视觉传感器，通常包括视觉、触觉、接近觉和力等传感器。表 5-1 所示为机器人传感器的类别及应用。

表 5-1　机器人传感器类别及应用

分类	类别		功能	应用
机器人外部传感器	视觉	单点视觉 线阵视觉 平面视觉 立体视觉	检测外部状况（如作业环境中对象或障碍物状态以及机器人与环境的相互作用等信息，使机器人适应外界环境的变化）	对象物定向，定位；目标分类与识别；控制操作，抓取物体；检查产品质量；适应环境变化等
	非视觉	接近（距离）觉、听觉、触觉、力	测量与机器人作业有关的其他外部环境信息	控制位置，安全保障，异常停止；人机交互；控制握力，识别握持物，测量物体弹性；修正握力，防止打滑，判断物体质量及表面状态
机器人内部传感器	位置、速度、加速度、力、温度、平衡、姿态角、异常		检测机器人自身状态，如自身的运动、位置和姿态等信息	控制机器人按规定的位置、轨迹、速度、加速度和受力工作

5.1.3 传感器性能指标

在机器人系统中，需要对各种参数进行检测和控制，而要达到比较优良的控制性能，则必须要求传感器能够感知被测量的变化，并且不失真地将其转换为相应的电量，这种要求主要取决于传感器的基本特性。传感器的基本特性是指传感器的输入和输出之间的关系特性，是传感器内部结构参数作用关系的外部表现。也就是说，输出量对输入量可真实表达的程度，越接近真实，传感器工作精度就越高。根据输入信号的不同，传感器的基本特性主要分为静态特性和动态特性。当传感器输入量为常量或随时间缓慢变化时，应关注其静态特性；当传感器输入量随时间变化较快时，应关注其动态特性。

1. 反映传感器静态特性的性能指标

传感器的静态特性是指对静态的输入信号，传感器的输出量与输入量之间所具有的相互关系。因为静态时输入量和输出量都和时间无关，所以它们之间的关系，即传感器的静态特性可用一个不含时间变量的代数方程来表示，或用以输入量作横坐标，把与其对应的输出量作纵坐标而画出的特性曲线来描述。表征传感器静态特性的主要参数有：线性度、灵敏度、分辨率、迟滞、重复性和漂移等。

1）线性度

线性度指传感器输出量与输入量之间的实际关系曲线偏离拟合直线的程度，又称非线性误差。这一指标通常以相对误差表示，其定义为：

$$r_L = \pm \frac{\Delta L_{\max}}{y_{\mathrm{FS}}} \times 100\% \tag{5-1}$$

式中：$\Delta L_{\max}$——量程范围内输出量与输入量实际曲线与拟合直线之间的最大偏差；

y_{FS}——理论满程输出。

拟合直线的方法有多种，如：将零输入和满量程输出相连的理论直线作为拟合直线；将与特性曲线上各点偏差的平方和为最小的理论直线作为拟合直线，此拟合直线称为最小二乘拟合直线。机器人控制系统应该采用线性度较高的传感器。

2）灵敏度

灵敏度又称灵敏系数，是传感器静态特性的一个重要指标。它是指传感器的输出信号达到稳态时，输出量的变化值与引起该变化的相应输入量的变化值之比，如图 5-3 所示。它反映了传感器对一定大小的输入量响应的能力。

$$S = \frac{\text{输出量的变化值}}{\text{输入量的变化值}} = \frac{\Delta y}{\Delta x} \tag{5-2}$$

式中：S——传感器灵敏度；

Δy——传感器输出量的增量；

Δx——传感器输入量的增量。

如果传感器的输出和输入为线性关系，则灵敏度可表示为

$$S_n = \frac{\Delta y}{\Delta x} = k = \text{const} \tag{5-2}$$

式中：k——传递系数；

Δy ——传感器输出量的增量；

Δx ——传感器输入量的增量。

如果传感器的输出和输入成非线性关系，其灵敏度就是该曲线的导数，即

$$S_{ni} = \left.\frac{\mathrm{d}y}{\mathrm{d}x}\right|_{x=x_i} \tag{5-4}$$

式中：S_{n_i} ——某一工作点 x_i 处的灵敏度，它随输入量的变化而变化。

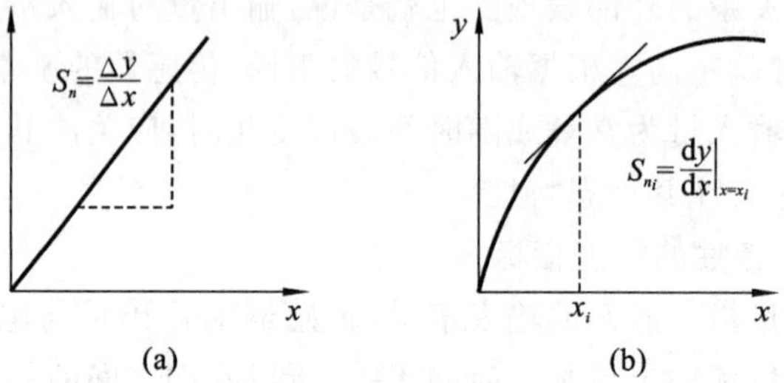

图 5-3　灵敏度

传感器输出量的量纲和输入量的量纲不一定相同。若输出和输入具有相同的量纲，则传感器的灵敏度又称为放大倍数。此时，在输入量变化范围相同的前提下，输出量变化范围越大，说明传感器的灵敏度越高。一般来说，传感器灵敏度越大越好，这样可以使传感器的输出信号精度更高，线性度更好，但是过高的灵敏度有时会导致传感器输出稳定性下降，所以应根据机器人的要求选择合适的传感器灵敏度。

3）重复性

重复性是指传感器在同一工作条件下，输入按同一方向作全量程连续多次变化时，所得特性曲线不一致的程度。图 5-4 所示为传感器输出曲线的重复特性，正行程的最大重复性误差为 $\Delta R_{\max 1}$ ，反行程的最大重复性误差为 $\Delta R_{\max 2}$ 。重复性误差取这两个误差之中较大者为 $\Delta R_{\max}$，再除以满量程输出 y_{FS} 的百分数表示，即

$$r_R = (\Delta R_{\max}/y_{FS}) \times 100\% \tag{5-5}$$

4）测量范围

测量范围是指传感器被测量的最大允许值和最小允许值之差。一般要求传感器的测量范围必须覆盖机器人有关被测量的工作范围。如果无法达到这一要求，可以设法选用某种转换装置，但是，这样会引入某种误差，传感器的测量精度将受到一定影响。

5）迟滞

传感器在输入量由小到大（正行程）及输入量由大到小（反行程）变化期间其输入输出特性曲线不重合的现象称为迟滞。迟滞特性如图 5-5 所示，它一般由实验方法测得。迟滞误差 r_H 一般以满量程输出的百分数表示，即

$$r_H = \pm \frac{1}{2} \frac{\Delta H_{\max}}{y_{FS}} \times 100\% \tag{5-6}$$

5）分辨力与阈值

分辨力是指传感器在规定的测量范围内，可准确检测到的最小输入增量。有些传感器，当输入量连续变化时，输出量只作阶梯变化，则分辨力就是输出量的每个“阶梯”所代表的输入量大小。分辨力用绝对值表示，用与满量程输出的百分数表示时称为分辨率。在传感器输入零

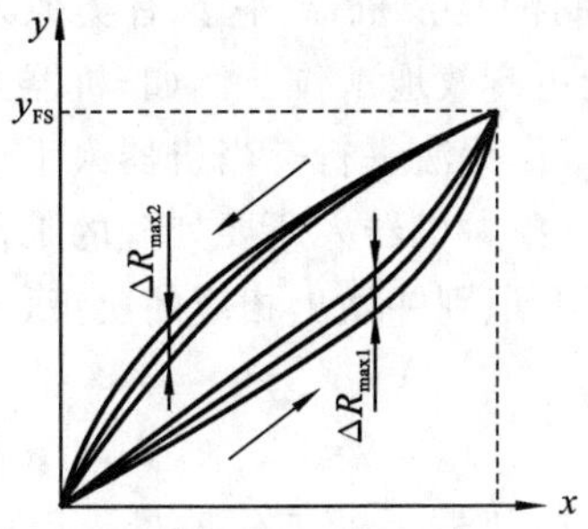

图 5-4 传感器重复特性

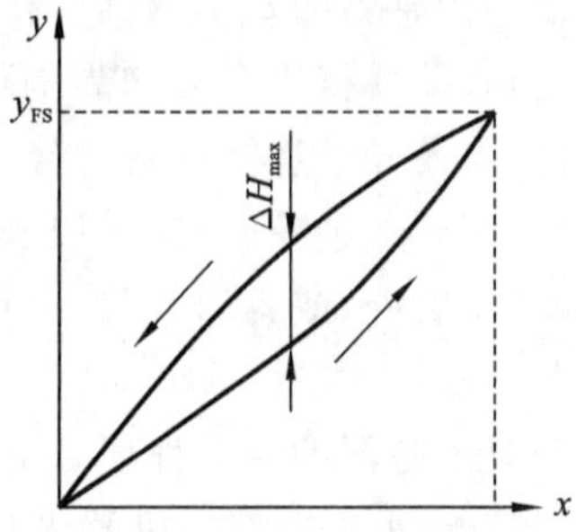

图 5-5 传感器迟滞特性

点附近的分辨力称为阈值。

6）静态误差

静态误差是指传感器在满量程内，任一点输出值相对理论值的偏离程度。

7）稳定性

稳定性是指传感器在室温条件下，经过规定的时间间隔后，其输出与起始标定时的输出之间的差异。测试时先将传感器输出调至零点或某一特定点，相隔 4 h、8 h 或一定的工作次数后，再读出输出值，前后两次输出值之差即为稳定性误差。

8）漂移

传感器的漂移是指在一定时间间隔内，传感器输出量随着时间发生与输入量无关的、不需要的变化。产生漂移的原因有两个方面：一是传感器自身结构参数；二是周围环境（如温度、湿度等）。漂移包括零点漂移和灵敏度漂移。零点漂移和灵敏度漂移又可分为时间漂移和温度漂移。时间漂移是指在规定的条件下，零点或灵敏度随时间的缓慢变化。温度漂移为环境温度变化而引起的零点或灵敏度漂移。

9）抗干扰稳定性

抗干扰稳定性是指传感器对外界干扰的抵抗能力，例如抗冲击和振动的能力、抗潮湿的能力、抗电磁干扰的能力等。对这些量进行评价较为复杂，一般也不易给出数量概念，需要具体问题具体分析。

2. 反映传感器动态特性的性能指标

动态特性是指传感器在测量动态信号时，它的输出对输入的响应特性。传感器测量静态信号时，由于被测量不随时间变化或变化很缓慢，测量和记录过程不受时间限制。而在实际工作中，大量的被测量是随时间变化的动态信号，传感器的输出不仅需要精确地给出被测量的大小，还要给出被测量时间变换的规律，即被测量的波形。传感器的动态特性常用它对某些标准输入信号的响应来表示。这是因为传感器对标准输入信号的响应容易用实验方法求得，并且它对标准输入信号的响应与它对任意输入信号的响应之间存在一定的关系，往往知道了前者就能推定后者。最常用的标准输入信号有阶跃信号和正弦信号两种，所以传感器的动态特性也常用阶跃响应和频率响应来表示。本章对此不展开叙述。

5.1.4 机器人传感器的要求与选择

选择机器人传感器完全取决于机器人的工作需要和应用特点，对机器人感觉系统的要求是选择机器人传感器的基本依据。机器人是由计算机控制的复杂机器,它具有类似人的肢体及感官功能,必须要搜集自身和周围环境的大量信息才能更有效地工作。例如,机器人在捡拾物体的时候,需要知道物体是否已经被捡到,否则下一步工作无法进行。当机器人手臂在空间运动时,必须避开各种障碍物,并以一定的速度接近工作对象。机器人所要处理的工作对象的质量很大,容易破碎,或者温度很高,机器人对这些特征都要识别并做出相应的决策,才能更好地完成任务。

机器人对传感器的一般性要求如下。

(1) 精度高、重复性好。机器人传感器的精度直接影响机器人的工作质量。用于检测和控制机器人运动的传感器是控制机器人定位精度的基础。要使机器人能够准确无误地正常工作,往往要求其所用传感器的测量精度高,不会有失真现象发生。

(2) 稳定性和可靠性好。机器人传感器的稳定性和可靠性是保证机器人能够长期、稳定、可靠地工作的必要条件。机器人经常是在无人照管的条件下代替人工操作的,万一它在工作中出现故障,轻则影响生产的正常进行,重则造成严重的事故,因此,应尽可能避免机器人在工作中出现故障。

(3) 抗干扰能力强。机器人的工作环境往往比较恶劣,其所用传感器应能承受一定的电磁干扰、振动,并能在一定的高温、高压、高污染环境中正常工作。

(4) 质量小、体积小、成本低、安装方便。安装在机器人手臂等运动部件上的传感器质量要小,否则会加大运动部件的惯性,影响机器人的运动性能。对于工作空间受到某种限制的机器人,体积和安装方式的要求也是必不可少的。

除此之外,由于机器人的加工任务和工作环境不同,还有一些其他特定的要求:

(1) 适应加工任务的要求,如焊接机器人的传感器有自身独特的要求,需要配备速度传感器。对于点焊机器人,需配备接近觉传感器;对于弧焊机器人,则需配备视觉系统。

(2) 满足机器人控制的要求。机器人控制需要采用传感器检测机器人的运动位置、速度、加速度。除了较简单的开环控制机器人外,多数机器人都采用了位置传感器作为闭环控制中的反馈元件。机器人根据位置传感器反馈的位置信息,对机器人的运动误差进行补偿。速度检测用于预测机器人的运动时间,计算和控制由离心力引起的变形误差。加速度传感器可以检测机器人构件受到的惯性力,使控制能够补偿惯性力引起的变形误差。

(3) 满足机器人的安全性要求及其他辅助工作的要求。为了使机器人安全地工作而不受损坏,机器人的各个构件都不能超过其受力极限,需要采用各种力传感器。现在多数机器人是采用加大构件尺寸的办法来避免其自身损坏的。如果采用上述力监测控制的方法,就能大大改善机器人的运动性能和工作能力,并减小构件尺寸和减少材料的消耗。另外,要防止机器人和周围物体的碰撞,这就要求采用各种触觉传感器或者接近觉传感器。例如,对于零件分类的机器人,除需要配备用于零件识别的视觉传感器,还需配备用于判断是否接触到零件的触觉传感器,或者配备用于判断零件是否放置到位的力觉传感器等。

5.2 机器人内部传感器

在机器人内部传感器中,位置传感器和速度传感器是当今机器人反馈控制中不可缺少的元件，并辅助有倾斜角传感器、方位角传感器及振动传感器等。

5.2.1 位置和角度传感器

测量机器人关节线位移和角位移的传感器是机器人位置反馈控制中必不可少的元件。常用的测量元件有电位器、旋转变压器、编码器等。

1. 位置传感器

位置感知是机器人最基本的控制和感觉要求，是机器人正常工作的基础。位置传感器包括位置和位移检测传感器。根据其工作原理和组成的不同，位置传感器有各种不同的形式，常用的有电阻式位移传感器、电容式位移传感器、电感式位移传感器及编码式位移传感器、霍尔元件位移传感器、磁栅式位移传感器等。下面介绍几种典型的位移传感器。

1）电位器式位移传感器

电位器式位移传感器是电阻式传感器的一种，主要由一个电位器和一个滑动触点组成。其中，滑动触点通过机械装置受被检测量的控制。当被检测的位置量发生变化时，滑动触点也发生位移，从而改变了滑动触点与电位器各端之间的电阻值和输出电压值。根据这种输出电压值的变化，可以检测出机器人各关节的位置和位移量。这种位移传感器可以测量直线位移，也可测量角位移。目前常用的以单圈线绕电位器居多。图 5-6 所示为线绕电位器式角位移传感器的工作原理。它是将传感器的转轴与被测角度的转轴相连。当被测物体转过一个角度时，电刷在电位器上有一个相对应的角位移 θ，在输出端就有一个与转角成比例的电压信号 U_o 输出，即

$$U_o = \frac{R(\theta)}{R_0}U_i = \frac{\theta}{360}U_i \tag{5-7}$$

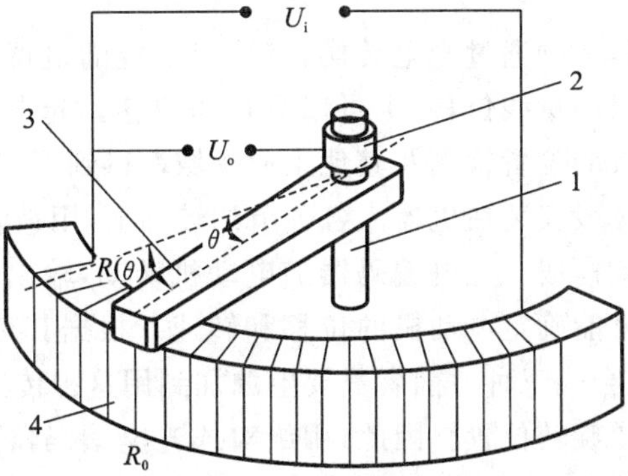

图 5-6 电位器式角位移传感器工作原理图

1—旋转轴；2—导电环；3—电刷；4—电位器

由于滑动触点等的限制，单圈电位器的工作范围只能小于 360°，分辨率也受到一定的限制。但对于多数应用情况来说，这并不会妨碍它的使用。假如需要更高的分辨率和更大的工作范围，可以选用多圈电位器。

若可变电阻做成直线型，将可动电刷与被测对象相连，如图 5.7 所示，物体的位移引起电位器移动端的电阻变化。阻值的变化反映了位移的量值，阻值的增加还是减小则表明了位移

的方向，检测时以电阻中心为基准位置。电位器式位移传感器位移和电压关系为

$$x=\frac{L(2U_o-U_i)}{U_i} \tag{5-8}$$

式中：U_i ——输入电压；

L ——触点最大移动距离（从电阻中心到一端的长度）；

x ——滑动触点向左移动的位移；

U_o ——电阻右侧的输出电压。

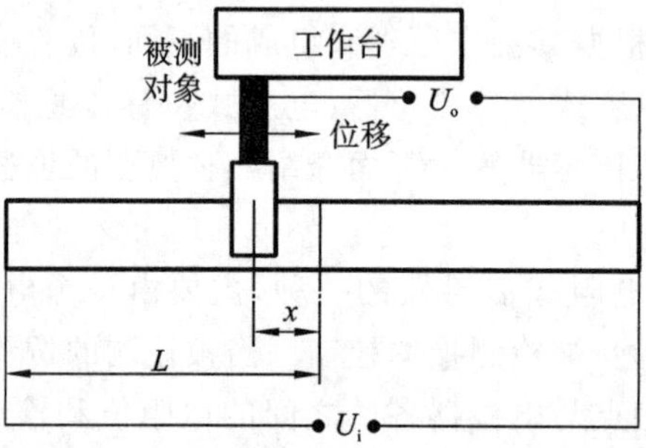

图 5-7　电位器式位移传感器工作原理图

电位器式位移传感器具有结构简单、性能稳定可靠，精度高等优点。只要改变可变电阻两端的基准电压，就可以在一定程度上较方便地选择其输出信号范围，且测量过程中断电或发生故障时，输出信号能得到保持而不会丢失。其缺点是要求输入能量大，滑动触点容易磨损，使得电位器的可靠性和寿命受到一定的影响。因此，电位器式位移传感器在机器人上的应用受到了极大的限制，近年来随着光电编码器价格的降低而逐渐被淘汰。

2）光电编码位移传感器

光电编码位移传感器是一种通过光电转换，将输出轴上的机械几何位移量转换成为脉冲或数字量的传感器。它可以测量线位移，也可以测量角位移。光电编码式位移传感器测量范围大，检测精度高，在机器人的位置检测及其他工业领域都得到了广泛的应用。

光电编码位移传感器一般安装在机器人各关节的转轴上，用来测量各关节轴转角和转速。它由光栅盘和光电检测装置构成。光电编码器随电动机转动，输出脉冲信号。根据旋转方向用计数器对输出脉冲计数就能确定电动机的位移和转速。根据其刻度方法及信号输出形式，分为绝对式、增量式以及混合式三种。前者只要电源加到用这种传感器的机电系统中，光电编码器就能给出实际的线性或旋转位置。因此，用绝对式光电编码器装备的机器人的关节不要求校准，只要通电，控制器就能获取实际的关节位置；增量式光电编码器只能提供某基准点对应的位置信息。所以，用增量式编码器的机器人在获得真实位置信息之前，必须首先完成标定。

（1）绝对式光电编码传感器　绝对式光电编码传感器是直接输出数字量的传感器，通常由三个主要元件构成：多路（或通道）光源（如发光二极管）、光敏元件和光电码盘。在它的圆形码盘上沿径向有若干同心码道，每条码道上由透光和不透光的扇形区域相间组成，并按预定规律排列。码盘的一侧安装光源，另一侧安装一排径向排列的光敏元件，每个光敏元件对准一条码道。当光源照射码盘时，如果是透光区，则光线被光敏元件接收，并转换成电信号，该输出信

号定义为“1”；如果是不透光区，则光敏元件接收不到光线，输出信号定义为“0”，如图 5-8 所示。相邻码道的扇区数目是双倍关系，码盘上的码道数就是它的二进制数码的位数，且高位在内，低位在外；当码盘处于不同位置时，各光敏元件根据受光照与否转换成相应的电平信号，形成二进制数。被测工作轴带动码盘旋转时，光敏元件输出的信息就表示了轴的对应位置，即绝对位置。

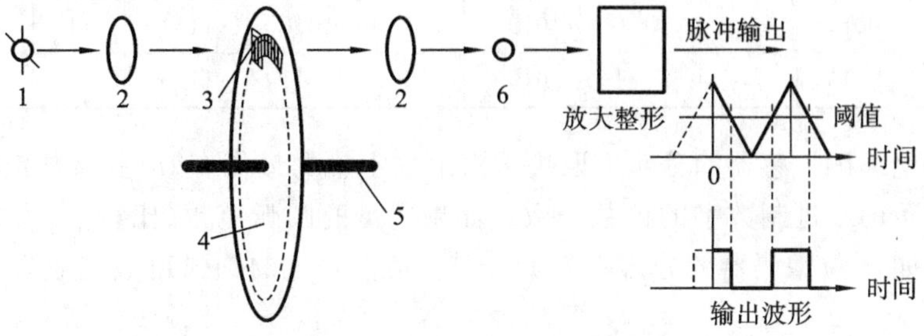

图 5-8　绝对式光电编码传感器工作原理图

1—光源；2—聚光透镜；3—定盘；4—转盘；5—旋转轴；6—光敏元件

图 5-9(a)为标准二进制编码的码盘。采用二进制码盘时，在两个码段交替或来回摆动过程中，由于码盘制作或光电器件安装的误差会导致计数失误，产生非单值性误差。例如，在位置“0111”与“1000”的交界处，可能会出现 1111、1110、1011、0101 等数据，因此这种码盘在实际中很少使用。为了消除非单值性误差，多采用二进制循环码盘(格雷码盘)，如图 5-9(b)所示。

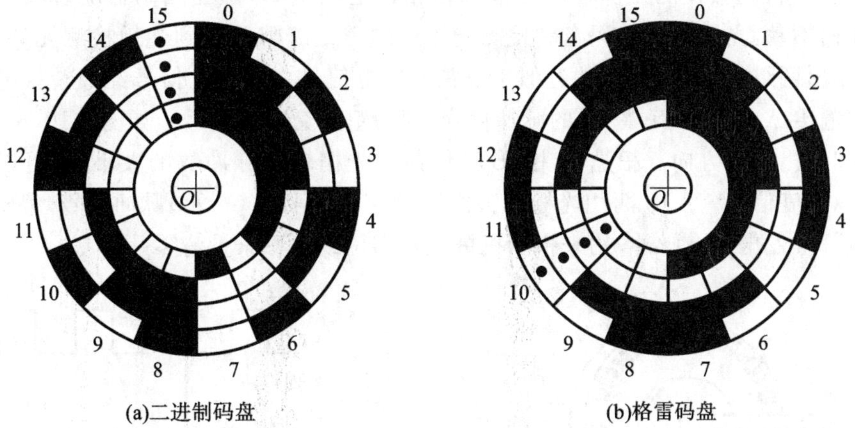

图 5-9　四位绝对式光电编码器

格雷码盘的特点是每一相邻数码之间仅改变一位二进制数，这样，即使制作和安装不十分准确，产生的误差也可控制在一个数码以内，即误差最多不超过 1。格雷码在本质上是对二进制的加密处理后的编码，每位码不再具有固定的权值，因此，必须经过解码过程将格雷码转换为二进制码，然后才能得到位置信息。解码可通过硬件解码器或软件来实现。表 5-2 给出了四位二进制码与格雷码之间的对照关系。

表 5-2 四位二进制码与格雷码对照表

十进制数	二进制	格雷码	十进制数	二进制	格雷码	十进制数	二进制	格雷码	十进制数	二进制	格雷码
0	0000	0000	4	0100	0110	8	1000	1100	12	1100	1010
1	0001	0001	5	0101	0111	9	1001	1101	13	1101	1011
2	0010	0011	6	0110	0101	10	1010	1111	14	1110	1001
3	0011	0010	7	0111	0100	11	1011	1110	15	1111	1000

绝对式光电编码传感器的分辨率取决于输出数字量的最低有效位，该数值和光栅盘的码道或编码所表示的二进制数字的位数一致。如果码盘的圆弧道数（比特数）为 n，则其分辨率为 $360°/2^n$，例如，5 位编码器的分辨率为 11.25°。格雷码盘的圆弧道数一般为 8～12，高精度的道数可达到 14。

（2）增量式光电编码传感器　增量式光电编码传感器能够以数字形式测量出转轴相对于某一基准位置的瞬间角位置；也可以通过测量光电脉冲的频率，从而测量转速，其结构及工作原理如图 5-10(a)所示。它主要由发光元件、编码盘、光敏元件和转换电路组成。编码盘上刻有节距相等的辐射状透光缝隙，相邻两个透光缝隙之间代表一个增量周期；它包含有三个同心的检测光栅，分别为 A 相、B 相和 Z 相光栅。A 相光栅与 B 相光栅上分别刻有间隔相等的透明和不透明区域，用以通过或阻挡发光元件和光敏检测元件之间的光线，并且两组透光缝隙错开 1/4 节距，使得光敏检测元件输出的信号在相位上相差 90°。当编码盘随着被测转轴转动时，检测光栅不动，光线透过编码盘和检测光栅上的透光缝隙照射到光敏检测元件上，光敏检测元件就输出两组相位相差 90°的近似于正弦波的电信号。这些电信号经过转换电路的信号处理，最后输出 A、B 两相互差 90°的脉冲信号（即两组正交输出信号），如图 5-10(b)所示，从而可方便地判断出旋转方向。根据 A 相、B 相任何一光栅输出脉冲数的大小，就可以得到被测轴的转角或速度信息。A、B 两相光栅为工作信号，Z 相为标志（指示）脉冲信号，编码盘每旋转一周，标志信号发出一个脉冲，用来指示机械位置零位或对积累量清零。

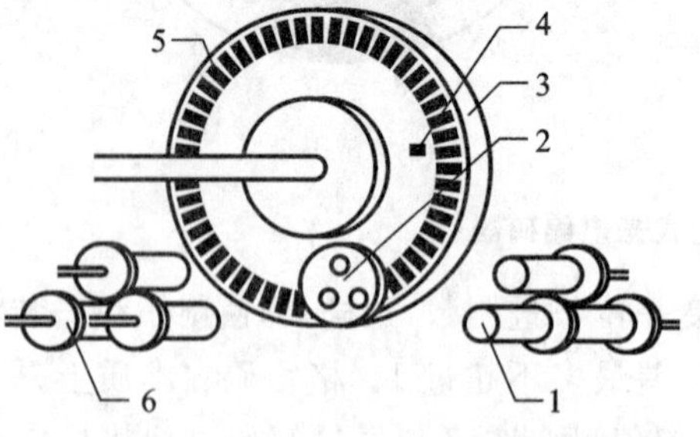

(a)增量式光电编码器结构

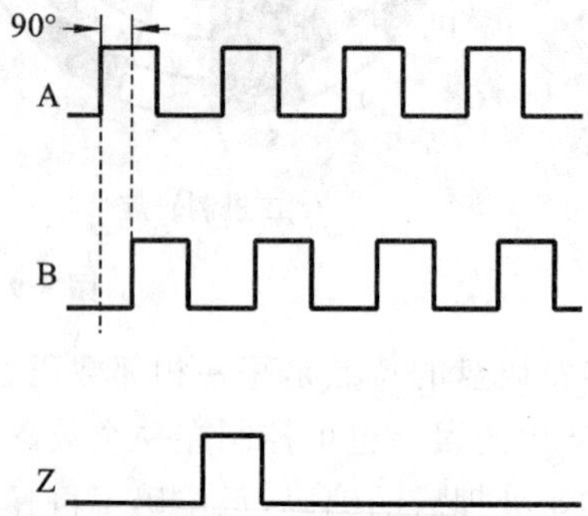

(b)增量式光电编码器输出信号

图 5-10　增量式光电编码器的工作原理

1—光源；2—指示度盘；3—编码盘；4—Z 相信号缝隙；5—A 相、B 相缝隙；6—光敏元件

增量式光电编码器的优点是：构造简单、功能易于实现；机械平均寿命长，可达到几万小时

以上;分辨率高,常用的有 2000 P/r、2500 P/r、3000 P/r、20000 P/r、25000 P/r 及 30000 P/r 等;响应速度快;抗干扰能力较强,信号传输距离较长,可靠性较高,因此应用广泛,特别是在高分辨率和大量程角速率/位移测量系统中更具优越性。

在机器人的关节转轴上装有增量式光电编码器,可测量出转轴的相对位置,但无法直接确定机器人转轴的绝对位置信息,所以这种光电编码器一般用于定位精度不高的机器人,如喷涂、搬运及码垛机器人等。

目前,已出现包含绝对式和增量式两种类型的混合式光电编码器。使用这种编码器时,绝对式确定机器人的绝对位置,增量式确定由初始位置开始的变动角度的精确位置。

3) 旋转变压器

旋转变压器(简称旋变)是一种输出电压随转子转角变化的检测装置,是用来测量旋转角度的位移传感器,常用于工业机器人的伺服系统中。其基本结构与交流绕线式异步电动机相似,由铁心、定子和转子组成,如图 5-11 所示。定子绕组相当于变压器的初级,有两组在空间位置上互相垂直的励磁绕组,接受励磁电压;转子绕组相当于变压器的次级,仅有一个绕组。当定子绕组加上交流电压时,转子绕组中由于交链磁通的变化产生感应电动势。感应电动势和励磁电压之间相关联的电磁耦合系数与转子的转角密切相关。因此,根据测得的输出电压,就可以知道转子转角的大小。可以认为,旋转变压器是由随转角 θ 而改变且耦合系数为 $K\sin\theta$ 或 $K\cos\theta$ 的两个变压器构成的。

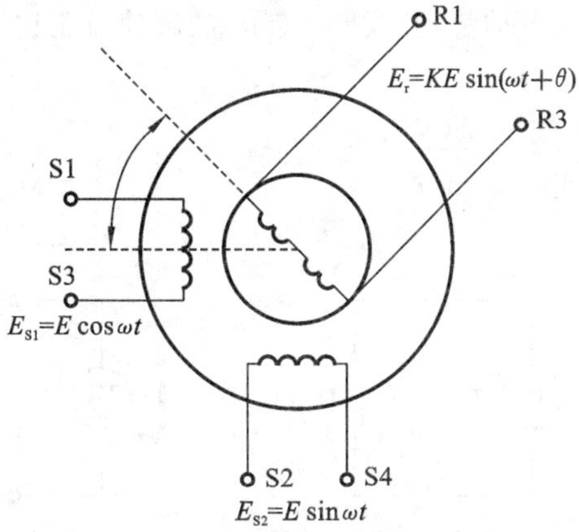

图 5-11 旋转变压器工作原理

假设分别在定子两个绕组中加上频率 ω、幅值 E 相等,相位差 90°的交流励磁电压 $E_{S1}=E\cos\omega t$ 和 $E_{S2}=E\sin\omega t$,则转子绕组输出感应电动势 E_r 仅与转子的转角 θ 有关,即

$$E_r = KE\sin(\omega t+\theta) \tag{5-9}$$

式中:K ——转子、定子间的匝数比。

由此可见,转子绕组输出感应电动势幅值与励磁电压的幅值成正比,对励磁电压的相位移等于转子的转动角度 θ,检测出相位 θ,即可测出角位移。旋转变压器是一种交流励磁型的角度检测器,检测精度高,应用范围广,适用于所有使用旋转编码器的场合,特别是高温、严寒、潮湿、高速、高震动等旋转编码器无法正常工作的场合。当旋转变压器应用于工业机器人时,常常将其转子与机器人的关节连接,用鉴相器测出转子感应电动势 E_r 的相位,可确定关节轴旋转角度。机器人各关节和连杆的运动定位精度要求、重复精度以及运动范围要求，是选择机器人位置传感器的基本依据。

5.2.2 速度(角速度)传感器

速度、角速度测量是关节驱动器反馈控制必不可少的环节。最常用的速度、角速度传感器是测速发电机或成为转速表的传感器、比率发电机等。有时也利用位移传感器测量速度及检测单位采样时间内的位移量。

1. 测速发电机

测速发电机是常用的一种模拟式速度传感器，是用于检测机械转速的电磁装置，它能把输入的机械转速信号转换成输出的电压信号，其输出电压与输入的转速成正比关系。它可作为测速、校正和解算元件，广泛应用于机器人的关节速度测量中。

测速发电机主要可分为直流测速发电机和交流测速发电机。

1）直流测速发电机

直流测速发电机又分为永磁式和电磁式两种。其结构与直流发电机相近。永磁式采用高性能永久磁钢励磁，它受温度变化的影响较小，具有输出变化小，斜率高，线性误差小等优点。这种电动机在20世纪80年代因新型永磁材料的出现而发展较快，其结构原理如图5-12所示。其工作原理是基于法拉第电磁感应定律，当励磁磁通恒定时，位于磁场中的线圈旋转使线圈两端产生的输出电压(感应电动势)和线圈(转子)的转速成正比，即

$$U = Kn \tag{5-10}$$

式中：U——测速发电机的输出电压(V)；

n——测速发电机的转速(r/min)；

K——比例系数。

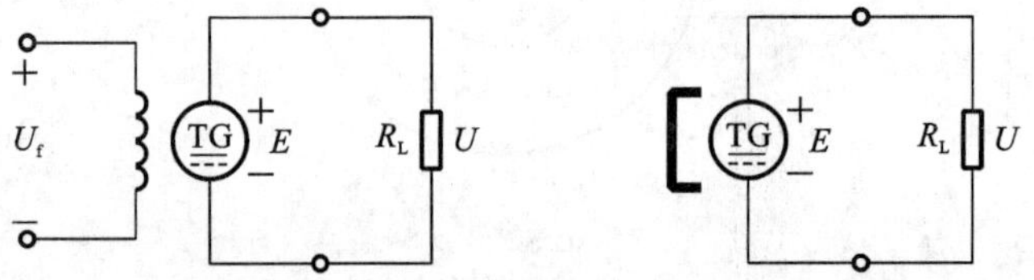

(a)电磁式　(b)永磁式

图5-12　测速发电机工作原理

而电磁式采用他励式，不仅复杂且因励磁受电源、环境等因素的影响，输出电压变化较大，使用较少。从式(5-10)可以看出，输出电压与转子转速为线性关系。但当直流测速发电机带有负载时，电枢绕组流过电流，由于电枢反应而使输出电压降低；若负载较大，或测量过程中负载变化，则破坏了线性特性而产生误差，故在使用中应使负载尽可能小且保持负载性质不变。

当测速发电机转子与机器人关节伺服驱动电动机同轴连接时，就能测出机器人运动过程中关节的转动速度，并能在机器人速度闭环系统中作为速度反馈元件，所以测速发电机在机器人控制系统中得到了广泛的应用。机器人速度伺服控制系统的控制原理如图5-13所示。

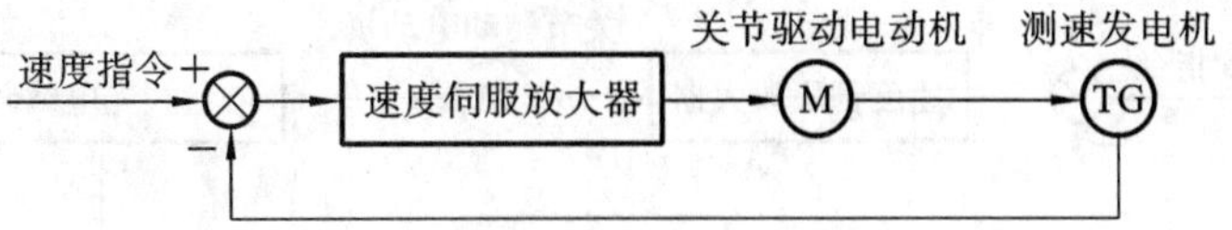

图 5-13 机器人速度伺服控制系统

2）交流测速发电机

交流测速发电机分为同步测速发电机和异步测速发电机，前者结构简单，输出特性斜率大，但特性差，误差大，转子惯量大，一般仅用于精度要求不高的系统中；后者转子采用非磁性空心杯，转子惯量小，精度高，是目前应用最广泛的一种交流测速发电机。异步测速发电机定子上装有励磁和输出两个线圈绕组，两个绕组的轴线互相垂直，在空间上相隔 90°。根据转子的结构形式，异步测速发电机又可分为笼型转子式和杯型转子式异步测速发电机。杯型转子式的基本结构如图 5-14 所示。

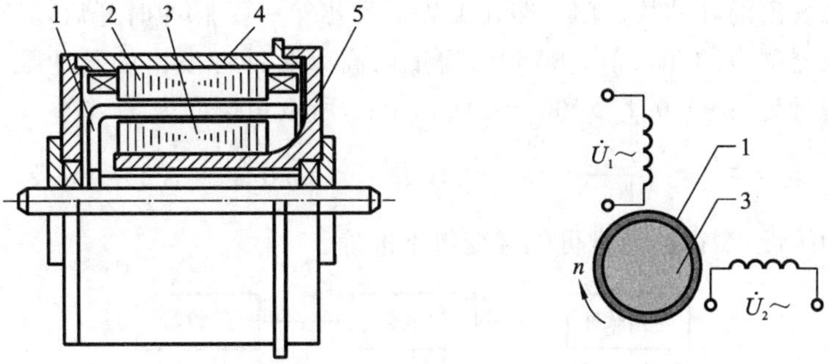

图 5-14 杯型转子异步测速发电机基本结构

1—杯型结构；2—外定子；3—内定子；4—机壳；5—端盖

测速发电机线性速度好，灵敏度高，输出信号强，检测范围一般为 20～40 r/min，精度为 0.2%～0.5%。

2. 增量式光电编码器

增量式光电编码器在机器人中既可用作位置传感器测量关节相对位置，又可用作速度传感器测量关节速度。作为速度传感器可以在模拟方式和数字方式下使用。

1）模拟方式

在这种方式下，必须采用一个频率-电压（F/V）转换器，用来把编码器测得的脉冲频率转换成与转速成正比的模拟电压，其原理如图 5-15 所示。F/V 转换器必须有良好的零输入、零输出特性和较小的温度漂移才能满足测试要求。

2）数字方式

当用数字式方法时，由于编码器是一个数字式元件，它的脉冲数代表了位置，而单位时间内的脉冲数就表示该时间段的平均转速。当时间段足够小时，便可代表某个时刻的瞬时速度。需要注意的是，时间太短编码器通过的脉冲数太少，会导致所得到的速度分辨率下降。在实践中通常用以下方法来解决这一问题。

编码器一定时，编码器的每转输出脉冲数就确定。设某一编码器为 1000 P/r，则编码器连

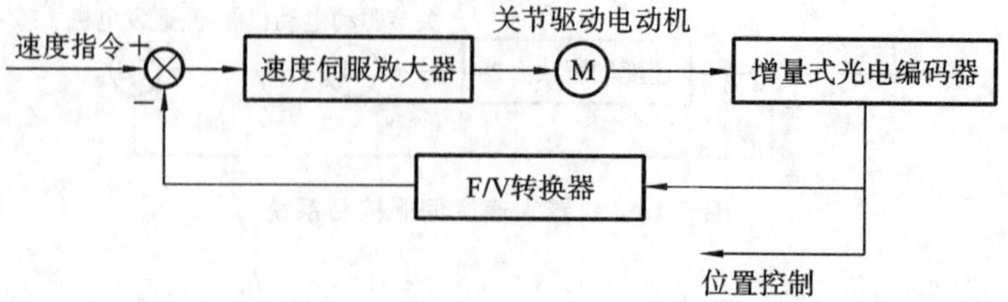

图 5-15 模拟方式下工作原理

续输出两个脉冲转过的角度(单位为 rad)为

$$\Delta\theta = \frac{2}{1000} \times 2\pi \tag{5-11}$$

而转过该角度的时间增量用图 5-16 所示的测量电路测得。测量时利用一高频脉冲源发出连续不断的脉冲,设该脉冲源的周期为 0.1 ms,用一计数器测出编码器发出两个脉冲的时间内高频脉冲源发出的脉冲数。门电路在编码器发出第一个脉冲时开启,发出第二个脉冲时关闭。这样计数器测得的计数值就是时间增量内高频脉冲源发出的脉冲数。设该计数值为100,则得时间增量为 $\Delta t = 0.1 \times 100\ \text{ms} = 10\ \text{ms}$,所以角速度为

$$\omega = \frac{\Delta\theta}{\Delta t} = \left(\frac{2}{1000} \times 2\pi\right) / (10 \times 10^{-3})\ \text{rad/s} = 1.256\ \text{rad/s} \tag{5-12}$$

编码器转动缓慢,测得的速度可能会变得不准确。

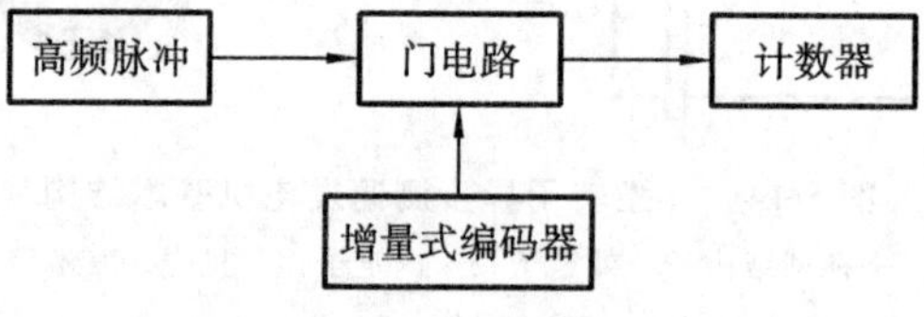

图 5-16 时间增量测量电路框图

5.2.3 加速度传感器

加速度传感器常安装在机器人的运动手臂等位置,并将加速度反馈到驱动器上。其基本原理是,利用加速度引起某种介质产生变形,通过测量其变形量并用相关电路转化成电压输出。除上述用途外,加速度传感器也用于线性驱动器的高精度控制。下面简单介绍三种加速度传感器。

(1) 应变片加速度传感器　Ni-Cu 或 Ni-Cr 等金属电阻应变片加速度传感器是一个由板簧支撑重锤所构成的振动系统,如图 5-17 所示。板簧上、下两面分别贴两个应变片,应变片受振动产生应变,其电阻值的变化通过电桥电路的输出电压被检测出来。除了金属电阻外,Si 或 Ge 半导体压阻元件也可用于加速度传感器。半导体应变片的应变系数比金属电阻应变片的高 50 ~ 100 倍,灵敏度很高,但温度特性差,需要加补偿电阻。应变片加速度传感器主要用于低频振动测量中。

(2) 压电加速度传感器　压电加速度传感器利用压电敏感元件的压电效应,得到与振动或者加速度成正比的电压量,如图 5-18 所示。其工作原理是,将传感器与被测加速度的装置

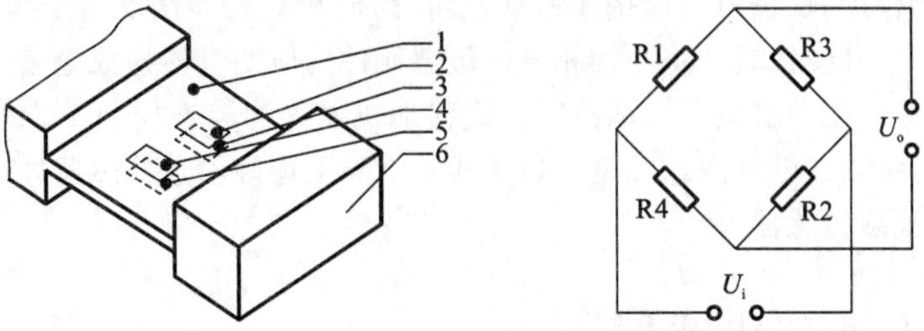

(a)结构图　　(b)测量电路

图 5-17　应变片加速度传感器

1—板簧；2、3、4、5—应变片；6—重锤

紧固在一起后，传感器受机械运动的振动加速度作用，压电晶片受到质量块惯性引起的压力，其方向与振动加速度方向相反，大小由 $F=ma$ 决定。惯性引起的压力作用在压电晶片上产生电荷。电荷由引出电极引出，由此将振动加速度转换成电量。在较高频动态振动信号环境中，利用压电加速度传感器可以进行理想的测量。主要应用于机器人的质心位置估计。

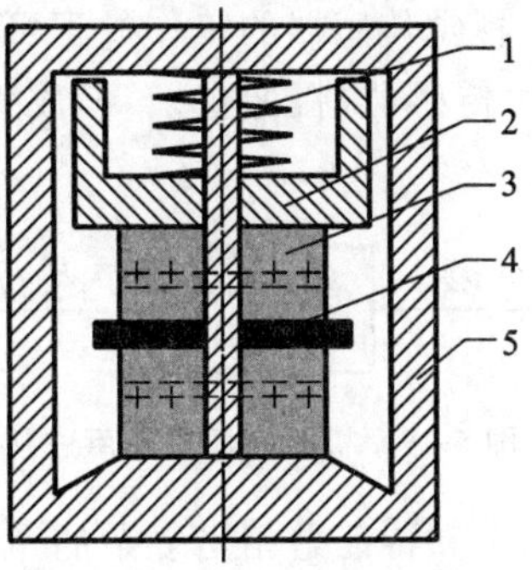

图 5-18　压电加速度传感器

1—弹簧；2—质量块；3—压电元件；4—引出电极；5—壳体

(3) 伺服加速度传感器　伺服加速度传感器工作于闭环状态下，其振动系统由重锤-弹簧系统构成，在重锤上接有电磁线圈，当有加速度输入时，重锤偏离平衡位置，由位移检测器检测其位移大小并经伺服放大器处理后以电流的形式输出，电流反馈到电磁线圈，在磁场中产生电磁恢复力使重锤返回到原来的零位移状态。根据右手定则，得

$$F = ma = Ki \tag{5-13}$$

式中：F——电磁恢复力；

m——重锤的质量；

K——比例系数。

可以根据检测的电流 i 求出加速度 a。

5.2.4　倾斜角传感器

倾斜角传感器是根据“摆”的工作原理制成的。当传感器壳体相对于地球重心方向产生倾角时，由于重力的作用，摆锤力图保持在铅垂方向，因而相对壳体摆动一个角度。如果利用某种传感元件将这个角度量，或者将与摆相连的敏感元件的应变量转换成电量输出，就实现了倾斜角的电测量。它应用于机械手末端执行器或移动机器人的姿态控制中。根据测量原理，倾斜角传感器分为液体式、电解液式和垂直振子式等。除上述倾斜角传感器外，还有用于方位角测量的陀螺仪和地磁传感器等。

5.3 机器人外部传感器

5.3.1 视觉传感器

人类从外界获得的约 80% 信息是由眼睛感知的。人类视觉细胞的数量是听觉细胞的 3000 多倍，是皮肤感觉细胞的 100 多倍。对于机器人来说，要获取外界信息，视觉传感器是最重要的外部传感器。

机器人的视觉系统通常是由光电传感器构成的，用电视摄像机和计算机技术来实现外部信息的获取，故又称计算机视觉。视觉传感器的工作过程可分为检测、分析、描绘和识别四个主要步骤。客观世界中三维物体由传感器（摄像机）转换成为平面的二维图像，再经处理部件给出景象的描述，如图 5-19 所示。

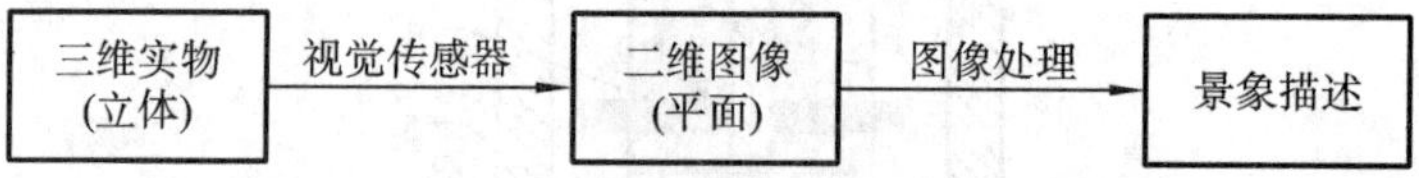

图 5-19 机器人视觉作用过程

应该指出，实际的三维物体形态和特征是相当复杂的，特别是由于识别的前景千差万别，而机器人上配置的视觉传感器视角又在时刻变化，造成图像不断变化，故机器人视觉成像检测技术实现难度是较大的。

机器人视觉系统的硬件主要包括图像获取和视觉处理两部分，包括照明系统、视觉传感器、模拟-数字转换器、数据传输系统和计算机信息处理系统，如图 5-20 所示。

视觉传感器的基本原理是将光信号通过光电元件转换成电信号，通过各种成像技术对看到的作业对象进行分析和处理，提取有用的信息并输入到机器人的控制系统中，起到反馈外界环境信息的目的。常用的视觉传感器有视频摄像头、固体视觉传感器、超声波传感器等。

1. 视频摄像头

视频摄像头（摄像机）是一种被广泛使用的景物和图像输入设备，它能将景物、图片等光学信号转变为电视信号或图像数据，主要有黑白摄像机和彩色摄像机两种。目前，彩色摄像机虽然已经很普遍，价格也不高，但在工业视觉系统中常选用黑白摄像机，主要原因是系统只需要具有一定灰度的图像、经过处理后变成二值图像，再进行匹配和识别。视频摄像头具有处理数据量小，处理速度快等优点。

2. 固体视觉传感器

近年来，随着半导体工艺技术的发展，已开发了电荷耦合器件（charge coupled device,

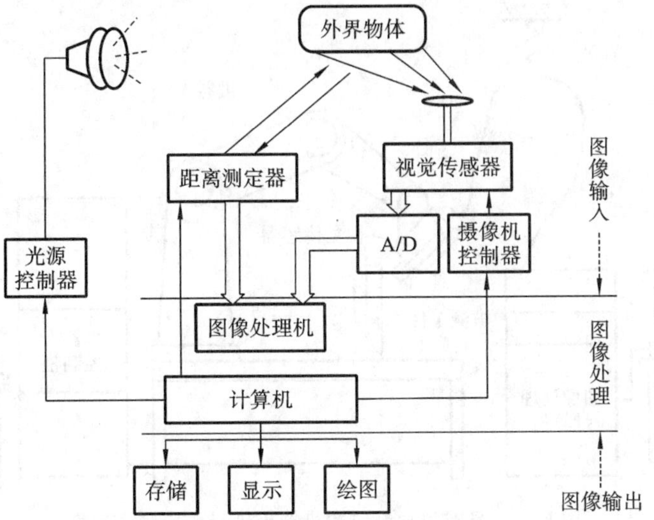

图 5-20 机器人视觉系统

CCD)和互补性金属氧化物半导体(complementary metal oxide semiconductor,CMOS)器件等组成的固体视觉传感器。固体视觉传感器又可分为一维线阵传感器和二维面阵传感器,目前二维面阵传感器在机器人中用得较多。

CCD 图像传感器的基本结构是一个间隙很小的光敏电极阵列,即无数个 CCD 单元组成,也称为像素点。一块 CCD 上包含的像素数越多,其提供的图像分辨率也就越高。由 CCD 视觉传感器得到的电信号,经过 A/D(模/数)转换成数字信号,称为数字图像。一般地,一幅数字图像通常由 512×512 个像素组成(也有 256×256,或者 1024×1024 个像素),每个像素有 256 级灰度,或者是 3×8 bit,这样一幅图像就有 256 KB 或者 768 KB(彩色)个数据。一般情况下,这么大的信息量对机器人系统来说是足够的,相应地,对图像处理的要求也高。往往需要采用专用的视觉处理机,多数采用多处理器并行处理,流水线式体系结构以及基于 DSP 的方案。要求比较高的场合,还可以通过彩色摄像系统或在黑白摄像管前面加上红、绿、蓝等滤光器得到颜色信息和较好的对比度。它具有分辨率高、信噪比大、动态范围大、灵敏度高、寿命长、抗冲击、耗电少等优点。

CMOS 面阵图像传感器是按一定规律排列的互补性 MOS 场效应管组成的二维像素阵列,由光敏二极管和 CMOS 型放大器组成,分别设有 *X-Y* 水平与垂直选址扫描电路。通过选择水平扫描线与垂直扫描线确定像素位置,使各个像素的 CMOS 型放大器处于导通,然后从与之成对的光电二极管输出像素点信息。相较于 CCD 图像传感器,CMOS 图像传感器成像质量较低,易出现杂点,分辨率也较低,但是它省电,且价格低。

在机器人系统中,要使用视觉传感器,还需配备相应的光源,使得目标能够清晰地成像在传感器上。如果视觉系统中再加上距离传感器,则能准确判断目标各点与传感器之间的距离信息,显然这是非常有用的。常用的距离传感器有激光传感器、超声传感器等,可见 5.3.5 节。

将视觉传感器配置在机器人腕部,可用于对异形零件进行非接触式测量,如图 5-21 所示。这种测量方法除了能完成常规的空间几何形状、形体相对位置的检测外,如配上超声、激光、X

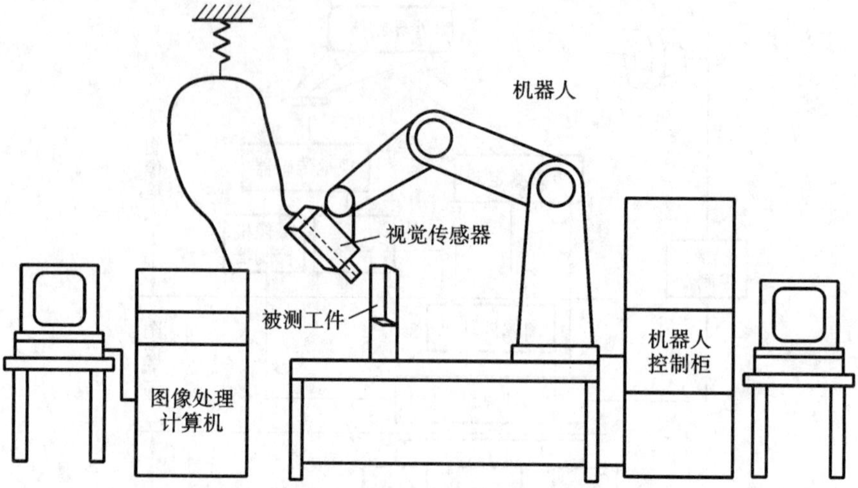

图 5-21　具有视觉系统的机器人进行非接触式测量

射线探测装置，则可进行零件内部的缺陷探伤、表面涂层厚度测量等作业。

需要注意的是，视觉传感器所获取的图像并不能直接用于机器人的控制，还需要进行图像处理和分析。本书不再对机器人视觉处理方法进行完整的分析，仅做简单介绍。

图像处理技术主要是对图像进行增强、改善或修改，为图像分析做准备。通常，图像处理过程主要包括图像增强、图像平滑、边缘锐化、图像分割、图像识别等。图像增强的目的是调整图像的对比度，突出图像中的重要细节，改善视觉图像质量，可采用灰度直方图修改技术进行增强。图像的平滑处理技术即图像的降噪处理，主要是为了去除实际成像过程中，因成像设备和环境所造成的图像失真，提取有用信息。常用的平滑方法有：邻域平均法、中值滤波法、空间域低通滤波。边缘锐化主要是加强图像中的轮廓边缘和细节，形成完整的物体边界，达到将物体从图像中分离出来或将表示同一物体表面的区域检测出来的目的。图像分割是将图像分成若干部分，每一部分对应某一物体表面，在进行分割时，每一部分的灰度或纹理符合某一种均匀测度度量。分类的依据是像素的灰度值、颜色、频谱特性、空间特性或纹理特征等。常用的方法有阈值处理法和边缘检测法。图像识别过程可以看作是一个标记过程，即利用识别算法来辨别并量化图像的关键特性，如印刷电路板上孔的位置或者连接器上引脚的个数，然后将这些特性数据传送到机器人控制系统进行判决和控制。

5.3.2　听觉传感器

听觉也是机器人的重要感觉器官之一。机器人由听觉传感器实现人-机对话。一台智能化的机器人不仅能听懂人的语言，而且能讲出人能听懂的语言，赋予机器人这些智慧的技术统称语言处理技术，听懂人的语言为语言识别技术，讲出人能听懂的语言为语音合成技术。具有语音识别功能，能检测出声音或声波的传感器称为听觉传感器。

1. 听觉传感器

听觉传感器是将声源通过空气振动产生的声波转换成电信号的换能设备，而机器人听觉传感器的功能相当于机器人的“耳朵”，要具有接收声音信号的功能和语音识别系统。

常用的听觉传感器有动圈式传感器、压电式传感器、电容式传感器等。

1）动圈式传感器（电阻变换型声敏传感器）

动圈式传感器的工作原理是，当声波经空气传播至膜片时，膜片产生振动，在膜片和电极之间的碳粒接触电阻发生变化，从而调制通过送话器的电流，该电流经变压器耦合至放大器，信号经放大后输出，如图 5-22 所示。

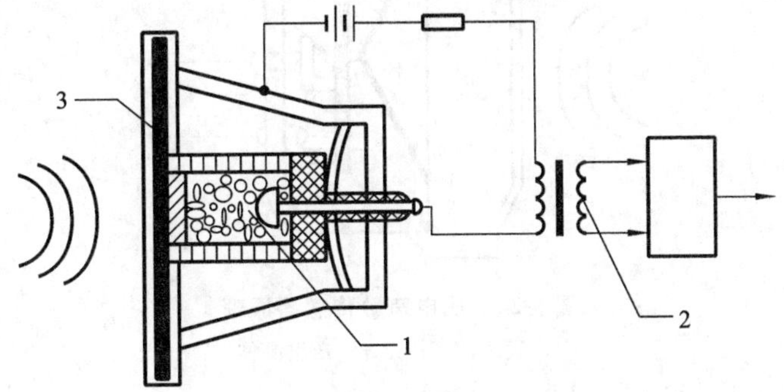

图 5-22　动圈式传感器工作原理

1—极性碳粒；2—变压器；3—膜片

2）电容式声敏传感器

电容式声敏传感器是利用电容大小的变化，将声音转化为电信号的传感器。图 5-23 为电容式送话器的工作原理图。

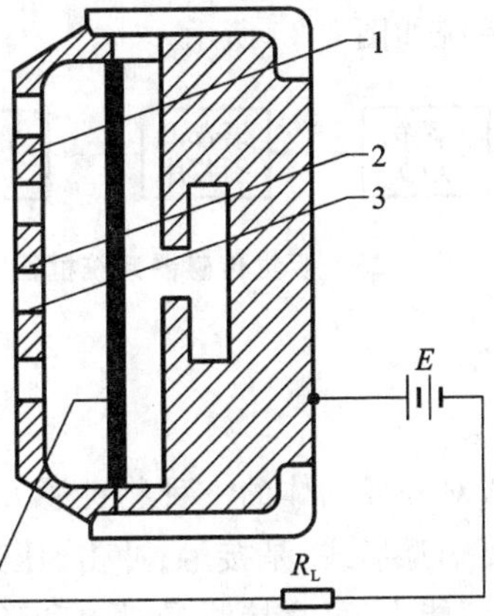

图 5-23　电容式送话器的工作原理

1—外壳；2—固定电极；3—膜片

电容式送话器由膜片、外壳及固定电极等组成。膜片为一片质量轻而弹性好的金属薄片，它与固定电极组成一个间距很小的可变电容器。当膜片在声波作用下振动时，膜片与固定电极间的距离发生变化，从而引起电容量的变化。如果在传感器的两极间串接负载 R_L 和直流电流极化电压 E，在电容量随声波的振动变化时，在 R_L 的两端就会产生交变电压。

3）压电声敏传感器

压电声敏传感器是利用压电晶体的压电效应制成的。如图 5-24 所示为压电传感器的结构示意图。其工作原理是，当声压作用在膜片上使其振动时，膜片带动压电晶体产生机械振动，压电晶体在机械应力的作用下产生随声压大小变化而变化的电压，从而完成声/电的转换。

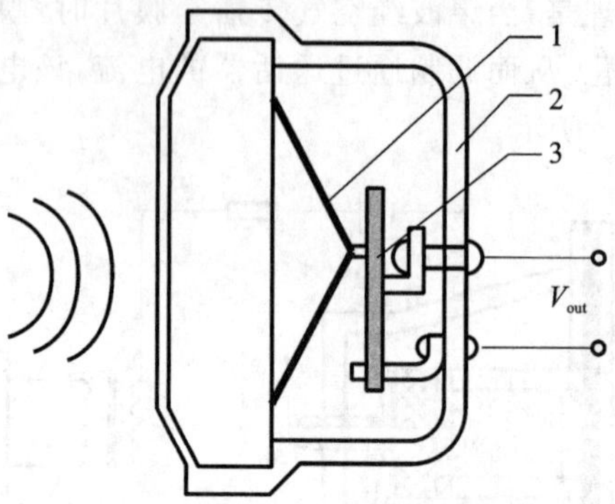

图 5-24　压电声敏传感器原理

1—膜片；2—外壳；3—压电晶体

采用听觉传感器接收声音，然后进行语音识别。语音识别技术就是让机器人把传感器采集的语音信号进行识别和理解，并根据感知的信息采取动作。语音识别系统一般是根据话语的频率成分来进行识别的，主要分成两类：特定语言识别和自然语言识别。前者是指预先提取特定讲话者发音的单词或音节的各种特征参数并记录在存储器中，将要识别的声音与之相比较，从而确定讲话者的信息。目前，该项技术已进入实用阶段。后者比起前者来讲，由于讲话人的声音没有预先提取，要识别其声音特征参数就困难得多，目前这一应用还不成熟。

实现特定语言识别的控制系统如图 5-25 所示。

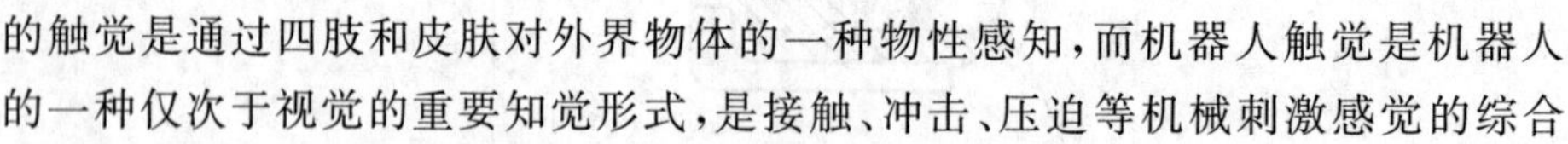

图 5-25　听觉传感器系统框图

5.3.3　触觉传感器

人的触觉是通过四肢和皮肤对外界物体的一种物性感知，而机器人触觉是机器人获取环境信息的一种仅次于视觉的重要知觉形式，是接触、冲击、压迫等机械刺激感觉的综合。与视觉不同，触觉本身有着很强的敏感能力，可直接测量对象和环境的多种性质特征，因此触觉不仅仅只是视觉的一种补充。为了获取对象与环境信息和完成某种作业任务，对机器人与对象、环境相互作用时的一系列物理特征量进行检测或感知，这是触觉的主要任务。机器人触觉示意如图 5-26 所示。

一般把检测或感知和外部直接接触而产生的接触觉、压觉、滑觉、力觉等传感器称为机器人触觉传感器。

1. 接触觉传感器

接触觉传感器安装于机器人的运动部件或末端执行器（如手爪）上，用来判断机器人部件（主要是四肢）是否接触到外界对象物体或用来测量被接触物体特征的传感器。

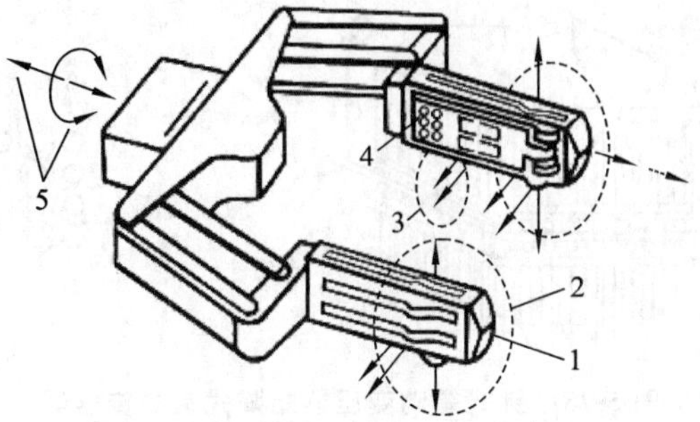

图 5-26 机器人触觉

1—接近觉;2—接触觉;3—压觉;4—滑觉;5—力觉

(1) 机械式接触觉传感器 机械式接触觉传感器利用触点的接通、断开获取信息,通常采用微动开关来识别对象物,但由于结构所限,无法高密度阵列。接触觉传感器的输出是开关方式的二值量(0 和 1)信息,因此,微动开关、光电开关等器件可作为最简单的接触觉传感器,用以感受对象物的存在与否。在实际应用中,通常以微动开关和相应的机械装置(探头、探针等)相结合构成一种触角传感器。

(2) 弹性式接触觉传感器 弹性式接触觉传感器质量小、体积小,用来检测轻微的碰撞。这类传感器都由弹性元件、导电触点和绝缘体构成,常用的构件有导电橡胶、含碳海绵、碳素纤维、气动复位式装置等。图 5-27 所示为弹性式接触觉传感器的配置方法,一般放在机器人手掌的内侧,可用于测定机器人自身与物体的接触位置等。

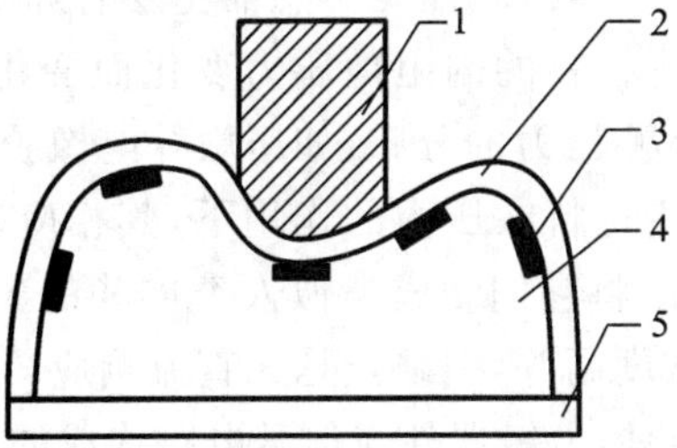

图 5-27 弹性式接触觉传感器的配置

1—接触物体;2—硅橡胶薄层;3—导电橡胶应变计;4—聚氨基甲酸酯泡沫材料;5—刚性支撑架

(3)触觉传感器阵列 图 5-28 所示为针式差动变压器矩阵式触觉传感器,它由若干个触针式触觉传感器构成矩阵形状。每个触针传感器由钢针、塑料套筒以及使针杆复位的磷青铜弹簧等构成,并在每个触针上绕着激励线圈与检测线圈,用以将感知的信息转换成电信号,再由计算机判定接触程度和接触位置等。当针杆与物体接触而产生位移时,其根部的磁极体将随之运动,从而增强两个线圈——激励线圈与检测线圈的耦合系数,检测线圈上的感应电压随针杆的位移增加而增大,通过扫描电路轮流读出各列检测线圈上的感应电压(表示针杆的位移量),经过计算机判断,即可知道被接触物体的特征或传感器自身的感知特性。

除了上述类型的接触觉传感器外,人们试图制造出类皮肤连续触觉传感器,其功能与人的皮肤类似。多数情况下,设计主要围绕传感器阵列进行,它们被嵌入在两层聚合物之间,彼此用绝缘网格隔离,如图 5-29 所示。当力作用在聚合物上时,力就会被传递给周围的一些传感

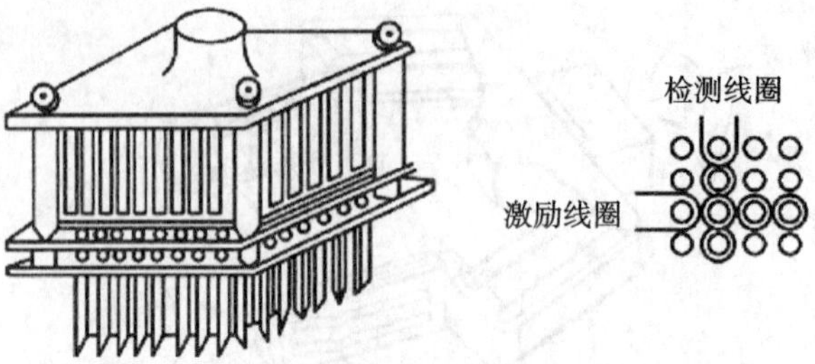

图 5-28　针式差动变压器矩阵式触觉传感器

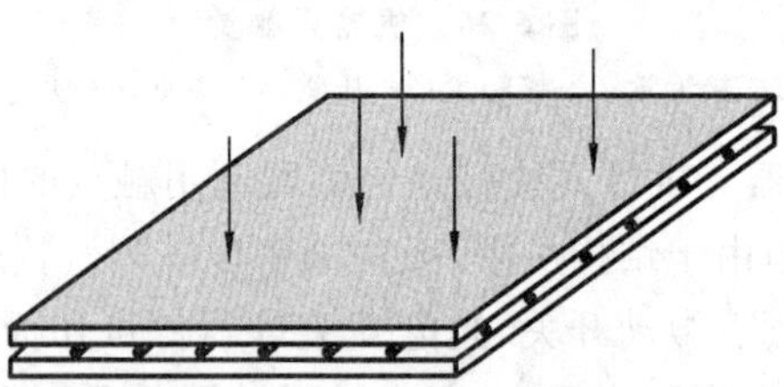

图 5-29　类皮肤触觉传感器

器，这些传感器会产生与所受力成正比的信号。有时会在柔性电路板上增加接近觉传感器，以提供类皮肤层，帮助机器人躲避碰撞。

2. 压觉传感器

压觉传感器是用来检测和机器人接触的对象物之间的压力值。它由弹性体及检测弹性体位移的敏感元件或感压电阻组成。目前，压觉传感器主要有如下四种。

（1）压阻效应式　利用某些材料的内阻随压力变化而变化的压阻效应制成的压阻元件，将它们密集配置成阵列，即可检测压力的分布，如压敏导电橡胶或塑料等。

（2）压电效应式　利用某些材料在压力的作用下，其相应表面上会产生电荷的压电效应制成的压电器件，如压电晶体等，将它们制成类似人类皮肤的压电薄膜，感知外界的压力。它的优点是耐腐蚀、频带宽和灵敏度高等，但缺点是无直流响应，不能直接检测静态信号。

（3）集成压敏式　利用半导体力敏器件与信号电路构成的集成压敏传感器。常用的有三种：压电型（如 ZnO/Si-IC），电阻型 SIR（硅集成）和电容型 SIC，其优点是体积小、成本低、便于同计算机接口，缺点是耐压负载小、不柔软。

（4）利用压磁传感器、扫描电路和针式差动变压器式触觉传感器构成的压觉传感器。有较强的过载能力，但体积较大。

图 5-30 所示为利用半导体技术制成的高密度智能压觉传感器。它是一种很有发展前途的压觉传感器。其中传感元件以压阻式与电容式居多。虽然压阻式器件比电容式器件的线性好，封装也简单，但是其灵敏度要比电容式器件小一个数量级，温度灵敏度比电容式器件大一个数量级。因此，电容式压觉传感器，特别是硅电容式压觉传感器得到了广泛应用。

3. 滑觉传感器

滑觉传感器是用来检测垂直于握持方向物体的位移、旋转和由重力引起的变形，以达到修正受力值、防止滑动、进行多层次作业及测量物体质量和表面特性等目的。当机器人抓取不知属性的物体时，其自身应能确定最佳夹持力的给定值，即机器人握力满足物体不产生滑动握力

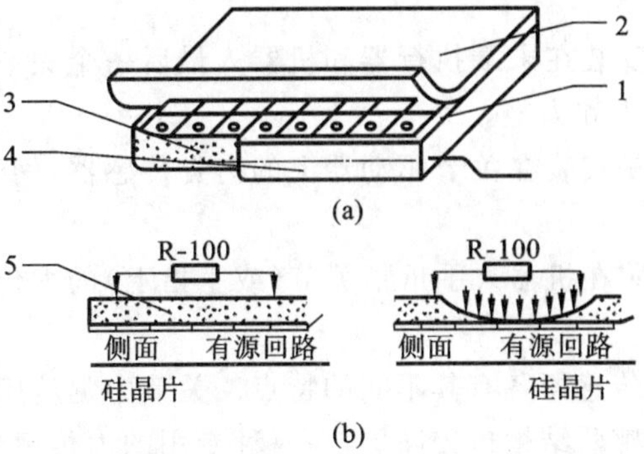

图 5-30 半导体高密度智能压觉传感器

1—表面金属电极;2—压敏柔软物质;3—计算元件;4—硅基片;5—压敏橡胶

且为最小。夹持力过小,物体会从手爪中滑脱;夹持力过大,有可能引起被夹持物体的损坏。常用的滑觉传感器有滚珠式滑觉传感器和滚柱式滑觉传感器,如图 5-31 所示。

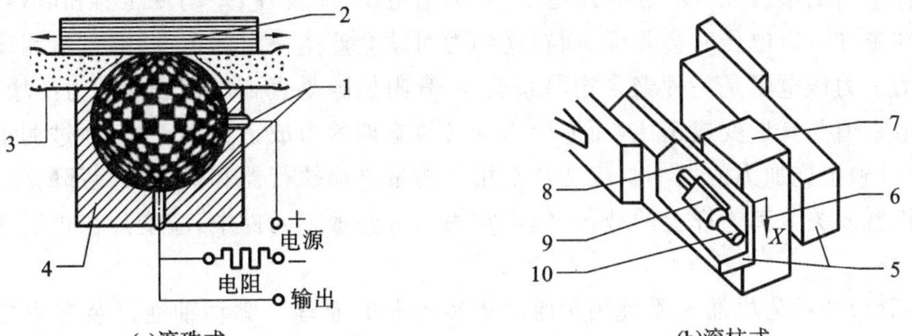

图 5-31 滑觉传感器

1—触点;2—物体;3—柔软物质绝缘体;4—绝缘材料;5—手爪;6—滑动位移;7—被握物体;8—握持力;9—滚柱;10—弹簧片

图 5-31(a)中的滚珠表面是导体和绝缘体配置成的网眼,从物体的接触点可以获取脉冲信号,从而检测物体全方位的滑动。图 5-31(b)中,当手爪中的物体滑动时,滚柱将旋转,滚柱带动安装在其中的光电传感器和缝隙圆板而产生脉冲信号。这些信号通过计数电路和 D/A 转换器转换成模拟电压信号,通过反馈系统,构成闭环控制,不断修正握力,达到消除滑动的目的。

还有一种滑觉传感器,是通过振动检测滑觉的传感器,称为振动式滑觉传感器。这种振动由压电传感器或磁场线圈结构的微小位移检测。

4. 力觉传感器

力觉,是指对机器人的指、肢和关节等运动中所受力的感知。力觉传感器,是用来检测机器人的手臂和手腕等所产生的自身力与外部环境之间相互作用力的传感器,是智能机器人感知系统中最重要的传感器之一。其基本工作原理是:先检测弹性体变形程度,通过间接测量或直接运算来获取多维力、检测力和力矩,借以感知机器人指、腕和关节等在工作和运动中所受到的力;再根据这些力,决定机器人应该如何运动,以及推测对象物体的质量等。

通常将机器人的力觉传感器分为三类:腕力觉传感器、关节力觉传感器和指力觉传感器等。

(1) 腕力觉传感器是安装在末端执行器和机器人最后一个关节之间的力觉传感器,用于测量末端执行器上的各向力和力矩。

(2) 关节力觉传感器是安装在关节驱动器上的力觉传感器,用于测量驱动器输出的力和力矩,实现关节力控制。

(3) 指力传感器是安装在机器人手爪指关节(或手指上)的力传感器,用于测量手指抓取物体时的受力情况。

机器人的这三种力觉传感器各有其不同的特点。关节力觉传感器用来测量关节的受力/力矩情况,信息量单一,传感器结构也较简单,是一种专用的力传感器。指力觉传感器一般测量范围较小,同时受手爪尺寸和质量的限制,在结构上要求小巧,也是一种专用的力觉传感器。而腕力觉传感器从结构上来说是一种相对复杂的传感器,它能获得手爪 3 个方向的受力/力矩,信息量较多,又由于其安装的部位在末端执行器与机器人手臂之间,故比较容易形成通用化的产品系列。

力觉传感器的敏感元件一般有压电晶体、力敏电阻、应变片、差动变压器和电容位移计等。压电材料在施加一定电压时会收缩,而在受到力时就会产生一定的电压,通过检测该电压可获得相应的力。力敏电阻是一种聚合物厚膜器件,其阻值随垂直施加在表面的力的增加而降低。应变片的电阻值与其形变成正比,而形变本身又与施加的力成正比。于是,通过测量应变片的阻值,就可以确定施加力的大小。应变片常用于测量末端执行器和机器人腕部的作用力,也可用于测量机器人关节和连杆上的载荷,但不常用。这些敏感元件中,应变片在机器人中使用得非常广泛。

图 5-32(a)所示为机器人手腕用单维力矩传感器的原理。驱动轴通过装有应变片的腕部与手部连接。当驱动轴回转并带动手部拧紧螺钉时,手部所受力矩的大小通过应变片电压的输出测得。图 5-32(b)所示为无触点力矩检测原理,传动轴的两端安装上磁分度圆盘,分别用磁头检测两圆盘之间的转角差,通过转角差和负载 M 之间的比例,可测量出负载力矩的大小。

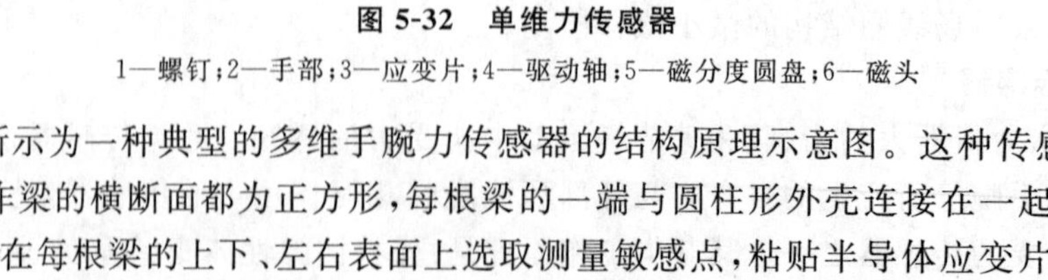

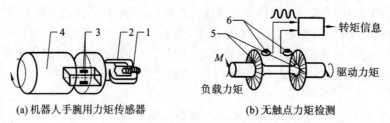

(a) 机器人手腕用力矩传感器　　(b) 无触点力矩检测

图 5-32　单维力传感器

1—螺钉;2—手部;3—应变片;4—驱动轴;5—磁分度圆盘;6—磁头

图 5-33 所示为一种典型的多维手腕力传感器的结构原理示意图。这种传感器做成十字形状,四个工作梁的横断面都为正方形,每根梁的一端与圆柱形外壳连接在一起,另一端固定在手腕轴上。在每根梁的上下、左右表面上选取测量敏感点,粘贴半导体应变片,并将每根工作梁相对表面上的两块应变片以差动方式与电位计电路连接。在外力作用下,电位计的输出电压正比于该对应变片敏感方向上力的大小,然后再利用传感器的特征数据,可将电位计的输出信号进行解耦,得到六个力(力矩)的精确解。

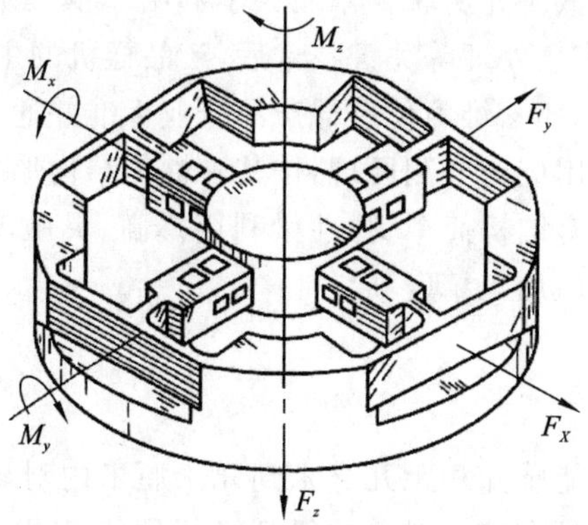

图 5-33 十字手腕力觉传感器

六维力觉传感器是机器人最重要的外部传感器之一，该传感器能同时获取包括三个力和三个力矩在内的全部信息，因而被广泛用于力/位置控制、轴孔配合、轮廓跟踪及双机器人协调等先进机器人控制之中，已成为保障机器人操作安全与完善作业能力方面不可缺少的重要工具。20 世纪 80 年代，仅美国、日本等国家的少数公司开发此产品，而且价格昂贵。图 5-34 所示是 SRI(Stanford Research Institute)研制的六维腕力传感器。它由一根直径为 75 mm 的铝管铣削而成，分为上下两层，上层由四根竖直梁组成，下层由四根水平梁组成。在八根梁的相应位置上粘贴应变片作为测量敏感点，若应变片的阻值分别为 R_1、R_2，则将其连成如图 5-35 所示的形式输出，由于 R_1、R_2 所受应变方向相反，因此 V_{out} 输出比使用单个应变片时大一倍。传感器两端通过法兰盘与机器人腕部连接。机器人腕部受力时，8 根弹性梁产生不同性质的变形，使敏感点的应变片发生应变，输出电信号，通过一定的数学关系式就可算出 X、Y、Z 三个坐标上的分力和分力矩。图中从 P_{x+} 到 Q_{y-} 代表了八根应变梁的变形信号的输出。该传感器具有良好的线性、重复性和较好的滞后性，并且对温度有补偿性；但其结构复杂，不易加工，而且刚度较低。该类力传感器不仅在机器人智能化领域有广泛的应用，而且在航空、航天及机械加工、汽车、军事、电子、计算机工业等领域也有重要的应用价值。

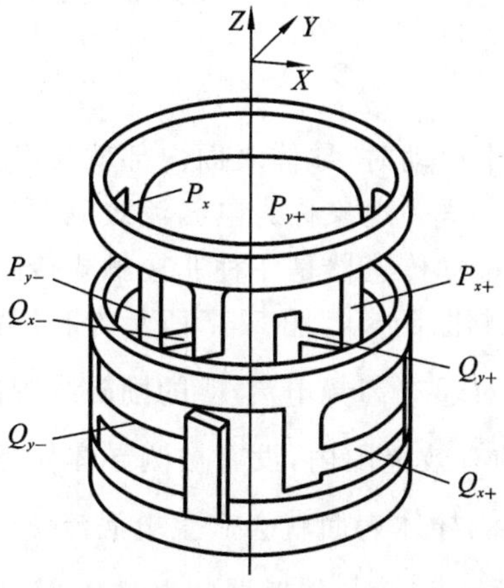

图 5-34 SRI 腕力传感器

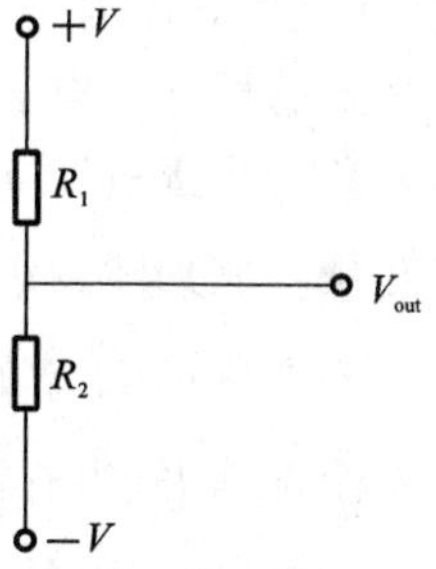

图 5-35 SRI 腕力传感器应变片连接方式

中国科学院合肥智能机械研究所联合东北大学和哈尔滨工业大学开展研究，在解决传感器结构设计与加工、多维力信息处理等关键技术后，产品样机的主要技术指标达到国际同期先进产品水平，制定了我国第一部六维力传感器产品企业标准并通过国家认证。

腕力觉传感器大部分采用应变电测原理，按其弹性体结构形式可分为两种，筒式和十字形腕力觉传感器。其中筒式具有结构简单、弹性梁利用率高、灵敏度高的特点；而十字形的传感器结构简单、坐标建立容易，但加工精度高。

5.3.4 接近觉传感器

接近觉传感器是机器人能感知相距几毫米到几十厘米内对象物或障碍物距离、对象物表面性质等的传感器。其目的是在接触对象前得到必要的信息，以便后续动作（如避障、运动校正）。这种传感器介于视觉传感器和触觉传感器之间，不仅可以测量距离和方位，而且可以融合视觉和触觉传感器的信息。其工作基本原理如图 5-36 所示。从结构上接近觉传感器分为接触式和非接触式两种，其中非接触式接近觉传感器应用较广。根据转换原理的不同，接近觉传感器分为霍尔效应传感器、磁感应式接近开关、光电式、电容式、气压式、超声波式和红外式等类型。

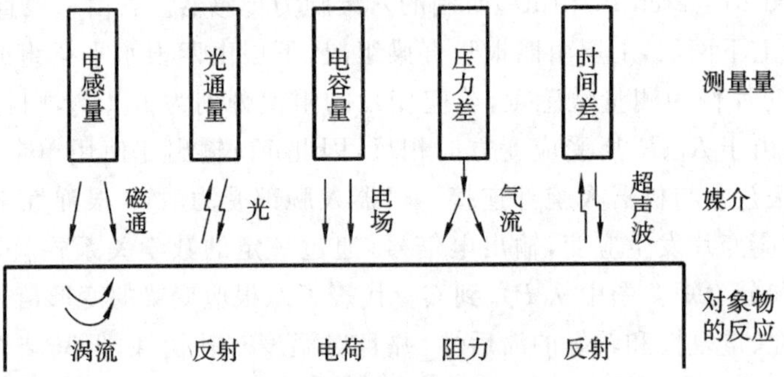

图 5-36 接近觉传感器

可根据被测对象的性质以及操作内容来选择传感器。下面介绍几种常用的非接触式接近觉传感器。

1. 涡流式接近觉传感器

导体置于一个交变磁场或在一个不均匀的固定磁场中运动时，导体表面内部就会产生感应电流，该电流在金属导体内是完全闭合的，称为电涡流。这一现象称为电涡流效应，利用电涡流效应制作的传感器称为电涡流传感器。电涡流式接近觉传感器是一种非接触式传感器。以金属表面为对象的焊接机器人大多采用电磁感应法来判断距离。图 5-37 所示为利用涡流原理的接近觉传感器原理图。电涡流式接近觉传感器通过通有高频电流 $\dot{I}_1$ 的励磁线圈向外发射高频变化的交变磁场 $\dot{H}_1$，如果处在这一交变磁场的有效范围内，没有被测导体靠近，则这一磁场能量会全部消失；当有被测导体靠近，则在此被测导体表面就会产生电涡流 $\dot{I}_2$。由电磁理论可知，被测导体表面的电涡流将产生一个新的磁场 $\dot{H}_2$，与传感器的电磁场 $\dot{H}_1$ 方向相反，由于两个磁场相互叠加，削弱了传感器线圈的等效阻抗。用测量转换电路把传感器等效阻抗的变化转换成检出电压，则能计算出对象物与传感器之间的距离。该距离正比于检出电压，但存在一定的线性误差。对于钢或铝等材料的对象物，线性度误差为±0.5%。

电涡流式传感器外形尺寸小，价格低廉，可靠性高，温度特性好，抗干扰能力强，而且检测精度也高，不仅能检测是否有导电材料，而且能够对材料的空隙、裂缝、厚度等进行非破坏性检测。但是该传感器检测距离短，适用范围在13 mm以内，且只能对固态导体进行测量，这是其不足之处。

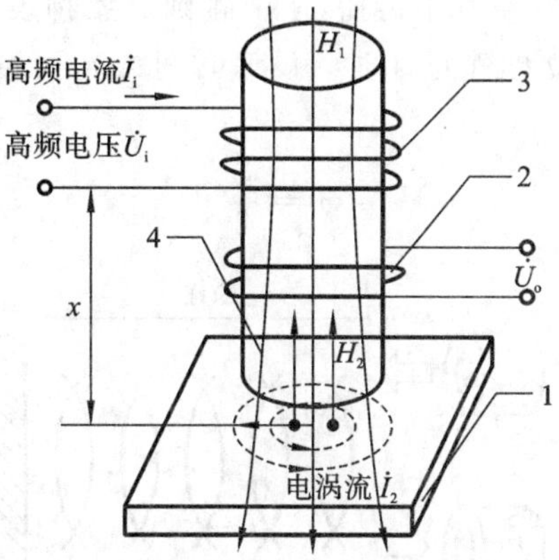

图 5-37 电涡流式接近觉传感器基本原理

1—导体；2—检测线圈；3—励磁线圈；4—磁束

2. 光学接近觉传感器

光学接近觉传感器由用作发射器的光源和接收器两部分组成。光源可以在内部，也可以在外部；接收器能够感知光线的有无。接收器通常采用光敏晶体管，而发射器则采用光电二极管（LED）的接近觉传感器，将两者的光轴相交构成光传感器，如图5-38所示。

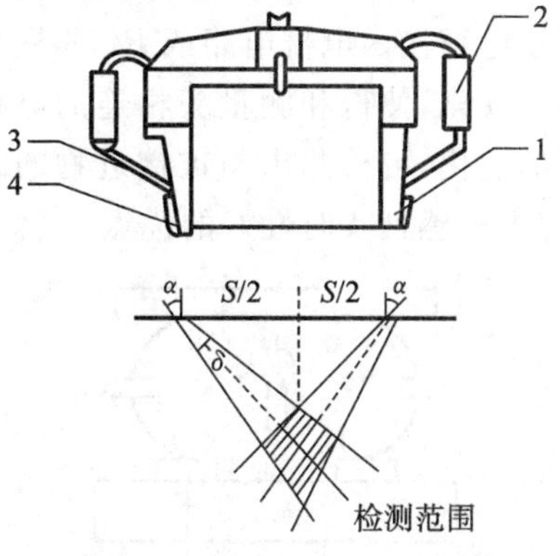

图 5-38 反射光接近觉传感器

1—光纤发射器；2—连接器；3—光纤；4—光纤接收器

作为接近觉传感器，发射器及接收器的配置准则是：发射器发出的光只有在物体接近时才能被接收器接收。反射光量（接收信号的强弱）表示了某一距离的点（光轴的交点）的峰值特性。利用这种特性的线性部分来测定距离，测出峰值点就可确定物体的位置。

3. 超声波接近觉传感器

人们能听到的声波频率在 20 Hz～20 kHz 范围内，超声波的频率在 20 kHz 以上，超过了人耳所能听到的范围。超声波的频率越高，方向性越好，能够实现定向传播。利用超声波的这种特性研制而成的传感器称为超声波传感器。超声波传感器主要由一个超声波发射器、一个超声波接收器、定时电路及控制电路等组成。其有两种工作模式，即对置模式和回波模式。回波模式的测距原理如图 5-39 所示。超声波发射器向某一方向发射脉冲超声波，在发射时刻的同时计时器开始计时，超声波在空气中传播，途中碰到对象物表面阻挡就反射回来，超声波接收器收到反射回的超声波就立即停止计时。设该时间为 t，而声波的传输速度为 v，则发射点距对象物的距离 S 为

$$S=\frac{vt}{2} \tag{5-14}$$

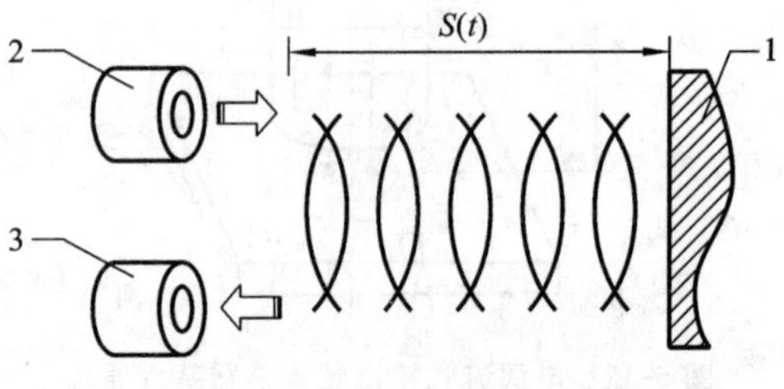

图 5-39　超声波接近觉传感器测距原理

1—被测物体；2—超声波发生器；3—超声波接收器

超声波接近觉传感器对于水下作业机器人的探测定位非常重要。

4. 电容式接近觉传感器

电容式接近觉传感器是利用电容量的变化产生接近觉，如图 5-40 所示，它能对任何介电常数在 1.2 以上的物体做出反应。电容式接近开关的测量头通常是构成电容器的一个极板，被接近物作为另一个极板。将该电容接入电桥电路或 RC 振荡电路，当物体移向接近开关时，物体和接近开关的介电常数发生变化，使得和测量头相连的电路状态也随之发生变化。利用电容极板距离的变化产生电容的变化，可检测出与被接近物的距离。电容式接近觉传感器具有对物体的颜色、构造和表面都不敏感且实时性好的优点。

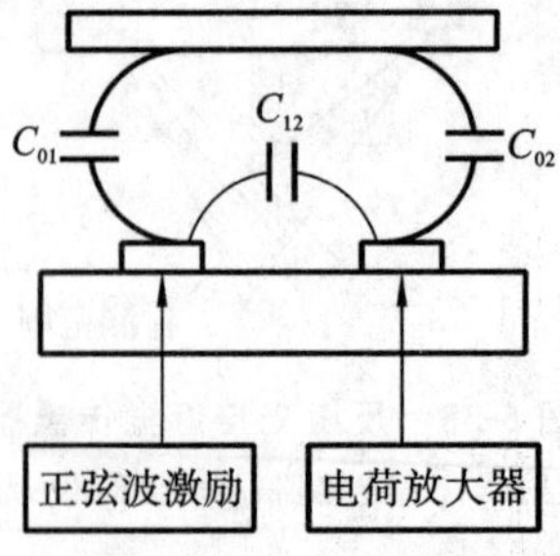

图 5-40　电容式接近觉传感器测距原理

5. 感应式接近觉传感器

感应式接近觉传感器用于检测金属表面。这种传感器其实就是一个带有铁氧体磁心、振

荡器/检测器和固体开关的线圈。当金属物体出现在传感器附近时,振荡器的振幅会减小。检测器检测到这一变化后,断开固体开关。当物体离开传感器的作用范围时,固体开关又会接通。或半导体片置于磁场中,当有电流流过时,在垂直于电流和磁场的方向上产生电动势。

6. 霍尔式接近觉传感器

霍尔式接近觉传感器是基于霍尔效应的磁传感器。所谓霍尔效应指的是金属或半导体薄片置于磁场中,当有电流通过时,在垂直于电流和磁场的方向上会产生电动势。当磁性物体移近霍尔开关时,开关检测面的霍尔元件因产生霍尔效应而使开关内部电路状态发生变化,由此识别附近有磁性物体存在,进而控制开关的通和断。霍尔传感器单独使用时,只能检测有磁性的物体;与永磁体联合使用,可以用来检测所有的铁磁物体。传感器附近没有铁磁物体时,霍尔传感器感受一个强磁场,如图 5-41(a)所示;若有铁磁物体时,由于磁力线被铁磁物体旁路,传感器感受到的磁场将减弱,如图 5-41(b)所示。

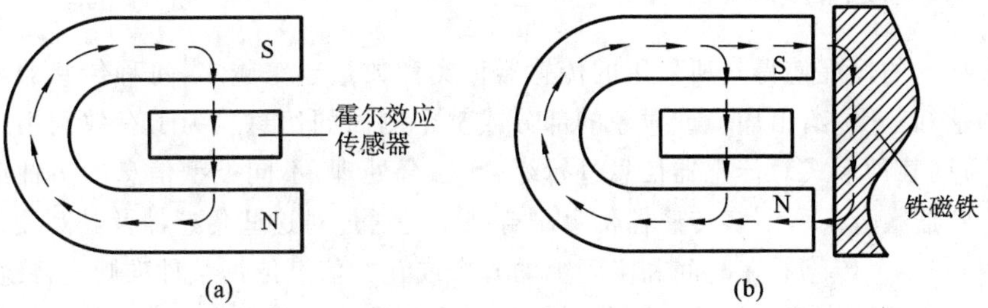

图 5-41 霍尔式接近觉传感器工作原理

5.3.5 其他传感器

1. 测距传感器

(1) 超声波距离传感器　超声波距离传感器是由发射器和接收器构成的,几乎所有超声波距离传感器的发射器和接收器都是利用压电效应制成的。其中,发射器是利用给压电晶体加一个外加电场时,晶片将产生应变(压电逆效应)这一原理制成的;接收器的原理是,当给晶片加一个外力使其变形时,在晶体的两面会产生与应变量相当的电荷(压电正效应),若应变方向相反则产生电荷的极性反向。声波传输需要一定的时间,其时间与超声波的传播速度和距离成正比,故只要测量出超声波到达物体的时间,就能得到距离值。

(2) 激光测距仪　氦氖激光器固定在基线上,在基线的一端由反射镜将激光点射向被测物体,反射镜固定在电动机机轴上,电动机连续旋转,使激光点稳定地对被测目标扫描。由CCD(电荷耦合器件)摄像机接收反射光,采用图像处理的方法检测出激光点图像,并根据位置坐标及摄像机光学特点计算出激光反射角。

2. 嗅觉传感器

嗅觉传感器类似于人类的嗅觉,主要是通过气敏效应来实现对气味的分辨。1931 年,布劳尔发现某些半导体材质的电导率会随着水蒸气的吸附而改变,后来人们相继发现了一系列材质都具有吸附气敏效应,并成功研制出了一大批功能各异的传感器。通过在机器人上安装气体传感器、射线传感器等,再配置相应处理电路来实现嗅觉功能。多用于检测空气中的化学成分、浓度等，在放射线、高温煤气、可燃气体以及其他有毒气体的恶劣环境下，开发检测放射线、可燃气体及有毒气体的传感器是很重要的。

3. 味觉传感器

通过对人的味觉研究，在发展离子传感器与生物传感器的基础上，配合微型计算机进行信息的组合来识别各种味道。通常，味觉传感器用来对液体进行化学成分的分析。实用的味觉方法有 pH 计法、化学分析器法等。一般味觉可探测溶于水中的物质，嗅觉探测气体状的物质，而且在一般情况下，当探测化学物质时嗅觉比味觉更敏感。

5.4 传感器融合

5.4.1 多传感器信息融合技术

机器人技术的发展使得其所使用的传感器种类和数量越来越多，每种传感器都有一定的使用条件和感知范围，给出环境或对象的部分或整个侧面的信息。为了有效利用这些传感器信息，需要采用某种形式对传感器信息进行综合、融合处理，不同类型信息的多种形式的处理系统就是传感器融合。所谓多传感器信息融合技术是通过对这些传感器及其观测信息的合理支配和使用，把多个传感器在时间和空间上的冗余或互补信息依据某种准则进行组合，以获取被观测对象的一致性解释或描述。传感器的融合技术涉及神经网络、知识工程、模糊理论等信息、检测、控制领域的新理论和新方法。传感器融合类型有多种，现举两种例子。

1. 竞争性传感器融合

在检测同一环境或同一物体的同一性质时，传感器提供的数据可能是一致的，也可能是矛盾的。若有矛盾，就需要系统裁决。常用的裁决方法有加权平均法、决策法等。例如，在一个机器人的导航系统中，车辆位置的确定可以通过计算法定位系统（利用速度、方向等记录数据进行计算），或者通过路标（如交叉路口、人行道等参照物）观测来确定。若路标观测成功，则用路标观测的结果，并对计算法的值进行修正，否则利用计算法得到的结果。

2. 互补性传感器融合

不同的传感器提供不同形式的数据。例如，利用彩色摄像机和激光测距仪确定一段阶梯道路，彩色摄像机提供图像（如颜色、特征），而激光测距仪提供距离信息，两者融合即可获得三维信息。

目前，要使多传感器信息融合体系化尚有困难，而且缺乏理论依据。多传感器信息融合的理想目标是人类的感觉、识别、控制体系。随着机器人智能水平的提高，多传感器信息融合理论和技术将会逐步完善和系统化。目前，常用的方法有：加权平均法、贝叶斯估计、卡尔曼滤波、DS 证据推理、模糊逻辑、产生式规划、人工神经网络等。

5.4.2 多传感器融合应用实例

在自动化生产线上，装配工件的初始位置时刻在运动，属于环境不确定的情况。机器人进行工件抓取或装配时，使用力和位置的混合控制是不够的，一般要使用位置、力反馈和视觉融合的控制来进行抓取或装配。

机器人的多传感器信息融合装配系统由末端执行器、CCD视觉传感器、超声波传感器、柔性力传感器及相应的信号处理单元等构成。CCD视觉传感器安装在末端执行器上，构成手眼视觉；超声波传感器的接收和发送探头也固定在机器人末端执行器上，由CCD视觉传感器获取待识别和抓取物体的二维图像，并引导超声波传感器获取深度信息；柔性腕力传感器安装于机器人的腕部。多传感器信息融合装配系统结构如图5-42所示。

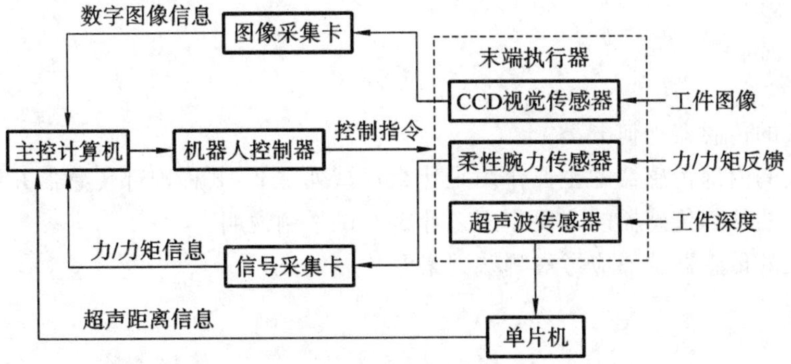

图5-42 多传感器信息融合装配系统结构

图像处理主要完成对物体外形的准确描述，包括图像边缘提取、周线跟踪、特征点提取、曲线分割及分段匹配、图形描述与识别。CCD视觉传感器获取的物体图像经处理后，可提取对象的某些特征，如物体的形心坐标、面积、曲率、边缘、角点及短轴方向等，根据这些特征信息，可得到物体开关的基本描述。

由于CCD视觉传感器获取的图像不能反映工件的深度信息，因此对于二维图像相同、仅高度略有差异的工件，只用视觉信息是不能正确识别的。在图像处理的基础上，由视觉信息引导超声波传感器对待测点的深度进行测量，获取物体的深度(高度)信息；或沿工件的待测面移动，超声波传感器不断采集距离信息，扫描得到距离曲线，根据距离曲线分析出工件的边缘或外形。计算机将视觉信息和深度信息融合后，进行图像匹配、识别，并控制机械手以合适的位姿准确地抓取物体。

安装在机器人末端执行器上的超声波传感器由发射和接收探头装置构成，根据声波反射原理，检测由待测点反射回来的声波信号，经处理后得到工件的深度信息。为了提高检测精度，在接收单元电路中，采用可变阈值检测、峰值检测、温度补偿和相位补偿等技术，可获得较高的检测精度。

柔性腕力传感器测试末端执行器所受力/力矩的大小和方向，从而确定机器人末端执行器的运动方向。

本章小结

本章主要讨论了机器人传感器的分类、工作原理及技术。首先，介绍了传感器的概念、分类、性能指标及机器人传感器的使用要求。然后，分别讨论了机器人内部传感器和外部传感器。内部传感器包括位置和角度传感器、速度传感器、加速度传感器等，用于感知机器人自身状态的内部信息，如关节运动的位移、手臂间角度、速度、加速度、力和力矩等；外部传感器包括视觉传感器，听觉传感器、触觉传感器、接近觉传感器等，用于感知机器人本体以外的外界物理信息，如外界环境、对象物的位置、形状、距离、接触力等，使机器人与环境发生交互作用，从而使机器人对环境有自校正和自适应能力。最后，讨论了多传感器信息融合技术及应用实例。本章将为机器人控制系统的设计和开发奠定坚实的技术基础。

习　题

1. 机器人的传感器如何分类？
2. 机器人的内部传感器的主要作用是什么？试列举 2～3 种内部传感器并说明其用途。
3. 机器人的外部传感器的主要作用是什么？试举例说明。
4. 机器人的传感器选择应考虑哪些因素？

第 6 章　机器人控制系统

6.1　概述

机器人是一种能自动控制、可重复编程、多功能、多自由度的操作机，用于搬运材料、工件或操持工具，完成各种作业。机器人具有和人手臂相似的功能，可在空间抓放物体或进行其他操作，有些机器人还带有使操作机构移动的机械装置——移动机构和行走机构。机器人所有的规定动作和功能均由机器人控制系统来实现。

机器人的控制功能和结构特点以及自治能力各有差异，但必须具备三个基本要求：①采用以 CPU(central processing unit)为核心的控制器进行控制，如工控机（工业控制计算机）＋运动控制卡、NC(numerical control)控制器、PLC(programmable logic controller) 等；②能按输入指令进行记忆和再现；③能独立地按给定指令在三维空间内进行操作。

按照控制方式的不同进行分类，机器人可分为伺服控制型机器人、非伺服控制型机器人、连续路径控制机器人、点位控制机器人四类，如表 6-1 所示。

表 6-1　机器人按照控制方式分类

名　称	含　义
伺服控制型机器人(servo-controlled robot)	通过伺服机构进行控制的机器人。伺服有位置伺服、力伺服、软件伺服等
非伺服控制型机器人(noservo-controlled robot)	通过伺服以外的手段进行控制的机器人
连续路径控制机器人(continuous path(CP) controlled robot)	不仅控制行程的起点和终点，而且控制其路径的机器人
点位控制机器人(pose to pose (PTP) controlled robot)	只控制运动所达到的位姿，而不控制其路径的机器人

机器人的控制系统用于实现对操作机的控制，以完成特定的工作任务，其功能如表 6-2 所示。

表 6-2　机器人控制系统功能

功　能	说　明
记忆	作业顺序，运动路径，运动方式，运动速度，与生产工艺有关信息

续表

功　能	说　明
示教	离线编程，在线示教。在线示教包括示教盒示教和引导示教两种
通信接口	输入、输出接口，通信接口，网络接口，同步接口
人机接口	显示屏、操作面板、示教盒接口等
传感器接口	位置检测、视觉、触觉、力觉传感器接口等
位置伺服	机器人多轴联动，运动控制，速度、加速度控制，动态补偿
故障诊断安全保护	运动时系统状态监视，故障状态下的安全保护和故障诊断

为了实现机器人期望的运动，需要采用一定的控制算法，计算出每个关节的驱动力矩。根据机器人轨迹规划的结果（关节位置、速度、加速度），运用机器人动力学模型计算出驱动力矩，实现各关节的伺服控制。目前常用的机器人控制方法多种多样，可以简单分为经典控制、现代控制和智能控制。经典控制有开环控制和 PID 闭环控制；现代控制有最优控制、解耦控制、变结构控制和自适应控制等；智能控制有模糊控制、神经网络控制等。

机器人系统的复杂性，使得控制体系结构设计占据控制系统设计的首要地位。1971 年，傅京孙正式提出智能控制（intelligent control）概念，它推动了人工智能与自动控制的结合。美国学者 Saridis 提出了智能控制系统必然是分层递阶结构。分层原则是：随着控制精度的增加而智能能力减少。Saridis 把智能控制系统分为三级，即组织级（organization level）、协调级（coordination level）和控制级（control level）。Saridis 设计了一个机器人的控制系统，如图 6-1 所示，这是具有视觉反馈和语音命令输入的多关节机器人智能控制结构。他还引入了熵（entropy）的概念（作为每一层能力的评价标准，熵越小越好），试图使智能控制系统以数学形式理论化。

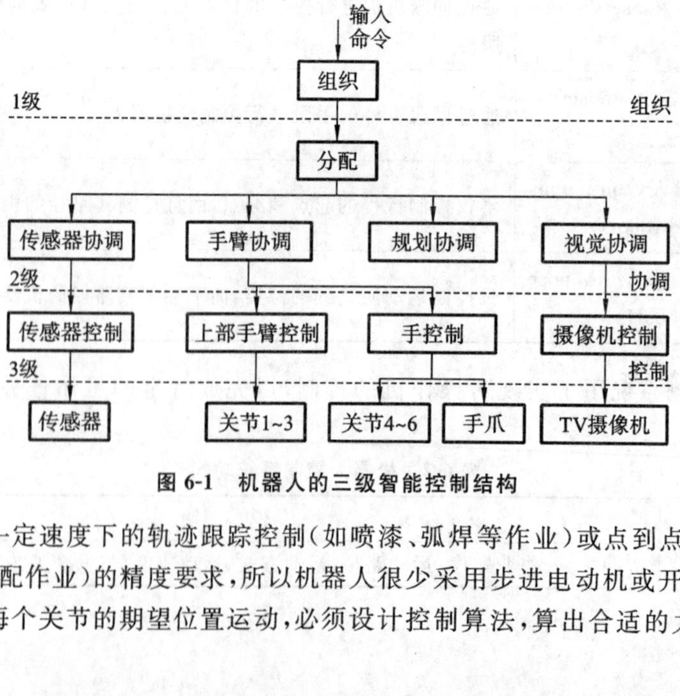

图 6-1　机器人的三级智能控制结构

因为要满足一定速度下的轨迹跟踪控制（如喷漆、弧焊等作业）或点到点（PTP）定位控制（如点焊、搬运、装配作业）的精度要求，所以机器人很少采用步进电动机或开环回路控制的驱动器。为了得到每个关节的期望位置运动，必须设计控制算法，算出合适的力矩，再将算法指令送至驱动器驱动关节运动。这里要采用机器人内部传感器进行位置、力和速度反馈。

当操作机跟踪空间轨迹时,可对操作机进行位置控制。当末端执行器与周围环境或作业对象有接触时,仅有位置控制是不够的,必须引入力控制器。例如在装配机器人中,接触力的监视和控制是非常必要的,否则会发生碰撞、挤压,损坏设备和工件。

本章首先讨论机器人控制系统的组成,接着介绍机器人电动机驱动的系统动力学和运动控制系统的建立,然后讨论机器人控制中最常用的位置控制和力控制,最后讨论并联机器人的神经网络 PID 控制和机器人的滑模变结构控制。

6.2 机器人控制系统组成

机器人一般由机器人本体、控制系统、驱动器以及周围的一些传感器组成。其中,控制系统是机器人的核心,它是由一组硬件与软件组成,根据指令以及传感信息控制机器人完成一定动作或作业任务的装置。机器人控制系统的基本结构框图如图 6-2 所示。该系统主要由主控单元、执行机构和检测单元三部分组成,其中主控单元是整个控制系统的核心,主要负责机器人的运动学计算、运动规划、插补计算等,将用户的运动控制指令传输到执行机构。机器人的所有动作指令均由它的控制系统给出。

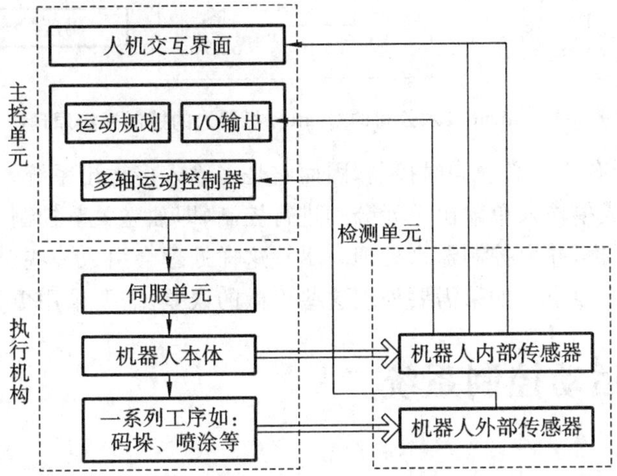

图 6-2　机器人控制系统的基本结构框图

机器人驱动器的作用是在移动或转动时使关节或连杆产生运动并改变它们的位置。反馈控制系统是确保这个位置达到预定的满意程度的控制系统。如果一个系统用来控制给定目标的位置并跟踪给定目标的运动,则此系统称为伺服系统。

图 6-3 所示为机器人控制系统的反馈控制简化模型。机器人的关节值(位置、速度、加速度及作用力和力矩)可根据运动学、动力学及轨迹分析计算得到。这些关节值发送给控制器,控制器再施加合适的驱动信号给驱动器,以驱动关节按照可控的方式到达目标点,传感器测量输出并将测量信号反馈给控制器,它再相应地控制驱动信号。图 6-4 为 Adept 技术公司的 Quattro 机器人的控制系统原理图。

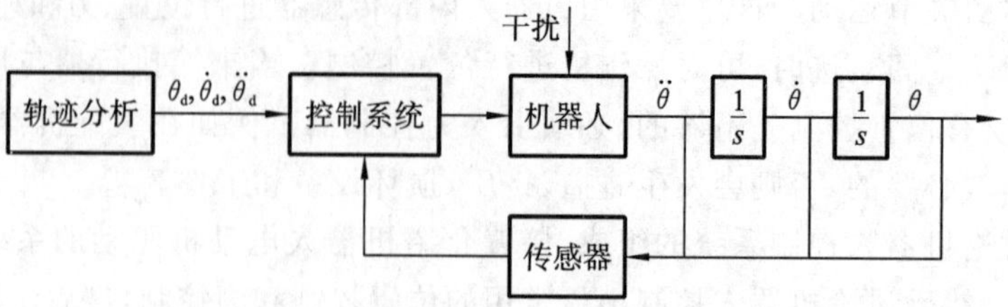

图 6-3　机器人控制系统的反馈控制简化模型

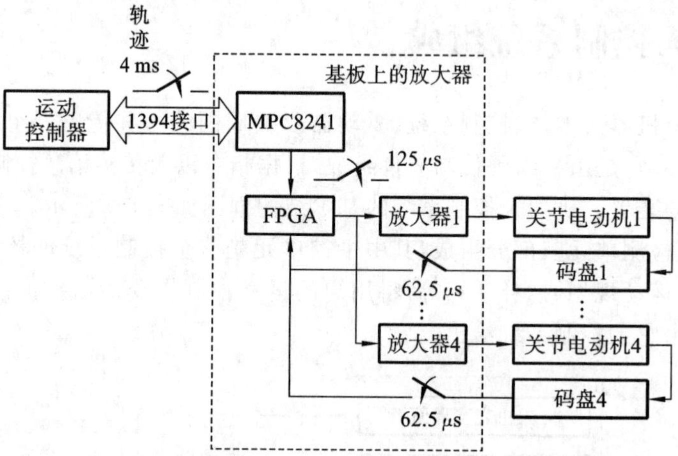

图 6-4　Adept 技术公司的 Quattro 机器人的控制系统原理图

多轴机器人的所有关节必须同时控制，因而它是多输入多输出系统。但是，对于大多数机器人，每个轴都被当成单输入单输出单元分别进行控制(即独立关节控制)，由其他关节造成的耦合效应通常看成干扰，并由控制器来处理。尽管这样处理会引入一些误差，但是对大多数实际应用来说，这些误差很小。如果需要处理这些细微的误差，需要采用更复杂的控制方法。

6.3　驱动与运动控制系统

6.3.1　电动机驱动的系统动力学

机器人驱动器包括电动机、传感器、控制器(产生位置参考信号，并给电动机提供驱动信号)及外部负载，它们组成的系统及模型如图 6-5 所示。电动机驱动系统既包含电路部分，也包含机械部分，如惯量和阻尼，这两部分通过反电动势和转矩耦合在一起。

对于系统的电路部分，其中反电动势 $v_{ef}=K_e\dot{\theta}$ (K_e 为反电动势常数)，可以写为

$$Ri+L\frac{di}{dt}=e(t)-v_{ef}=e(t)-K_e\dot{\theta} \tag{6-1}$$

将式(6-1)做拉普拉斯变换(即拉氏变换)如下：

$$RI(s)+LsI(s)=E(s)-K_e s\Theta(s) \tag{6-2}$$

对于系统的机械部分，加上其惯量(电枢和负载)和阻尼，输出转矩 $T_m=K_t i$ (K_t 为电动

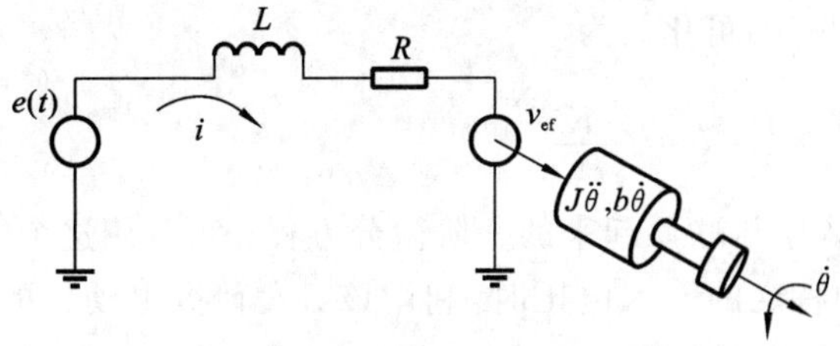

(a)电动机驱动系统组成

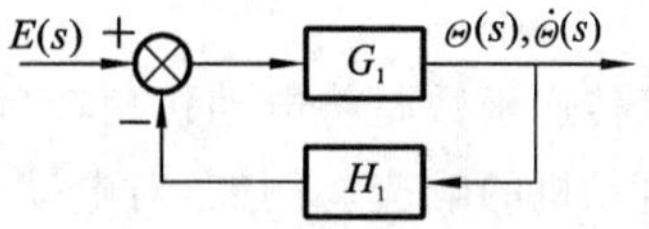

(b)电动机驱动系统的模型

图 6-5 电动机驱动系统及其模型

机电磁转矩常数)，可以写为

$$T_m = K_t i = J\ddot{\theta} + b\dot{\theta} \tag{6-3}$$

这个方程写成拉氏变换后的形式如下：

$$K_t I(s) = Js^2\Theta(s) + bs\Theta(s) \tag{6-4}$$

合并式(6-2)和式(6-4)并整理各项得

$$E(s) = \left[\frac{(Js^2 + bs)R}{K_t} + \frac{(Js^2 + bs)Ls}{K_t} + K_e s\right]\Theta(s) \tag{6-5}$$

整理式(6-5)得

$$E(s) = \left[\frac{LJs^2 + (RJ + Lb)s + Rb + K_e K_t}{K_t}\right]s\Theta(s) \tag{6-6}$$

由于输出角速度为输出角度的微分，即 $\Omega(s) = s\Theta(s)$，从而，输入电压与输出角速度之间的传递函数为

$$\frac{\Omega(s)}{E(s)} = \frac{\dfrac{K_t}{LJ}}{s^2 + (\dfrac{RJ + Lb}{LJ})s + \dfrac{Rb + K_e K_t}{LJ}} \tag{6-7}$$

由式(6-7)传递函数的分母得到特征方程为二阶系统形式 $s^2 + 2\xi\omega_n s + \omega_n{}^2$，因此可以计算出系统的阻尼比 ξ 和无阻尼固有频率 ω_n。

实际上，电动机的电感 L 通常比转子和负载组合的惯量小很多，所以在分析时常常可以忽略。因此，式(6-5)可以简化为

$$E(s) = \left[\frac{(Js^2 + bs)R}{K_t} + K_e s\right]\Theta(s) \tag{6-8}$$

由此，系统的输出 $\Theta(s)$ 与系统的输入 $E(s)$ 之间的传递函数为

$$G(s) = \frac{\Theta(s)}{E(s)} = \frac{K_t}{(Js^2 + bs)R + K_t K_e s} = \frac{K_t/RJ}{s(s + \dfrac{b}{J} + \dfrac{K_t K_e}{RJ})} \tag{6-9}$$

如果在输入电压的作用下对电动机(机器人机械臂)的相应速度感兴趣，可以将 s 和 $\Theta(s)$ 相乘得到 $\Omega(s)$。从而，传递函数可写为

$$G(s) = \frac{\Omega(s)}{E(s)} = \frac{K_t}{(Js^2 + bs)R + K_t K_e s} = \frac{K_t/RJ}{s + \dfrac{1}{J}(b + \dfrac{K_t K_e}{R})} \tag{6-10}$$

令 $K=\dfrac{K_t}{RJ}$，$a=\dfrac{1}{J}(b+\dfrac{K_tK_e}{R})$，则式(6-10)可化简为

$$G(s)=\frac{\Omega(s)}{E(s)}=\frac{K}{s+a} \tag{6-11}$$

该传递函数是将电动机角速度和输入电压联系起来的一阶微分方程。可利用这个方程去分析电动机的响应。例如，对电动机施加特定的输入电压时，利用该方程研究电动机的响应、响应的快慢(即快速性)、稳态特性及更多其他的特性。

一般情况下，典型输入信号的拉氏变换可以查表直接使用。表6-3列举了部分函数的拉氏变换。

表 6-3　部分函数的拉氏变换

$f(t)$	$F(s)$
单位脉冲	1
阶跃函数 $Au(t)$	$\dfrac{A}{s}$
$\dfrac{t^n}{n!}$	$\dfrac{1}{s^{n+1}}$
$e^{\pm at}$	$\dfrac{1}{s\mp a}$
$\sin(\omega t)$	$\dfrac{\omega}{s^2+\omega^2}$
$\cos(\omega t)$	$\dfrac{s}{s^2+\omega^2}$
$e^{-at}\sin(\omega t)$	$\dfrac{\omega}{(s+a)^2+\omega^2}$
$e^{-at}\cos(\omega t)$	$\dfrac{s+a}{(s+a)^2+\omega^2}$
$kf(t)$	$kF(s)$
$f_1(t)\pm f_2(t)$	$F_1(s)\pm F_2(s)$
$f'(t)$	$sF(s)-f(0)$
$f''(t)$	$s^2F(s)-sf(0)-f'(0)$
$f^n(t)$	$s^nF(s)-s^{n-1}f(0)-\cdots-f^{n-1}(0)$

例 6.1 设图 6-5 所示系统的输入电压为阶跃函数 $Pu(t)$，确定直流电动机响应及其稳态值。

解 将式(6-11)作为传递函数，并参考表 6-3，可得

$$\Omega(s)=\frac{K}{s+a}E(s)=\frac{K}{s+a}\frac{P}{s}=\frac{KP}{s(s+a)}=\frac{a_1}{s}+\frac{a_2}{s+a}$$

而 $$a_1=\left|s\left(\frac{KP}{s(s+a)}\right)\right|_{s=0}=\frac{KP}{a},\ a_2=\left|(s+a)\left(\frac{KP}{s(s+a)}\right)\right|_{s=-a}=\frac{KP}{-a}$$

所以 $$\Omega(s)=\frac{KP}{sa}-\frac{KP}{(s+a)a}=\frac{KP}{a}(\frac{1}{s}-\frac{1}{s+a})$$

该方程的拉普拉斯反变换为 $\omega(t)=\dfrac{KP}{a}(1-\mathrm{e}^{-at})$，如图 6-6 所示。

利用终值定理，电动机的稳态速度输出为

$$\omega_{ss}=\lim_{s\to 0}s\frac{KP}{s(s+a)}=\frac{KP}{a}$$

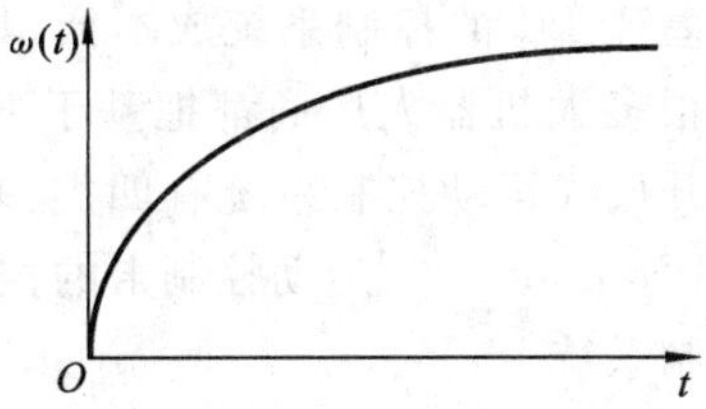

图 6-6 例 6.1 中电动机的近似响应

例 6.2 在图 6-5 所示系统中增加一个转速计作为反馈传感器。转速计测量电动机的角速度，它是对驱动信号的反馈，图 6-7 所示为加了一个转速计后的系统，该系统为一闭环速度反馈控制系统。试求该转速计的传递函数，并绘制整个系统的完整结构方框图。

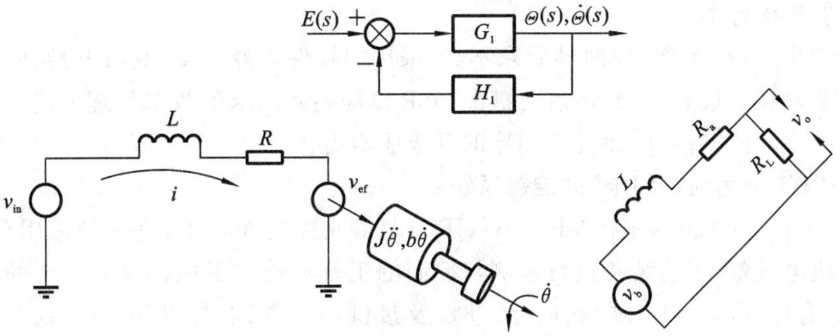

图 6-7 例 6.2 中带有转速计的机电系统

解 对转速计来说，$v_b=K_v\dot{\theta}$（K_v 为转速计的常数）。转速计电路在拉普拉斯域中可以表示为

$$I(s)\times(R_a+R_L+Ls)=V_b(s)=K_v s\Theta(s)$$

$$V_o(s)=I(s)\times R_L=\frac{K_v s\Theta(s)R_L}{R_a+R_L+Ls}$$

则转速计的传递函数为

$$G(s)=\frac{V_o(s)}{s\Theta(s)}=\frac{V_o(s)}{\Omega(s)}=\frac{K_vR_L}{R_a+R_L+Ls}=\frac{m}{s+n}$$

其中，$m=\dfrac{K_vR_L}{L}$ 且 $n=\dfrac{R_a+R_L}{L}$。图 6-8 所示为图 6-7 中系统的完整结构方框图。

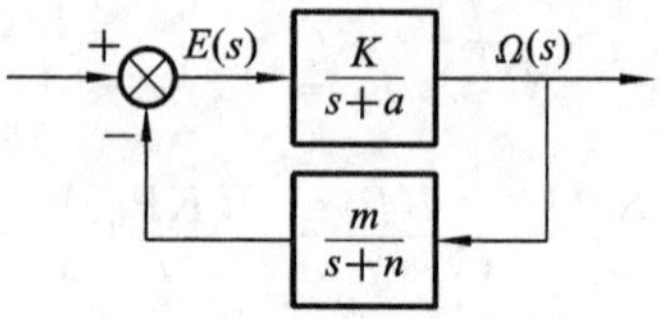

图 6-8　带转速计的系统完整结构方框图

6.3.2　运动控制系统

机器人运动控制系统的总线结构主要有两大类：基于 PC 的总线结构和基于 VME(versa module eurocard)的总线结构。基于 PC 的控制系统成本低，具备开放性，具有完备的软件开发环境与良好的通信功能，目前很多大机器人厂商都把基于 PC 的机器人控制系统作为主要研发对象。目前，常见的机器人开放式运动控制系统有四类：基于 PC＋运动控制卡的控制系统、基于 IPC(industrial personal computer)＋运动控制卡的控制系统、基于 PLC 的控制系统、基于 PC＋工业实时以太网的控制系统。

1. 基于"PC＋运动控制卡"的控制系统

在基于"PC＋运动控制卡"的模式中，PC 主要负责人机交互界面，运动控制卡负责进行运动学求解、轨迹插补计算等。该模式下，PC 可运行于 Windows 或 Linux 系统中，运动控制卡提供了 Visual C＋＋、Qt 等环境的标准接口函数，方便用户采用常规软件进行编程。哈尔滨工业大学机器人研究所研制了 PC＋DSP＋FPGA 的硬件控制结构并将其运用在卫星遥控操作的四自由度机械臂中。

该模式的优点是：对 PC 实时性要求不高、采用的软件资源丰富、具有开放性，但也存在对运动控制卡要求高的缺点，因此还需要搭配 DSP 以提高运动卡的数据处理速度。运动控制卡目前还没有统一的标准接口，而且控制器的升级成本高。

2. 基于"IPC＋运动控制卡"的控制系统

工控机(industrial personal computer，IPC)即工业控制计算机，是一种采用总线结构，对生产过程及机电设备、工艺装备进行检测与控制的工具总称。工控机具有重要的计算机属性和特征，如具有计算机 CPU、硬盘、内存、外设及接口，并可以安装 Windows 或 Linux 操作系统、控制网络和协议，具有友好的人机界面和数据处理能力。与 PC 相比，工控机有更加丰富的硬件接口，满足工业控制需求，几乎兼容所有运动控制板卡。工控行业的产品非常特殊，属于中间产品，是为其他各行业提供的可靠、嵌入式、智能化的工业计算机。

基于"IPC＋运动控制卡"的模式与基于"PC＋运动控制卡"的模式区别在于：机器人的运动学求解、轨迹规划与插补算法的计算等都在 PC 上，减缓了运动控制卡的数据处理压力，而整机的硬件结构简单，便于日后升级。随着时代的发展，PC 上的硬件接口越来越少，很多运动控制卡无法装在 PC 上，只能求助于 IPC。

许多机器人生产商如 KUKA 也开发了基于 IPC 与 Windows 操作系统的控制系统。在 KUKA 的控制系统中，IPC 通过 PCI/ISA 总线将运动控制指令传输到多功能伺服控制卡进行电动机驱动。该控制系统的特点是具有较好的开放性和柔性，支持多种总线协议如 PROFIBUS、DeviceNet 和以太网接口等。

3. 基于 PLC 的控制系统

随着 PLC 的快速发展，很多高端 PLC 已具备支持各种运动功能指令、能实现高度集成操作、对多轴实现协调控制和闭环控制等功能，能够满足工业机器人对运动控制的精度要求。这类 PLC 的优势在于采用简单的接线以避免烦琐的电路设计，可靠性高且网络通信能力强大，能与其他工业设备实现系统集成控制。

PLC 基于循环扫描的工作机制，特别适合重复性工作的场合。PLC 具有强大的联网功能，因此能通过网络实现对多机器人的监控。许多大公司如 ABB、Rockwell 的 PLC 都支持工业机器人的控制与管理，它们的控制器内部有运动控制功能，且支持多种通信协议，有利于实现多台机器人的高度协同操作。目前，基于 PLC 的工业机器人已经在码垛、水下作业等方面成功应用。

4. 基于"PC+工业实时以太网"的控制系统

机器人控制系统的另一个发展方向是网络化。Ken Goldberge 在 1994 年提出基于网络的机器人概念。工业以太网技术因具有通信速度快、网络集成度高、价位低的优势，已成为未来现场总线的发展方向。山东大学王云飞在 2015 年提出了基于"PC+工业实时以太网"的机器人控制系统，如图 6-9 所示。该系统的通信采用支持标准以太网卡的 EtherMAC。在这种模式下成功实现了 SCARA 与 Delta 并联机械手在通过视觉的调度下进行流水线的物料拾取

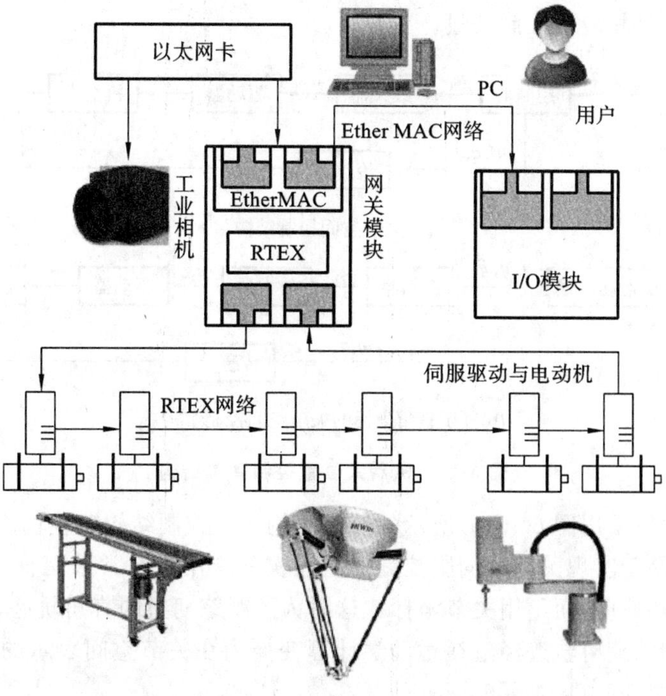

图 6-9 基于"PC+工业实时以太网"的机器人控制系统示意图

操作。在网络控制中，通过一帧的数据就可以对节点内所有伺服电动机进行控制、参数在线修改与信息采集等操作，因此具有控制效率高、可拓展性强的优点。

新松机器人研发团队针对 SR6C 型机器人进行了程序升级改造，制定 RS485 和 TCP/IP 两种通信接口，实现了机器人实时调度控制功能。

基于网络化的机器人系统，可以在不改变硬件结构的基础上，集成异构多机器人，用户可以在统一的平台上对不同的机器人进行控制，能够缩短系统开发时间，有效降低硬件改造成本，此模式将推动异构多机器人协同控制技术的发展。实现异构多机器人集成的核心在于：遵循通用的通信协议，采用统一数据结构的程序接口。

6.4 机器人位置控制

机器人的位置控制有时也称为位姿控制或轨迹控制。机器人的位置控制主要实现两大功能：点到点的控制（即 point to point 控制，如搬运）和连续路径控制（即 control plan 控制，如环型焊接、自动涂装）。实现位置控制是机器人最基本的控制任务。

机器人位置控制的目标就是要使机器人的各关节及末端执行器的位置和姿态能够以理想的精度指标动态跟踪给定轨迹或稳定在给定的位姿上。一个好的位置控制系统必须具备较好的稳定性、快速性和准确性。

机器人的位置控制结构主要有关节空间控制结构，如图 6-10(a)所示。在图 6-10(a)中，$\boldsymbol{q}_{\mathrm{d}}=[q_{\mathrm{d}1} \quad q_{\mathrm{d}2} \quad \cdots \quad q_{\mathrm{d}n}]^{\mathrm{T}}$ 是期望的关节位置矢量，$\dot{\boldsymbol{q}}_{\mathrm{d}}$ 和 $\ddot{\boldsymbol{q}}_{\mathrm{d}}$ 分别是期望的关节速度矢量和加速度矢量，$\boldsymbol{q}$ 和 $\dot{\boldsymbol{q}}$ 分别是实际的关节位置矢量和速度矢量。$\boldsymbol{\tau}=[\tau_1 \quad \tau_2 \quad \cdots \quad \tau_n]^{\mathrm{T}}$ 是关节驱动力矩矢量，$\boldsymbol{u}_1$ 和 $\boldsymbol{u}_2$ 是相应的控制矢量。

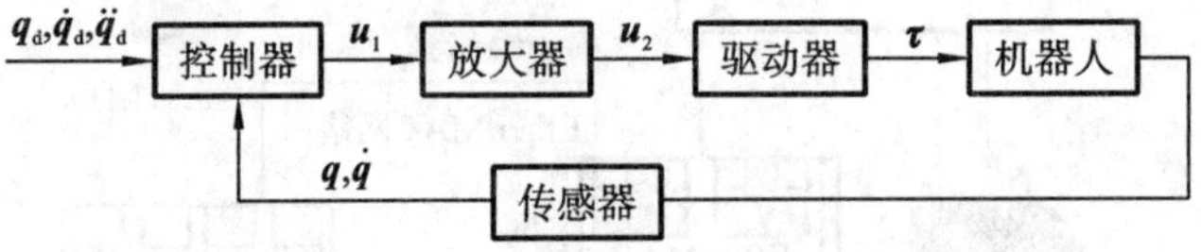

(a) 关节空间控制结构

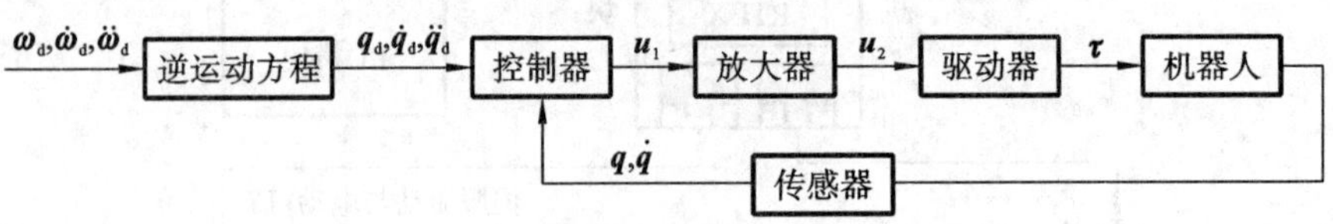

(b)基于直角坐标的关节空间控制结构

图 6-10　机器人位置控制基本结构

工业机器人一般采用图 6-10(a)所示的控制结构。该控制结构期望轨迹是关节的位置、速度和加速度，因而易于实现关节的伺服控制。但在实际应用中通常采用直角坐标系来规定作业路径、运动方向和速度，而不用关节坐标。这时为了跟踪期望的直角轨迹、速度和加速度，需要先将机器人末端的期望轨迹经过逆运动学计算变换为在关节空间表示的期望轨迹，再进行关节位置控制，如图 6-10(b)所示。

在图 6-10(b)中，$\boldsymbol{w}_d = [\dot{\boldsymbol{p}}_d^T \quad \boldsymbol{\theta}_d^T]$ 是期望的末端执行器位姿，其中 $\boldsymbol{p}_d = [x_d \quad y_d \quad z_d]$ 表示期望的末端执行器位置，$\boldsymbol{\theta}_d = [\theta_{dx} \quad \theta_{dy} \quad \theta_{dz}]$ 表示期望的末端执行器姿态。$\dot{\boldsymbol{w}}_d = [\boldsymbol{v}_d^T \quad \boldsymbol{\omega}_d^T]$ 是期望的末端执行器速度，其中 $\boldsymbol{v}_d = [v_{dx} \quad v_{dy} \quad v_{dz}]$ 是期望的末端执行器线速度；$\boldsymbol{\omega}_d = [\omega_{dx} \quad \omega_{dy} \quad \omega_{dz}]$ 是期望的末端执行器角速度。$\ddot{\boldsymbol{w}}_d$ 是期望的末端执行器加速度。$\boldsymbol{w}$ 和 $\dot{\boldsymbol{w}}$ 表示实际末端执行器的位姿和速度。

机器人一般由多个关节构成，具有多个自由度。各关节的运动之间相互耦合，其控制系统是一个多输入多输出的系统。下面以单个关节独立运动时的位置控制问题为例，讨论单关节位置控制系统的传递函数、单关节位置控制器以及单关节控制系统参数确定。最后讨论多关节的位置控制问题。

6.4.1 单关节位置控制

机器人一般由电动机驱动、液压驱动或气压驱动，最常见的驱动方式是每个关节用一个永磁式直流力矩电动机驱动。永磁式直流力矩电动机是一种特殊的控制电动机，是作为高精度伺服系统的执行元件，适应大扭矩、直接驱动系统，安装空间又很紧凑的场合。

实际上，许多自动控制系统控制对象的运动速度相对较低，比如，地面搜索雷达天线的控制系统、陀螺平台的稳定系统、单晶炉的旋转系统、精密拉丝系统等。在这些控制系统中如果采用齿轮减速驱动，将会大大降低系统的精度，增加系统的惯量和反应时间，加大传动噪声。如果采用力矩电动机组成的直接驱动系统，就能够在很宽的范围内达到低速平稳运行，大大提高系统的精度，降低系统的噪声。还有一些负载运行在很低的速度，接近堵转状态，或是负载轴端要加一定的制动反力矩，这些场合，都适合采用直流力矩电动机。

1. 单关节位置控制传递函数

下面以永磁式直流力矩电动机为例讨论单关节的位置控制，其他励磁电动机控制、液压缸或气缸位置控制可参照永磁式直流力矩电动机的情况进行分析。如图 6-11 所示为永磁式直流力矩电动机电枢绕组等效电路，如图 6-12 所示为单个关节的机械传动原理图。

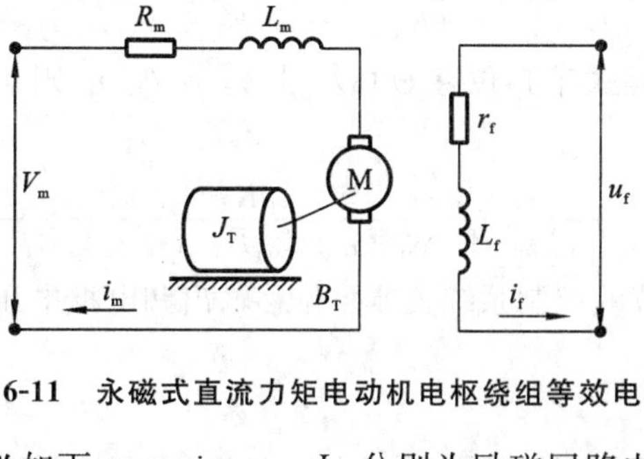

图 6-11 永磁式直流力矩电动机电枢绕组等效电路

各符号及有关参数含义如下：u_f、i_f、r_f、L_f 分别为励磁回路电压、电流、电阻和电感；V_m、i_m、R_m、L_m 分别为电枢回路电压、电流、电阻和电感；T_m 为电动机转矩；K_e 为电动机电动势常数；K_t 为电动机电流力矩比例系数；J_a、J_m、J_l 分别为电动机转子转动惯量、传动机构转动惯量、负载转动惯量；B_m、B_l 分别为传动机构阻尼系数、负载端阻尼系数；θ_m、θ_l 分别为电动机角位移、负载角位移（$\theta_m = \theta_l / n$）；$n = z_m / z_l$ 为减速比，等于传动轴与负载轴上的齿轮

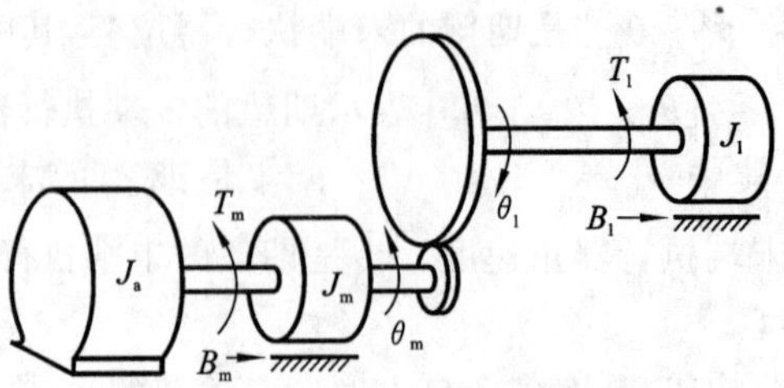

图 6-12　单个关节机械传动原理图

齿数之比。

负载和传动机构的转动惯量折算到电动机轴上的等效总转动惯量 J_T 和总黏性摩擦系数 B_T 分别为

$$J_T = J_a + J_m + n^2 J_l \tag{6-12}$$

$$B_T = B_m + n^2 B_l \tag{6-13}$$

对于永磁式直流力矩电动机可以不考虑励磁回路。由电枢绕组的电压平衡方程和电动机轴上的力矩平衡方程,得系统的微分方程:

$$u_m = R_m i_m + L_m \frac{di_m}{dt} + K_e \frac{d\theta_m}{dt} \tag{6-14}$$

$$T_m = J_T \frac{d^2\theta_m}{dt^2} + B_T \frac{d\theta_m}{dt} \tag{6-15}$$

$$T_m = K_t i_m \tag{6-16}$$

将上述三式进行拉氏变换,得

$$U_m(s) = (L_m s + R_m) I_m(s) + K_e s \Theta_m(s) \tag{6-17}$$

$$T_m(s) = (J_T s^2 + B_T s) \Theta_m(s) \tag{6-18}$$

$$T_m(s) = K_t I_m(s) \tag{6-19}$$

将上述三式联立求解得系统的开环传递函数为

$$\frac{\Theta_m(s)}{U_m(s)} = \frac{K_t}{s[L_m J_T s^2 + (R_m J_T + L_m B_T)s + (R_m B_T + K_e K_t)]} \tag{6-20}$$

由于控制系统的输出是关节角位移 $\Theta_l(s)$,由 $\theta_m = \theta_l / n$,则关节角位移与电枢电压之间的传递函数为

$$\frac{\Theta_l(s)}{U_m(s)} = \frac{nK_t}{s[L_m J_T s^2 + (R_m J_T + L_m B_T)s + (R_m B_T + K_e K_t)]} \tag{6-21}$$

式(6-20)代表了单关节的控制系统关节角位移输出和电枢电压输入之间的传递函数。系统方框图如图 6-13 所示。

2. 单关节位置控制器

单关节位置控制器的作用就是使关节的实际角位移 θ_l 跟踪期望的角位移 θ_d 。将位置伺服误差作为电动机的输入信号,产生适当的电压,构成闭环控制系统,即

$$e(t) = \theta_d(t) - \theta_l(t) \tag{6-22}$$

$$u_m(t) = K_P e(t) = K_P(\theta_d(t) - \theta_l(t)) \tag{6-23}$$

式中:K_P ——位置偏差增益系数。

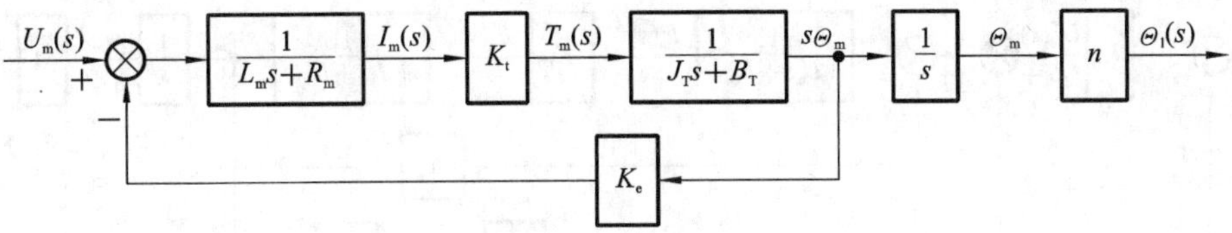

图 6-13 单关节控制系统方框图

对式(6-22)、式(6-23)进行拉氏变换，得

$$E(s)=\Theta_d(s)-\Theta_l(s) \tag{6-24}$$

$$U_m(s)=K_P(\Theta_d(s)-\Theta_l(s)) \tag{6-25}$$

由此构造的闭环控制系统结构方框图如图 6-14 所示。

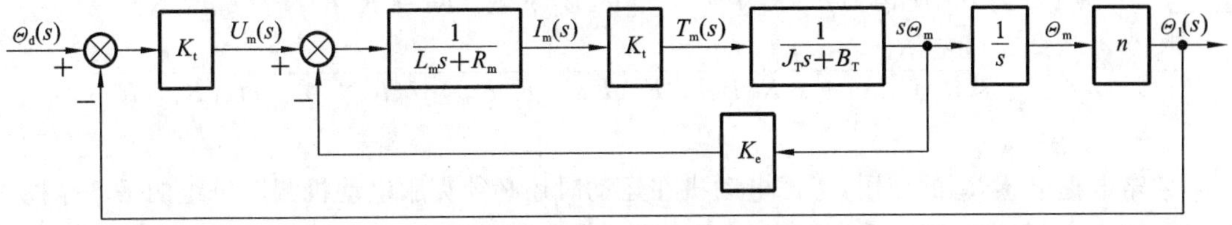

图 6-14 单关节位置闭环控制系统结构方框图

该闭环系统的开环传递函数为

$$G_K(s)=\frac{\Theta_l(s)}{E(s)}=\frac{nK_PK_t}{s[L_mJ_Ts^2+(R_mJ_T+L_mB_T)s+(R_mB_T+K_eK_t)]} \tag{6-26}$$

由于电动机的电气时间常数远小于机械时间常数，因此可以近似忽略电枢电感 L_m 的作用，式(6-26)可简化为

$$G_K(s)=\frac{\Theta_l(s)}{E(s)}=\frac{nK_PK_t}{s(R_mJ_Ts+R_mB_T+K_eK_t)} \tag{6-27}$$

因此，控制系统的闭环传递函数为

$$\begin{aligned}\frac{\Theta_l(s)}{\Theta_d(s)}&=\frac{G_K(s)}{1+G_K(s)}=\frac{nK_PK_t}{R_mJ_Ts^2+(R_mB_T+K_eK_t)s+nK_PK_t}\\&=\frac{nK_PK_t}{R_mJ_T}\frac{1}{s^2+(R_mB_T+K_eK_t)s/(R_mJ_T)+nK_PK_t/(R_mJ_T)}\end{aligned} \tag{6-28}$$

式(6-28)表明单关节机器人的位置控制器是一个二阶系统。当系统参数均为正时，该系统总是稳定的。为了提高系统的定位精度，减少静态误差，可以适当加大位置偏差增益系数 K_P 。

要提高控制系统的动态精度，也就是提高系统的快速性，单关节机器人的位置控制器还可以引入传动轴角速度负反馈。传动轴角速度常用测速发电机测定，也可以用两次采样周期内的位移数据来近似表示。设 K_v 为测速发电机的速度反馈信号，K_{vp} 为速度反馈信号放大器的增益，引入速度负反馈之后的控制系统方框图如图 6-15 所示。

从图 6-15 可以看出，由于引入了速度负反馈，电动机的电枢反馈回路的反馈电压已从 $K_e\frac{d\theta_m}{dt}$ 变成了 $(K_e+K_vK_{vp})\frac{d\theta_m}{dt}$ ，因此，相应的开环和闭环传递函数分别变为

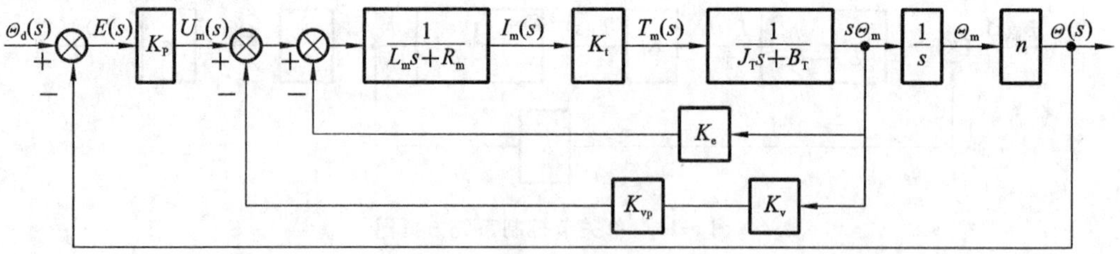

图 6-15　引入速度负反馈后的单关节机器人控制系统方框图

$$G_K(s) = \frac{\Theta_l(s)}{E(s)} = \frac{nK_P K_t}{s[R_m J_T s + R_m B_T + K_t(K_e + K_v K_{vp})]} \tag{6-29}$$

$$\begin{aligned}\frac{\Theta_l(s)}{\Theta_d(s)} &= \frac{G_K(s)}{1+G_K(s)} = \frac{nK_P K_t}{R_m J_T s^2 + s[R_m B_T + K_t(K_e + K_v K_{vp})] + nK_P K_t} \\ &= \frac{nK_P K_t}{R_m J_T} \frac{1}{s^2 + s[R_m B_T + K_t(K_e + K_v K_{vp})]/(R_m J_T) + nK_P K_t/(R_m J_T)}\end{aligned} \tag{6-30}$$

忽略电枢电感 L_m 的作用，考虑电动机在运动时还必须克服电动机测速机组的平均摩擦力矩 F_m、外加负载力矩 T_L、重力矩 T_g，这些物理量实际是机器人控制系统的干扰信号。在电动机产生输出力矩的作用点上，把这些作用力矩进行相应的拉普拉斯变换，插入位置控制系统方框图中，可得如图 6-16 所示的控制系统方框图。

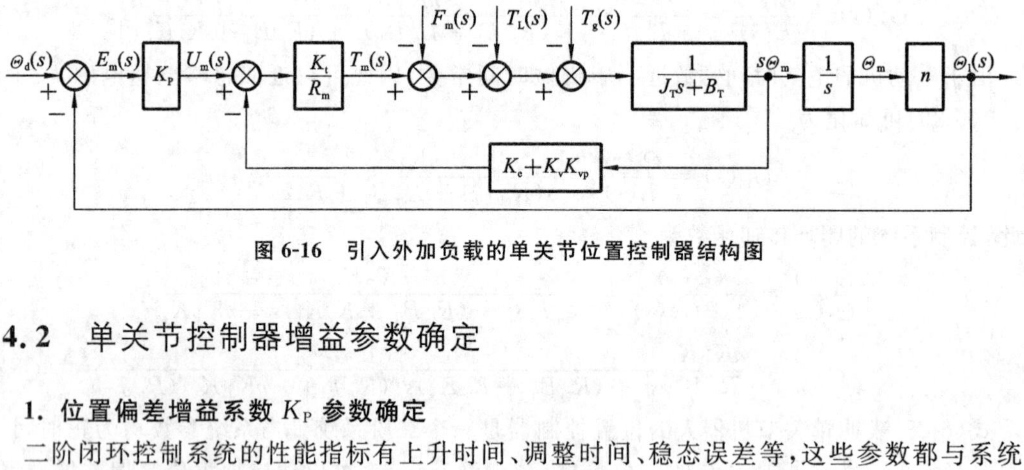

图 6-16　引入外加负载的单关节位置控制器结构图

6.4.2　单关节控制器增益参数确定

1. 位置偏差增益系数 K_P 参数确定

二阶闭环控制系统的性能指标有上升时间、调整时间、稳态误差等，这些参数都与系统阻尼比和无阻尼固有频率有关。

由闭环位置控制器的传递函数式(6-30)可得，闭环系统的特征方程为

$$s^2 + s[R_m B_T + K_t(K_e + K_v K_{vp})]/(R_m J_T) + nK_P K_t/(R_m J_T) = 0 \tag{6-31}$$

把式(6-31)表示为二阶系统特征方程的标准形式

$$s^2 + 2\xi\omega_n s + \omega_n^2 = 0 \tag{6-32}$$

式中：ξ——系统的阻尼比；

ω_n——系统的无阻尼固有频率。

由式(6-31)和式(6-32)对照参数可得

$$\omega_n = \sqrt{nK_PK_t(R_mJ_T)} \tag{6-33}$$

$$\xi = \frac{[R_mB_T + K_t(K_e + K_vK_{vp})]/(R_mJ_T)}{2\sqrt{nK_PK_t/(R_mJ_T)}} = \frac{R_mB_T + K_t(K_e + K_vK_{vp})}{2\sqrt{nK_PK_tR_mJ_T}} \tag{6-34}$$

在确定位置偏差增益系数 K_P 时,必须考虑机器人操作臂的结构刚度和共振频率,它与操作臂的结构、尺寸、质量分布和制造装配质量有关。在前面建立的单关节控制系统模型时,忽略了齿轮轴、轴承和连杆等零件的变形,认为这些传动部件的刚度无限大。实际上各部件的刚度都是有限的。但是,如果将这些部件的刚度考虑进去,在建立系统数学模型时,会得到高阶的数学模型,使问题复杂化。因此,式(6-30)所建立的单关节二阶线性系统模型没有考虑系统的共振频率问题,只适用于传动系统刚度无限大、共振频率很高的场合。

系统结构的共振频率

$$\omega_r = \sqrt{\frac{K_T}{J_T}} \tag{6-35}$$

式中:K_T ——关节的等效刚度;

J_T ——关节的等效转动惯量。

一般来说,关节的等效刚度 K_T 大致不变,但关节的等效转动惯量 J_T 随着机器人末端机械手的负载抓取及操作臂的位姿变化而变化。如果在已知转动惯量 J_o 时测出的关节结构共振频率为 ω_o ,则

$$\omega_o = \sqrt{\frac{K_T}{J_o}} \tag{6-36}$$

由式(6-35)、式(6-36),在转动惯量为 J_T 时的结构共振频率为

$$\omega_r = \omega_o\sqrt{\frac{J_o}{J_T}} \tag{6-37}$$

为了不激起结构振动和系统共振,建议闭环系统的无阻尼固有频率 ω_n 最好限制在关节共振频率的一半以内,即

$$\omega_n = \sqrt{nK_PK_t/(R_mJ_T)} \leqslant \frac{1}{2}\omega_r \tag{6-38}$$

由式(6-37)、式(6-38)得位置偏差增益系数 K_P 为

$$K_P \leqslant \frac{1}{4}\omega_o^2\frac{J_oR_m}{nK_t} \tag{6-39}$$

由于系统为负反馈, $K_P > 0$,所以,位置偏差增益系数 K_P 的取值范围为

$$0 < K_P \leqslant \frac{1}{4}\omega_o^2\frac{J_oR_m}{nK_t} \tag{6-40}$$

2. 速度反馈信号放大器的增益 K_{vp} 参数确定

从安全性考虑,要防止机器人控制器处于低阻尼工作状态,一般希望控制系统具有临界阻尼或过阻尼,即要求系统的 $\xi \geqslant 1$。由式(6-34)可得出

$$\xi = \frac{R_mB_T + K_t(K_e + K_vK_{vp})}{2\sqrt{nK_PK_tR_mJ_T}} \geqslant 1 \tag{6-41}$$

$$R_mB_T + K_t(K_e + K_vK_{vp}) \geqslant 2\sqrt{nK_PK_tR_mJ_T} \tag{6-42}$$

将式(6-40)代入式(6-42)得

$$K_{vp} \geqslant \frac{R_m \omega_o \sqrt{J_T J_o} - R_m B_T - K_e K_t}{K_t K_v} \tag{6-43}$$

6.4.3 单关节控制器误差分析

在图 6-16 中,由于实际附加负载——电动机测速机组的平均摩擦力矩 F_m 、外加负载力矩 T_L 、重力矩 T_g ,控制器的闭环传递函数发生了变化,在讨论关节控制器的误差之前,需要推导出新的闭环传递函数。根据图 6-16 的系统方框图,得控制器的方程如下:

$$(J_T s + B_T) s \Theta_m(s) = T_m(s) - F_m(s) - T_L(s) - T_g(s) \tag{6-44}$$

$$T_m(s) = \frac{K_t}{R_m}[U_m(s) - s(K_e + K_v K_{vp})\Theta_m(s)] \tag{6-45}$$

$$U_m(s) = K_P(\Theta_d(s) - \Theta_l(s)) \tag{6-46}$$

$$\Theta_m(s) n = \Theta_l(s) \tag{6-47}$$

对式(6-44)至式(6-47)进行整理运算,得

$$\Theta_l(s) = \frac{n\{K_P K_t \Theta_d(s) - R_m[F_m(s) + T_L(s) + T_g(s)]\}}{N(s)} \tag{6-48}$$

式中

$$N(s) = R_m J_T s^2 + [R_m B_T + K_t(K_e + K_v K_{vp})]s + nK_P K_t \tag{6-49}$$

于是

$$\begin{aligned} E(s) &= \Theta_d(s) - \Theta_l(s) \\ &= \frac{\{R_m J_T s^2 + [R_m B_T + K_t(K_e + K_v K_{vp})]s\}\Theta_d(s) + nR_m(F_m(s) + T_L(s) + T_g(s))}{N(s)} \end{aligned} \tag{6-50}$$

当 F_m 、T_L 、T_g 为恒定常量,即 $F_m = C_F$, $T_L = C_L$, $T_g = C_g$ 时,则它们的拉氏变换为 $F_m(s) = C_F \frac{1}{s}$, $T_L(s) = C_L \frac{1}{s}$, $T_g(s) = C_g \frac{1}{s}$,代入式(6-50)得

$$E(s) = \frac{\{R_m J_T s^2 + [R_m B_T + K_t(K_e + K_v K_{vp})]s\}\Theta_d(s) + nR_m(C_F + C_L + C_g)/s}{N(s)} \tag{6-51}$$

由终值定理

$$e_{ss} = \lim_{t \to 0} e(t) = \lim_{s \to 0} sE(s) \tag{6-52}$$

求得控制系统的稳态位置误差为

$$e_{ss} = \frac{R_m(C_F + C_L + C_g)}{K_P K_t} \tag{6-53}$$

由系统的传递函数式(6-30),可知系统为 0 型系统,系统的阶跃响应的稳态值是有差的。当输入信号为阶跃信号,即 $\Theta_d(s) = C_d \frac{1}{s}$ 时,系统的稳态位置误差为

$$e_{ss} = \frac{R_m(C_F + C_L + C_g)}{K_P K_t}$$

应用自动控制的一般原理和方法，还可以分析控制器的稳态速度误差和稳态加速度误差。由于该控制器为 0 型系统，当系统输入为单位速度信号时，可以得到系统的稳态速度误差为∞（无穷大）；当输入信号为单位加速度信号时，可以得到系统的稳态加速度误差也为∞。

对于控制器的稳态位置误差，可根据要求的力矩补偿信号进行“前馈补偿”，从而将系统的稳态位置误差限制在允许的范围内。

6.4.4 多关节位置控制

机器人一般由多关节组成，在机器人运动过程中，各关节需要按照轨迹规划的结果同时运动，这时各运动关节之间的力和力矩会产生相互作用。机器人控制系统是一个多输入多输出的系统，要克服机器人各关节之间的相互耦合作用，需要分析机器人动作的动态特性，进行补偿调整。

串联机器人的运动是通过对机器人各个关节的驱动，使末端执行器达到期望的位置和姿态。机器人所完成的动作根据工作任务可分解为运动的初始位姿和终止位姿，因此，可以由工作任务给出末端执行器的笛卡儿空间的位姿。对末端执行器在笛卡儿空间的位姿进行逆运动学位置分析，可将运动映射到关节空间，从而可以通过关节空间的各个关节变量的位置控制实现末端执行器的位姿控制，构成机器人的分解运动控制。同理，也可以实现分解速度控制和分解加速度控制。

为简化起见，忽略机器人的动态特性，将多输入多输出系统简化为由多个单输入单输出的伺服控制系统串联构成。通过前面几节的论述，我们知道，当忽略直流电动机绕组中的电感，可得带有负载的拖动系统的数学模型为二阶系统。在理论上，它总是稳定的，为了加快响应速度，需要引入比例环节；为了增大系统的阻尼，引入微分环节，从而构成 PD 控制。若用 $\boldsymbol{\theta}_{\mathrm{d}} = [\theta_{\mathrm{d1}} \quad \theta_{\mathrm{d2}} \quad \cdots \quad \theta_{\mathrm{d}n}]^{\mathrm{T}}$ 表示各关节的目标值，简单有效的 PD 关节伺服系统结构如图 6-17 所示。

如果不考虑驱动器的动态特性，各关节的驱动力矩可以直接给出：

$$\tau_i = k_{\mathrm{p}i}(\theta_{\mathrm{d}i} - \theta_i) - k_{\mathrm{v}i}\dot{\theta}_i \tag{6-54}$$

式中：θ_i 、$\dot{\theta}_i$ ——传感器检测并反馈回来的位置和速度信号；

$k_{\mathrm{p}i}$ 、$k_{\mathrm{v}i}$ ——第 i 关节的比例增益和速度增益。

对于全部关节，式(6-54)可以写成如下矩阵形式：

$$\boldsymbol{\tau} = \boldsymbol{K}_{\mathrm{P}}(\boldsymbol{\theta}_{\mathrm{d}} - \boldsymbol{\theta}) - \boldsymbol{K}_{\mathrm{v}}\dot{\boldsymbol{\theta}} \tag{6-55}$$

式中：$\boldsymbol{K}_{\mathrm{P}} = \mathrm{diag}(k_{\mathrm{p}i})$ ；$\boldsymbol{K}_{\mathrm{v}} = \mathrm{diag}(k_{\mathrm{v}i})$ 。

这种关节伺服系统把每个关节作为单输入单输出系统处理，所以结构简单，现在大部分工业机器人都采用这种关节伺服系统来控制。严格地说，机器人的各关节都不是单输入单输出系统，关节的重力（惯性）和摩擦等使各关节间存在耦合作用。因此可以在式(6-55)的基础上，把关节间的耦合作用当做外部干扰来处理。为了减少外部干扰的影响，在保证系统稳定的前提下，将增益 $k_{\mathrm{p}i}$ 和 $k_{\mathrm{v}i}$ 尽量取得大一些。

为了补偿重力的影响，可以在式(6-55)中增加重力补偿项，得

$$\boldsymbol{\tau} = \boldsymbol{K}_{\mathrm{P}}(\boldsymbol{\theta}_{\mathrm{d}} - \boldsymbol{\theta}) - \boldsymbol{K}_{\mathrm{v}}\dot{\boldsymbol{\theta}} + \boldsymbol{G} \tag{6-56}$$

式中：$\boldsymbol{G} = \mathrm{diag}(G_i)$ 。

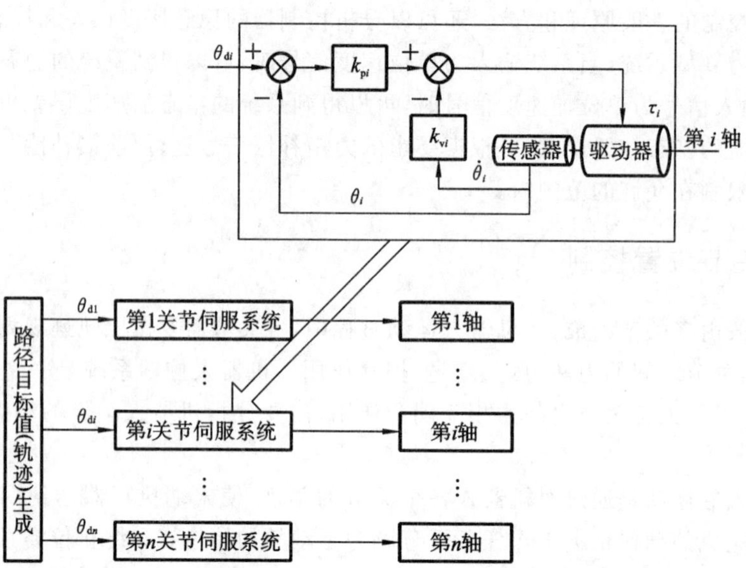

图 6-17　多关节伺服系统结构

6.5　机器人力控制

目前用于喷漆、搬运、点焊等操作的工业机器人只具有简单的轨迹控制功能。轨迹控制适用于机器人的末端执行器在空间沿某一规定的路径运动，在运动过程中末端执行器不与任何外界物体接触。对于执行擦玻璃、转动曲柄、拧螺钉、研磨、打毛刺、装配零件等作业的机器人，其末端执行器与环境之间存在力的作用，且环境中的各种因素不确定，此时仅使用轨迹控制就不能满足要求。执行这些任务时必须让机器人末端执行器沿着预定的轨迹运动，同时提供必要的力使它能克服环境中的阻力或符合工作环境的要求。

以擦玻璃为例，如果机器人手爪抓着一块很大很软的海绵，并且知道玻璃的精确位置，那么通过控制手爪相对于玻璃的位置可以完成擦玻璃作业；但如果作业是用刮刀刮去玻璃表面上的油漆，而且玻璃表面空间位置不准确，或者手爪的位置误差比较大，由于存在沿垂直玻璃表面的误差，作业执行的结果不是刮刀接触不到玻璃就是刮刀把玻璃打碎。因此，根据玻璃位置来控制擦玻璃机器人是行不通的。比较好的方法是控制工具与玻璃之间的接触力，这样即便是工作环境（如玻璃）位置不准确，也能保持工具与玻璃正确接触。机器人不但有轨迹控制的功能，而且有力控制的功能。

机器人具备了力控制功能后，能胜任更复杂的操作任务，如完成零件装配等复杂作业。如果在机械手上安装力传感器，机器人控制器就能够检测出机械手与环境的接触状态，可以进行使机器人在不确定的环境下与该环境相适应的柔顺控制，这种柔顺控制是机器人智能化的特征。

机器人具备了力控制功能后，还可以在一定程度上放宽它的精度指标，降低对整个机器人体积、质量以及制造精度方面的要求。由于采用了测量力的方法，机器人和作业对象之间的绝对位置误差不像单纯位置控制系统那么重要。由于机器人与物体接触后，即便是中等硬度的物体,相对位置的微小变化都会产生很大的接触力,利用这些力进行控制能提高位置控制的精度。

迄今为止,许多研究人员针对机器人力控制进行了研究,提出了各种各样的控制方案。追溯它的历史,在20世纪60年代,人们就开始研究机器人手臂的力控制问题。从20世纪70年代后半期到20世纪80年代前半期,不断涌现出至今仍有重要意义的基本控制方法。21世纪初,关于刚性构件机器人的主要控制方法已经相当成熟了,在一部分工业机器人中已经得到实际应用。

6.5.1 基本概念

智能机器人在特定接触环境操作时,可能存在产生任意作用力的柔性要求,智能机器人在自由空间操作时,为适应特定的接触环境,也存在对位置伺服刚度及机械结构刚度的特殊要求。

柔顺性可分为主动柔顺性和被动柔顺性两类。智能机器人凭借一些辅助的柔顺机构,使其在与环境接触时能够对外部作用力产生自然顺从的性质,称为被动柔顺性;智能机器人利用力的反馈信息采用一定的控制策略去主动控制作用力的性质,称为主动柔顺性。

1. 被动柔顺控制

被动柔顺机构是利用一些使智能机器人在与环境作用时能够吸收或储存能量的机械器件如弹簧、阻尼器等构成的机构。图6-18给出了用弹簧和缓冲器支撑的机器人手爪机构,它通过弹簧和缓冲器,得到了多达3个移动自由度和3个旋转自由度的柔顺机构。工具、零部件几何形状的差异,以及外部环境的状态差异,使得这种被动柔顺的具体实施细节在实际作业场景中会呈现出千差万别的状况。

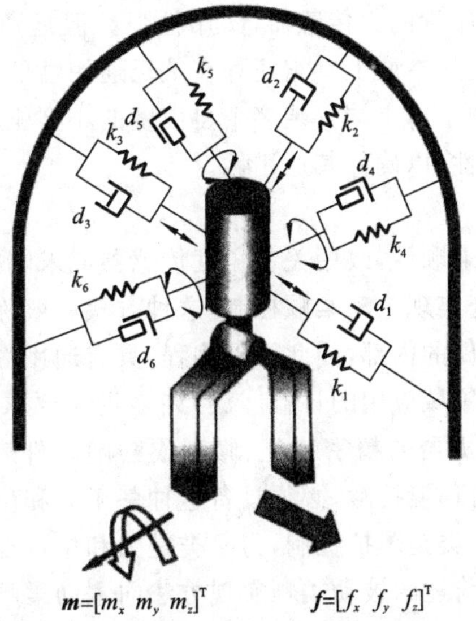

图 6-18 用弹簧和缓冲器支撑的手爪

不过,人们对一类十分通用且重要的工业应用,例如,将销轴插入空穴中或将同一形状的方形物料紧密地装入方箱中等，进行了详细的力学分析，提出了最佳的工程设计方法。特别是将销轴插入空穴中的作业，MIT Draper 实验室设计开发了被称为 RCC（remote compliance center）的专用插入装置，如图 6-19 所示。RCC 用于机器人装配作业时，能对任意柔顺中心进行顺从运动。RCC 实为一个由六只弹簧构成的能顺从空间六个自由度的柔顺手腕，轻便灵活。用 RCC 进行机器人装配的实验结果为：将直径为 40 mm 的圆柱销在倒角范围内且初始错位 2 mm 的情况下，于 0.125 s 内插入配合间隙为 0.101 mm 孔中。研究者针对销轴与孔的接触状态进行了详细的力学分析，得到了一个有意思的结论：如果抓持销轴的柔顺机构的柔顺矩阵在销轴的前端形成对角矩阵，那么插入成功率最高。当前，人们开发了很多这样的柔顺机构，不过在关键的一点上它们都是相同的，即都是将柔性构件（弹簧、橡胶等）按照几何学的方向进行配置。

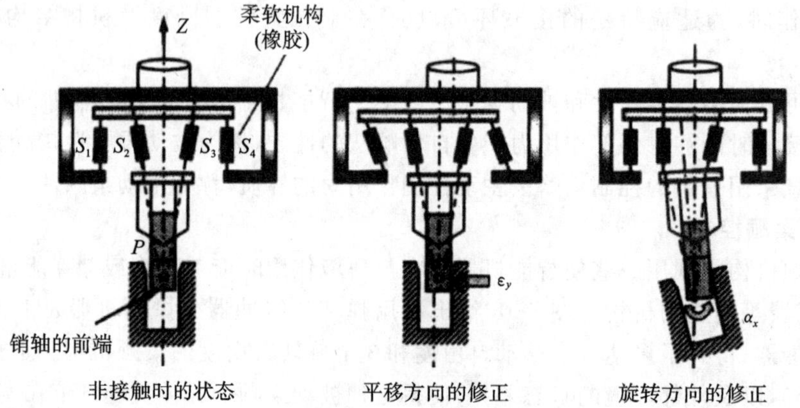

图 6-19　被动柔顺 RCC 装置

被动柔顺的方法不需要昂贵的力传感器，实用性强。但是弹性系数及其几何学上的方向性使柔顺特性无法改变，因此从本质上看它还存在缺乏通用性的问题。所以，人们又提出了新的方法，即在实施位置控制的手臂末端安装多个自由度的小型驱动器，利用它们的控制系统来实现任意弹簧和阻尼器的特性，以确保其通用性。

2. 阻抗控制

不依靠被动机械构件的柔顺性，改用关节角度传感器或末端力传感器，与关节电动机组成伺服控制系统，利用伺服系统实现主动柔顺控制，这种方式一般称为力控制。力控制的控制算法往往嵌在机器人控制器软件的内部，因此可以编程，具有通用性。

随着智能机器人在各个领域应用的日益广泛，许多场合要求智能机器人具有接触力的感知和控制能力。例如在智能机器的精密装配、修刮或磨削工件表面、抛光和擦洗等操作过程中，要求保持其端部执行器与环境接触，必须具备这种基于力和位置反馈的柔顺控制能力。实现柔顺控制的方法有两类：一类是阻抗控制，另一类是力和位置混合控制。

阻抗控制可以认为是将前述的被动柔顺实现方法向主动柔顺扩展的一种控制方法。即该方法将角度传感器或力传感器与电动机构成伺服系统，主动实现与纯粹机械阻抗同样的力学效果。阻抗这个术语是类比电路交流阻抗而引入的，意味着质量、阻尼器、弹簧等机械构件组合起到力学阻抗的作用。

阻抗控制是一种间接控制力的方法。阻抗控制不是直接控制期望的力和位置，而是通过控制力和位置之间的动态关系来实现柔顺控制。阻抗控制，也就是控制力和位移之间的动力学关系，使机器人末端呈现需要的刚度和阻尼。阻抗控制的核心思想是把力误差信号变为位置环的位置调节量，即力控制器的输入信号加到位置控制器的输入端，通过位置的调整来实现力的控制。任一自由度上的机械阻抗都是该自由度上的动态力增量与由它引起的动态位移增量之比，机械阻抗是个非线性动态系数，表征了机械动力学系统在任一自由度上的动刚度。

下面举最简单的质量弹簧阻尼的单自由度小车的例子来说明阻抗控制。图 6-20 给出了阻抗控制的示意图。图中阻尼器的阻尼系数为 d_0，弹簧的弹性系数为 k_0，小车的质量为 m_0。在未施加阻抗控制的状态下受到外力 f_{ext} 的作用下，设小车的位移、速度、加速度分别为 x、$\dot{x}$、$\ddot{x}$，则小车的运动学方程式为

$$m_0\ddot{x}+d_0\dot{x}+k_0x=f_{\mathrm{ext}} \tag{6-57}$$

假设借助于一些传感器能够测量小车的位移 x、速度 $\dot{x}$、加速度 $\ddot{x}$ 和外力 f_{ext}，而且利用这些量求解出驱动器的操作量为

$$f_{\mathrm{u}}=-k_{\mathrm{p}}x-k_{\mathrm{d}}\dot{x}-k_{\mathrm{a}}\ddot{x}+k_{\mathrm{f}}f_{\mathrm{ext}} \tag{6-58}$$

利用驱动器的操作量 f_{u} 进行力的补偿，则整个系统的运动方程式变为

$$m_0\ddot{x}+d_0\dot{x}+k_0x=f_{\mathrm{ext}}+f_{\mathrm{u}} \tag{6-59}$$

$$(m_0+k_{\mathrm{a}})\ddot{x}+(d_0+k_{\mathrm{d}})\dot{x}+(k_0+k_{\mathrm{p}})x=(1+k_{\mathrm{f}})f_{\mathrm{ext}} \tag{6-60}$$

由此可知，通过选择适当的位置、速度、加速度的反馈增益 k_{p}、k_{d} 和 k_{a}，就能够自由地改变原来的阻抗，即 m_0、d_0 和 k_0。另外，力的反馈增益 k_{f} 具有增加或减少外来作用于小车的力的作用。

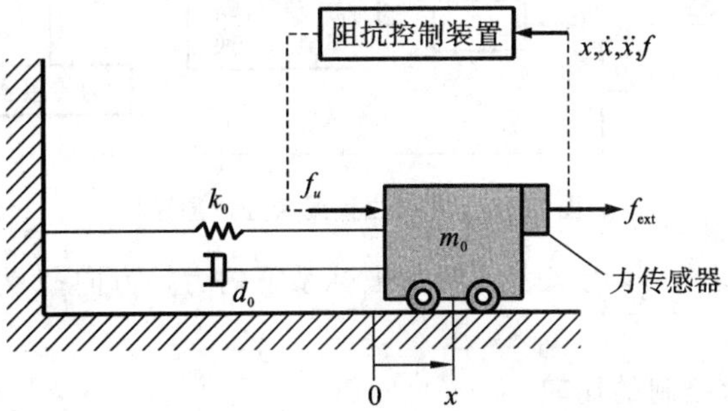

图 6-20 阻抗控制示意图

实际上，该例子是一个理想化的例子，在实际系统中，既无法简单地测量加速度，又存在外力对传感器动力学的影响等问题。单自由度系统阻抗控制是多自由度手臂阻抗控制的基础。图 6-21 给出了三自由度机器人实现末端阻抗控制的示意图。基于阻抗控制的作业策略就是将适当的阻抗作用在机器人与外界的接触面上，通过适当调整阻抗值和运动目标值(位置、速度、力等)来完成作业。

3. 力和位置混合控制

力和位置混合控制，是指机器人末端执行器在某个方向受到约束时，同时进行不受约束方向的位置控制和受约束方向的力控制的控制方法。力和位置混合控制是一种解耦控制方法，

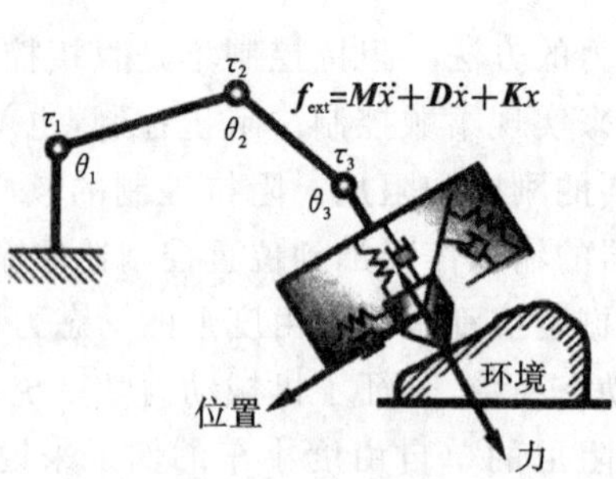

图 6-21　自由度手臂的阻抗控制示意图

它在适当的垂直作业坐标上，将自由度分解为控制力的自由度和控制位置的自由度，独立组成跟踪各自目标值的伺服系统。

力和位置混合控制的特点是力和位置是独立控制的以及控制规律是以关节坐标给出的。力和位置混合控制将任务空间划分成了两个正交互补的子空间——力控制子空间和位置控制子空间，在力控制子空间中用力控制策略进行力控制，在位置控制子空间利用位置控制策略进行位置控制。力和位置混合控制原理如图 6-22 所示。

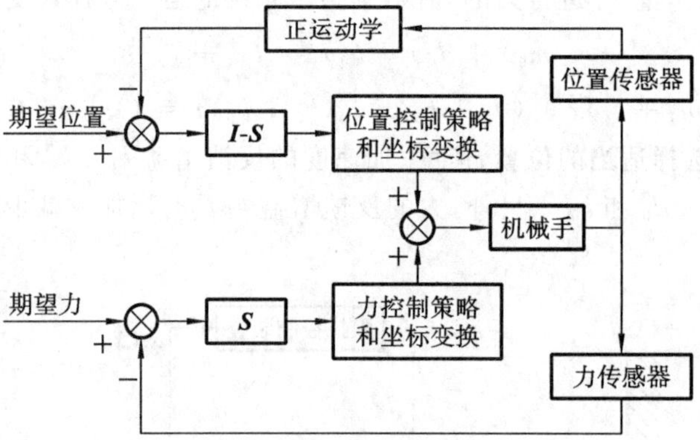

图 6-22　力和位置混合控制原理

图 6-22 中：***S*** 为选择矩阵，用来表示约束坐标系下的力控方向；***I*** 为单位矩阵，用来表示位控方向。

4. 阻抗控制与混合控制的比较

阻抗控制和混合控制两者在概念上似乎不同，实际上却是同一个控制器，只是考察的角度不同，有时其可视为阻抗调节器，有时又可视为力控制系统的补偿器。

6.5.2　机器人手臂及环境的建模

针对 n 个构件的刚性机器人手臂的特性，建模的方法如下所述。为了简化问题，模型中假设重力和摩擦力的影响可以忽略。虽然接触外界本身应该具有复杂的非线性阻抗特性，同样为了简单起见，这里将它仅考虑成单纯线性的弹簧元件。图 6-23 给出二自由度机械手的坐标系设置。

机械手的运动学方向为

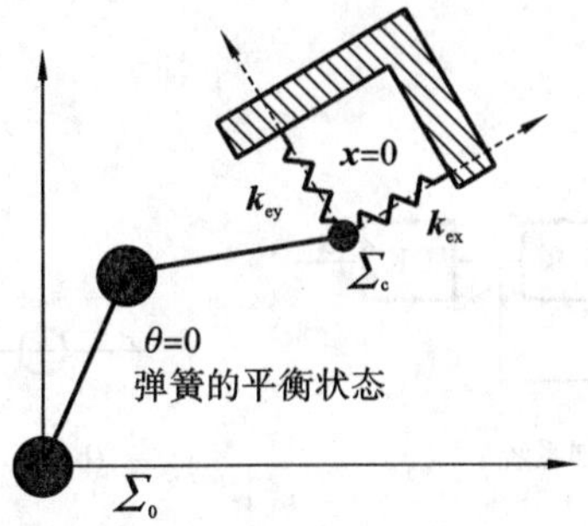

图 6-23 二自由度机械手的坐标系设置

$$\boldsymbol{x} = \mathbf{DK}(\boldsymbol{\theta}) \tag{6-61}$$

$$\boldsymbol{\theta} = \mathbf{IK}(\boldsymbol{x}) \tag{6-62}$$

$$\dot{\boldsymbol{x}} = \boldsymbol{J}\dot{\boldsymbol{\theta}} \tag{6-63}$$

机械手的动力学方程为

$$\boldsymbol{\tau} = \boldsymbol{M}(\boldsymbol{\theta})\ddot{\boldsymbol{\theta}} + \boldsymbol{h}(\boldsymbol{\theta},\dot{\boldsymbol{\theta}}) - \boldsymbol{J}^{\mathrm{T}}\boldsymbol{f}_{\mathrm{ext}} \tag{6-64}$$

环境的动力学方程为

$$\boldsymbol{K}_{\mathrm{e}}\boldsymbol{x} = -\boldsymbol{f}_{\mathrm{ext}} \tag{6-65}$$

式(6-61)至式(6-65)中：

$\boldsymbol{x} \in \mathbf{R}^{n\times 1}$ ——在固定于环境上的正交作业坐标系Σ_c中的位置及姿态；

$\boldsymbol{\theta} \in \mathbf{R}^{n\times 1}$ ——关节角；

DK——正运动学函数；

IK——逆运动学函数；

$\boldsymbol{J} \in \mathbf{R}^{n\times n}$ ——雅可比矩阵；

$\boldsymbol{\tau} \in \mathbf{R}^{n\times 1}$ ——关节转矩；

$\boldsymbol{h}(\boldsymbol{\theta},\dot{\boldsymbol{\theta}}) \in \mathbf{R}^{n\times 1}$ ——科氏力、离心力矩阵；

$\boldsymbol{M}(\boldsymbol{\theta}) \in \mathbf{R}^{n\times n}$ ——惯性矩阵(正值对称)；

$\boldsymbol{K}_{\mathrm{e}} \in \mathbf{R}^{n\times n}$ ——环境刚度矩阵(正值对称)。

6.5.3 基于位置控制的力控制方式

基于位置控制的力控制系统是一个划分为两层的分层控制结构。首先构建通常的位置或速度控制系统，然后在其外侧附加一个借助于力传感器的力控制环。图 6-24 给出了该控制系统的结构图。先利用位置控制补偿器 $\boldsymbol{G}_{\mathrm{p}}$ 构成位置控制系统，再通过力传感器测量的外力 $\boldsymbol{f}_{\mathrm{ext}}$ 构成 $\boldsymbol{G}_{\mathrm{f}}$ 补偿器，向位置目标值进行反馈。其中，“ref”表示目标值，“ext”表示来自外部的输入，$\boldsymbol{G}_{\mathrm{p}}$ 表示位置控制补偿器，$\boldsymbol{G}_{\mathrm{f}}$ 表示力控制补偿器，$\boldsymbol{J}^{\mathrm{T}}$ 表示惯性矩阵，**DK** 表示信号的放大比例系数，$\boldsymbol{\theta}$ 表示角位移。

位置控制一般都是尽可能地设法加大带宽，使 $\boldsymbol{x}$ 和 $\boldsymbol{x}_{\mathrm{ref}}$ 一致。在一般的工业机器人实施力控制的场合，若将位置控制系统的带宽设置得足够宽(通常设定为高增益)，则在多数情况下由于以下的理由可以忽略式(6-64)中的科氏力和离心力等非线性动力学因素的影响。具体理

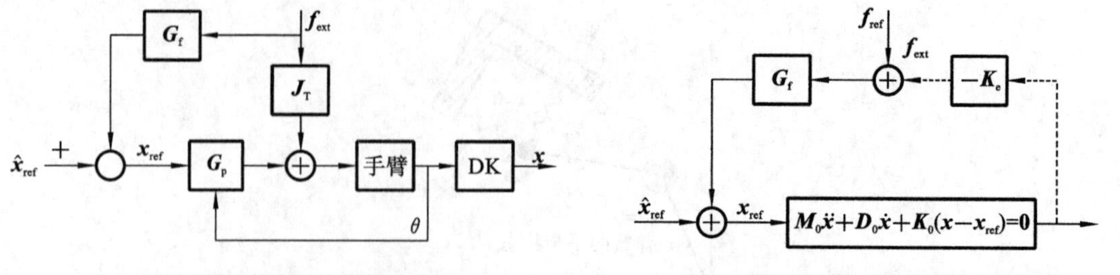

(a)基于位置控制的力控制系统　(b)基于位置控制的力控制系统简化模型

图 6-24　基于位置控制的力控制系统的结构图

由如下：

(1) 各个关节齿轮的传动比非常大；

(2) 在积极实施力控制的场合，手臂的运动速度一般比较低。

于是，我们可以认为位置控制系统的局部动作是线性的，但是，如果在整个频带中都做 $\boldsymbol{x}$ 和 $\boldsymbol{x}_{\text{ref}}$ 一致的理想化处理未免有些勉强。所以，一般工业机器人大多被近似地描述为下列线性动力学方程：

$$\boldsymbol{M}_0\ddot{\boldsymbol{x}} + \boldsymbol{D}_0\dot{\boldsymbol{x}} + \boldsymbol{K}_0(\boldsymbol{x} - \boldsymbol{x}_{\text{ref}}) = \boldsymbol{0} \tag{6-66}$$

式中：$\boldsymbol{M}_0$ 、$\boldsymbol{D}_0$ 、$\boldsymbol{K}_0$ ——正值对称惯性矩阵、黏性矩阵、刚性矩阵。

式(6-66)不再有式(6-64)中的 $\boldsymbol{f}_{\text{ext}}$ 项，这种情况可以解释为：系统对外力不再敏感，即机器人刚度非常大，用手推动手臂的任何部分都不会引起微小的变动。因此，在手腕上安装力传感器，用其直接测量外力，并将收集的信息提供给位置控制系统，就能实现柔顺运动(compliant motion)。

1. 刚性(柔顺)控制

刚性控制或柔顺控制，其共同的目标是在末端实现弹簧效果。基于位置控制，以如图 6-25 所示的刚性控制方式进行校正，达到位置目标值与外力成正比的目的，即

$$\boldsymbol{x}_{\text{ref}} = \hat{\boldsymbol{x}}_{\text{ref}} + \hat{\boldsymbol{C}}(\boldsymbol{f}_{\text{ext}} - \boldsymbol{f}_{\text{ref}}) \tag{6-67}$$

式中：$\hat{\boldsymbol{C}} = \hat{\boldsymbol{K}}^{-1}$ ——指定的柔顺矩阵，其中 $\hat{\boldsymbol{K}} \in \mathbf{R}^{n\times n}$ ——指定的刚性矩阵；

$\boldsymbol{x}_{\text{ref}}$ ——新的位置目标值。

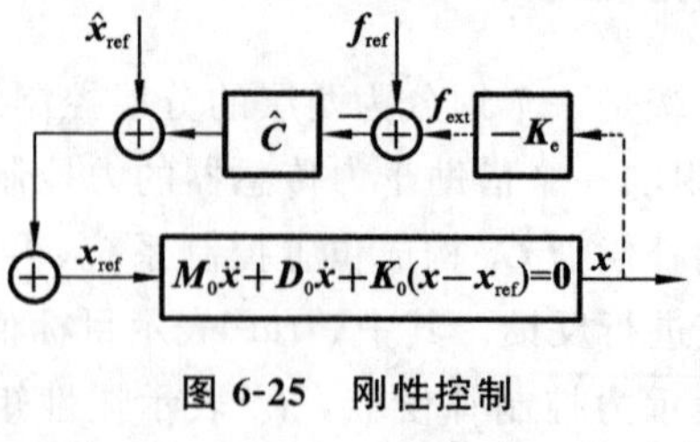

图 6-25　刚性控制

刚性(柔顺)控制的主要特征有以下几点：①控制率计算非常简单；②对于一个自由度来说，兼顾到位置控制特性的带宽较宽和柔顺性好；③在 $\hat{\boldsymbol{C}}$ 较大时，由于力传感器动力学等的影响，难以确保与高刚性环境接触时的稳定性。

2. 阻尼控制

按照外力的积分来校正位置目标值的方法称为阻尼控制，如图 6-26 所示，其控制率为

$$\boldsymbol{x}_{\text{ref}} = \int [\hat{\boldsymbol{v}}_{\text{ref}} + \hat{\boldsymbol{A}}(\boldsymbol{f}_{\text{ext}} - \boldsymbol{f}_{\text{ref}})]\text{d}t \tag{6-68}$$

式中：$\hat{\boldsymbol{A}} = \hat{\boldsymbol{D}}^{-1}$ ——指定的调节矩阵；

$\hat{\boldsymbol{D}} \in \mathbf{R}^{n\times n}$ ——指定的黏性矩阵；

$\hat{\boldsymbol{v}}_{\text{ref}}$ ——新的速度指令值。

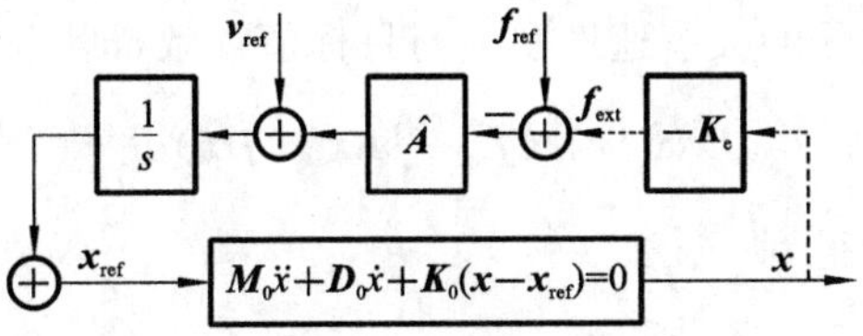

图 6-26 阻尼控制

阻尼控制的主要特征有以下几点：①控制率简单；②对于一个自由度来说，能同时保证位置控制特性的带宽较宽和阻尼低；③借助于积分效果，容易降低高频带机械共振的峰值；④将 $\hat{\boldsymbol{A}}$ 看作是在约束空间中的力控制器时，由于积分补偿的影响，对阶跃波形的力目标值来说，不存在稳态误差。

3. 阻抗控制

阻抗控制的目的是在末端实现质量、阻尼和弹簧效果。在 $\boldsymbol{f}_{\text{ref}} = 0$ 时，控制率（见图 6-27）如下所示：

$$\boldsymbol{x}_{\text{ref}} = (s^2\hat{\boldsymbol{M}} + s\hat{\boldsymbol{D}} + \hat{\boldsymbol{K}})^{-1}\boldsymbol{f}_{\text{ext}} \tag{6-69}$$

式中：$\hat{\boldsymbol{M}} \in \mathbf{R}^{n\times n}$ ——指定的惯性矩阵；

$\hat{\boldsymbol{D}} \in \mathbf{R}^{n\times n}$ ——指定的黏性矩阵；

$\hat{\boldsymbol{K}} \in \mathbf{R}^{n\times n}$ ——指定的刚性矩阵。

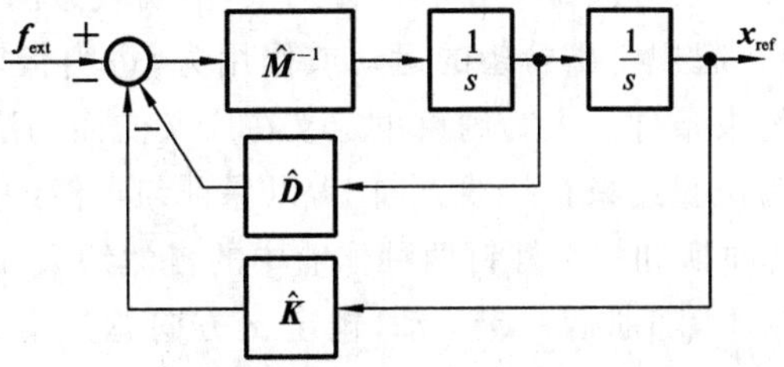

图 6-27 阻抗控制的调节补偿

在式(6-66)中，取 $\boldsymbol{K}_0$ 为较大的值，在 $\boldsymbol{x} = \boldsymbol{x}_{\text{ref}}$ 近似成立的范围内，式(6-69)化为

$$\hat{\boldsymbol{M}}\ddot{\boldsymbol{x}} + \hat{\boldsymbol{D}}\dot{\boldsymbol{x}} + \hat{\boldsymbol{K}}\boldsymbol{x} = \boldsymbol{f}_{\text{ext}} \tag{6-70}$$

能够实现 $\hat{M}$、$\hat{D}$、$\hat{K}$ 的阻抗。

阻抗控制的主要特征有以下几点：①能够实现任意广义的阻抗；②对于一个自由度，兼顾到位置控制特性的带宽较宽和阻抗低。

4. 伪柔顺控制

这是一种采用独立关节的速度控制系统，并给出了速度目标值，利用力传感器实现所希望的刚度、黏性、惯性的方式。仿柔顺控制的控制率为

$$\dot{\boldsymbol{x}}_{\mathrm{ref}} = \boldsymbol{J}^{-1}\boldsymbol{M}^{-1}\int(\boldsymbol{f}_{\mathrm{ext}} - \hat{\boldsymbol{K}}\boldsymbol{x} - \hat{\boldsymbol{D}}\dot{\boldsymbol{x}})\mathrm{d}t \tag{6-71}$$

在低频段，由于可将实际的关节速度视为与目标值一致，即

$$\boldsymbol{J}\boldsymbol{M}\dot{\boldsymbol{x}} = \int(\boldsymbol{f}_{\mathrm{ext}} - \hat{\boldsymbol{K}}\boldsymbol{x} - \hat{\boldsymbol{D}}\dot{\boldsymbol{x}})\mathrm{d}t \tag{6-72}$$

将式(6-72)两边求导，得到

$$\boldsymbol{J}\boldsymbol{M}\ddot{\boldsymbol{x}} + \hat{\boldsymbol{D}}\dot{\boldsymbol{x}} + \hat{\boldsymbol{K}}\boldsymbol{x} = \boldsymbol{f}_{\mathrm{ext}} \tag{6-73}$$

伪柔顺控制的主要特征有以下几点：①控制律简单；②由于包含雅可比逆矩阵运算，因此在奇异点附近必须加以注意。

6.5.4 作业约束与控制策略

1. 作业约束

由于力只有在两个物体接触时才产生，因此机器人的力控制是将环境考虑在内的控制问题，也是在环境约束条件下的控制问题。

机器人在执行任务时一般受到两种约束：一种是自然约束，它是指机器人末端执行器与环境接触时，环境的几何特性构成对作业的约束。另一种是人为约束，它是人为给定的约束，用来描述机器人预期的运动或施加的力。

自然约束是在某种特定的接触情况下自然发生的约束，与机器人的运动轨迹无关。例如，当机器人手爪与固定刚性表面接触时，不能自由穿过这个表面，称为自然位置约束；若这个表面是光滑的，则不能对手爪施加沿表面切线方向的力，称为自然力约束。一般可将接触表面定义为一个广义曲面，沿曲面法线方向定义自然位置约束，沿切线方向定义自然力约束。

人为约束与自然约束一起规定出希望的运动或作用力，每当指定一个需要的位置轨迹或力时，就要定义一组人为约束条件。人为约束也定义在广义曲面的法线和切线方向上，但人为力约束在法线方向上，人为位置约束在切线方向上，以保证与自然约束相容。

图 6-28 表示出了旋转曲柄和拧紧螺钉两种作业中的自然约束和人为约束。在图 6-28(a)中，约束坐标系建立在曲柄上，随曲柄一起运动，规定 x 方向总是指向曲柄的轴心。当机器人手爪紧握曲柄的手把摇着曲柄转动时，手把可以绕自身的轴心转动。在图 6-28(b)中，约束坐标系建在旋具顶端，在工作时随旋具一起转动。为了不让旋具从螺钉槽中滑出，将沿方向 y 的力为零作为约束条件之一。在约束坐标系中某个自由度若有自然位置约束，则在该自由度上就应规定人为力约束，反之亦然。为适应位置和力的约束，在约束坐标系中的任何给定自由度都要受控制。机器人的位置约束用手爪在约束坐标系中的速度分量

$$[v_x \quad v_y \quad v_z \quad \omega_x \quad \omega_y \quad \omega_z]^{\mathrm{T}}$$

表示。力约束则用在约束坐标系中的力/力矩分量表示：

$$[f_x \quad f_y \quad f_z \quad T_x \quad T_y \quad T_z]^{\mathrm{T}}$$

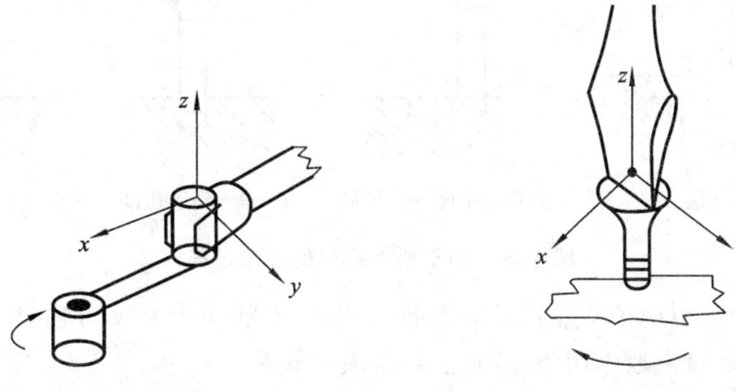

(a) 旋转曲柄　　(b)拧紧螺钉

图 6-28　两种作业的自然约束和人为约束

在图 6-28(a)中，自然约束为：$v_x=0, v_z=0; \omega_x=0, \omega_y=0; f_y=0; T_z=0$；人为约束为：$v_y=0; \omega_z=\alpha_1; f_x=0, f_z=0; T_x=0, T_y=0$。

在图 6-28(b)中，自然约束为：$v_x=0, v_z=0; \omega_x=0, \omega_y=0; f_y=0; T_z=0$；人为约束为：$v_y=0; \omega_z=\alpha_2; f_x=0, f_z=\alpha_3; T_x=0, T_y=0$。

由此可见，自然约束和人为约束把机器人的运动分成两组正交的集合，必须根据不同的规则对这两组集合进行控制。

2. 控制策略

对于机器人旋转曲柄和拧螺钉这样的任务，在整个工作过程中自然约束和人为约束保持不变，但在比较复杂的情况下，如机器人执行装配作业时，需要把一个复杂的任务分成若干个子任务，对每个子任务规定约束坐标系和相应的人为约束，各子任务的人为约束组成一个约束序列，按照这个序列实现预期的任务。在执行作业过程中，必须能够检测出机器人与环境接触状态的变化，以便为机器人跟踪环境(用自然约束描述)提供信息。根据自然约束的变化，调用人为约束条件，实施与自然约束和人为约束相适应的控制。

以图 6-29 所示销子插入孔中的装配过程为例。首先把销子放在孔的左侧平面上，然后在平面上平移，直到销子掉入孔中，再将销子向下插入孔底。上述每个动作定义为一个子任务，然后分别给出自然约束和人为约束，根据检测出的自然约束条件变化的信息，调用人为约束条件。

将约束坐标系建在销子上，在销子从空中向下落的过程中，如图 6-29(c)所示，销子与环境不接触，其运动不受任何约束，因此自然约束为

$$F=0 \tag{6-74}$$

根据任务要求，规定任务约束条件是销子沿 z 方向以速度 v_{z0} 趋近平面，所以人为约束为

$$\boldsymbol{v}=[0 \quad 0 \quad v_{z0} \quad 0 \quad 0 \quad 0]^{\mathrm{T}}$$

在销子下降到与平面接触时，如图 6-29(d)所示，可以通过力传感器检测到接触的发生，

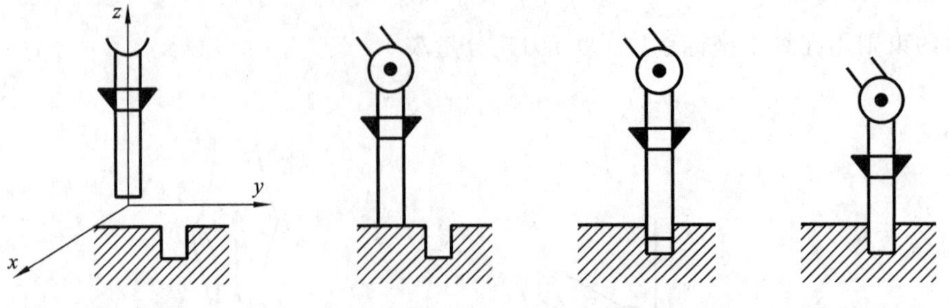

图 6-29　销子插入孔中的装配过程

生成一组新的自然约束：销子不能再沿 z 方向运动，也不能在 x 和 y 方向自由转动，同时在其他 3 个自由度上不能自由地作用力，其自然约束表达式为

$$v_z = 0; \omega_x = 0, \omega_y = 0; f_x = 0, f_y = 0; T_z = 0$$

在此条件下，人为约束的规定应保证销子能在平面上沿 y 方向以速度 v_{y0} 滑动，并在 z 方向施加较小的力 f_{z0} 保持销子与平面接触，所以人为约束表达式为

$$v_x = 0, v_y = v_{y0}; \omega_z = 0; f_z = f_{z0}; T_x = 0, T_y = 0$$

当检测到沿 z 方向的速度时，表明销子进入了孔中，如图 6-29(c)所示，说明自然约束又发生了变化，必须改变人为约束条件，即以速度 v_{z1} 把销子插入孔中。这时，自然约束为

$$v_x = 0, v_y = 0; \omega_x = 0, \omega_y = 0; f_z = 0; T_z = 0$$

相应的人为约束为

$$v_z = v_{z1}; \omega_z = 0; f_x = 0, f_y = 0; T_x = 0, T_y = 0$$

通过销子插入孔中的装配过程分析，可以看出：自然约束的变化是依据检测到的信息来确认的，而这些被检测的信息多数是不受控制的位置或力的变化量。例如，销子从接近到接触孔，被控制量是位置，而用来确定是否达到接触状态的被检测量是不受控制的力；手部的位置控制是沿着有自然力约束的方向，而手部的力控制则是沿着有自然位置约束的方向。

6.5.5　力/位混合控制

机器人的手爪和外界环境接触有两种极端状态：一种是手爪在空间自由运动，手爪与外界环境没有力的作用，自然约束力为零，即在手爪的任何方向上都不能施加力和力矩，这种情况属于单纯的位置控制问题，如图 6-30(a)所示；另一种是手爪与环境固接在一起，手爪完全不能自由改变位置，即手爪的自然约束是六个位姿约束，可在任何方向施加力和力矩，这种情况纯属力控制问题，如图 6-30(b)所示。第二种情况在实际中很少出现，大多数情况是部分自由度受位置约束，部分自由度受力约束，因此需要进行力和位置混合控制。

按照系统的现场要求，机器人力和位置的混合控制需要解决下面三个问题：①在存在力自然约束的方向上施加位置控制；②在存在位置自然约束的方向上施加力控制；③根据接触状态，规定约束坐标系，将整个形位空间分解成两个正交的子空间，分别实施位置控制和力控制。

如图 6-31 所示，三自由度直角坐标机器人与水平面接触，约束坐标系 $\{C\}$ 的 z_C 轴与水平面垂直，其他两轴 x_C 和 y_C 在水平切面内，分别与机器人的三个关节轴线 z、x 和 y 一致。显

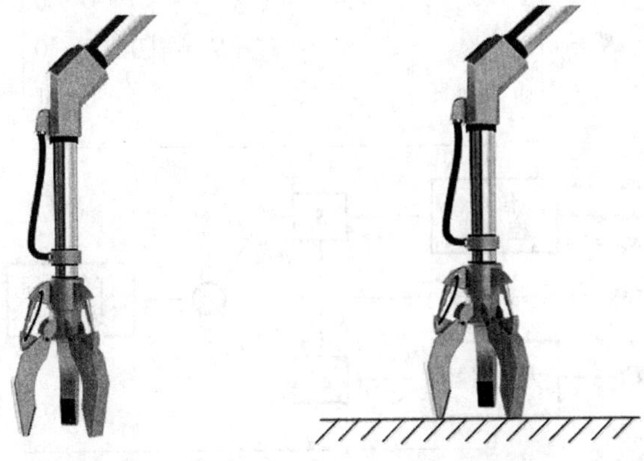

(a)自由运动　　(b)约束运动

图 6-30　机器人手爪与环境接触的两种极端情况

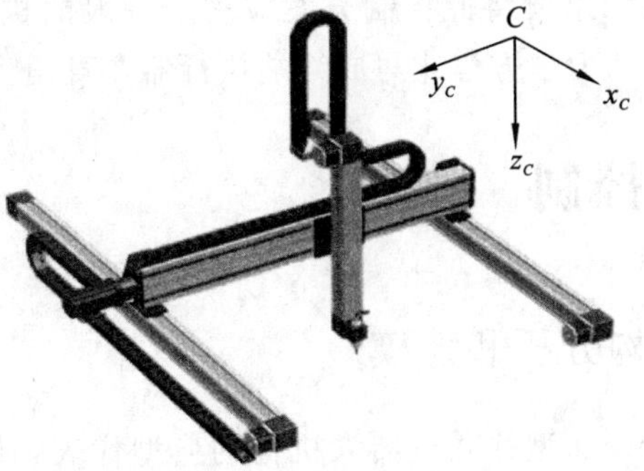

图 6-31　三自由度直角坐标机器人与水平面接触

然，对 z_C 方向需要进行力控制，而对 x_C 和 y_C 方向需要进行位置控制，所以机械手水平两关节应该使用轨迹控制器，垂直关节使用力控制器，于是在 x_C 和 y_C 方向设定位置轨迹，而在 z_C 方向独立地设定力轨迹（一般为常数）。

如果外界环境发生变化，对于机器人的某个自由度，原来进行力控制的可能要改变为轨迹控制，原来进行轨迹控制的可能要改变为力控制。这样，对每个自由度要求既能进行轨迹控制又能进行力控制。因此，对于三自由度机器人控制器的结构，应使它既可用于全部三自由度的位置控制，也能用于三自由度的力控制。当然，对于同一自由度一般不需要同时进行位置和力控制，因此需要设置一种工作模式，用来指明在给定的时刻每个自由度究竟施加哪种控制模式。

图 6-32 所示的是与水平面接触的三自由度直角坐标机器人的力和位置混合控制框图，三个关节既有位置控制器又有力控制器，图中引入的两组 3×3 的对角阵 $\boldsymbol{S}$ 和 $\boldsymbol{S}'$（选择矩阵），实际上是两组互锁开关，用来根据条件设置各个自由度所要求的控制模式。如要求对第 i 个关节进行位置（或力）控制，则矩阵 $\boldsymbol{S}$（或 $\boldsymbol{S}'$）对角线上的第 i 个元素为 1，否则为 0。此时，图 6-32 三自由度直角坐标机器人与水平面接触时 $\boldsymbol{S}$ 和 $\boldsymbol{S}'$ 应为

$$\boldsymbol{S}=\begin{bmatrix}1&0&0\\0&1&0\\0&0&0\end{bmatrix},\quad \boldsymbol{S}'=\boldsymbol{I}-\boldsymbol{S}=\begin{bmatrix}0&0&0\\0&0&0\\0&0&1\end{bmatrix} \tag{6-75}$$

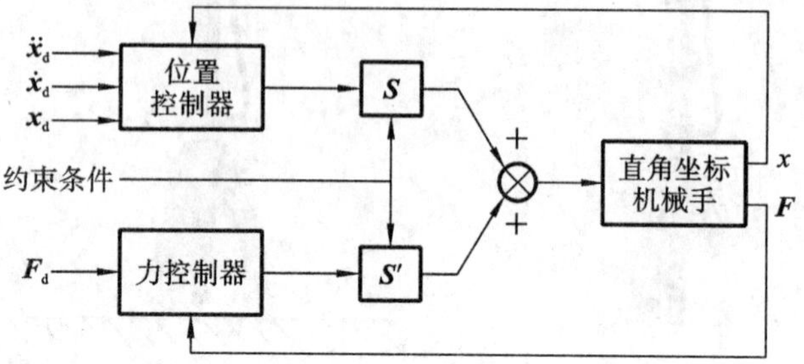

图 6-32 三自由度直角坐标机器人与水平面接触

值得注意的是，图 6-32 所示的力和位置混合控制器是针对关节轴线与约束坐标系 $\{C\}$ 完全一致的特定情况，如果要将此控制方案应用于一般的机器人，使之适应于任意约束坐标系，则需要将机器人的动力学方程式写成终端执行器在直角坐标系的形式。

6.6 并联机器人控制

6.6.1 6-SPS 平台机构分析和建模

6-SPS 平台机构是 Stewart 型并联机器人机构的典型代表，其结构如图 6-33 所示。机构的上下平台分别由六个相同的分支部件所支撑，每个分支部件的两端是球形铰链，每个分支部件的中间是一个移动副。该移动副可以由液压缸、气缸或滚珠丝杠等直线驱动机构驱动。

按照一般形式的空间机构自由度计算公式(6-76)，可以计算并联机器人的自由度：

$$M=6(n-g-1)-\sum_{i=1}^{g}f_i \tag{6-76}$$

式中：M——自由度；

n——机构物体的个数；

g——n 个物体之间的运动副数目；

f_i——第 i 个运动副的相对自由度。

由图 6-33 中所示的并联机器人机构，$n=14$，$g=8$，6 个球形铰链的相对自由度为 3，6 个移动副的相对自由度为 1，代入公式(6-76)，得 6-SPS 并联机器人的自由度为

$$M=6(n-g-1)-\sum_{i=1}^{g}f_i=6\times(14-8-1)-\sum_{i=1}^{6}3-\sum_{i=1}^{6}1=30-18-6=6$$

假设下平台为支座，当驱动器推动任一移动副做相对的直线移动时，各分支的长度就随之而改变，其结果是上平台在空间的位置与姿态就发生了变化。因此，要实现对六自由度并联机器人的实时控制是个很复杂的过程，正确地对空间并联六自由度机器人建模则是对此系统进行控制分析的必要前提条件。

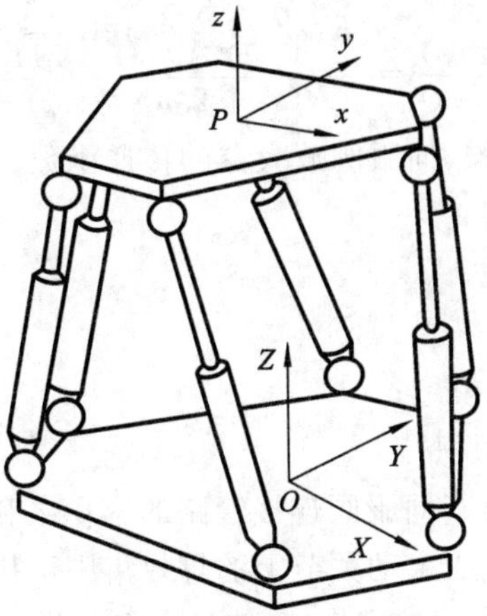

图 6-33 6-SPS 并联机器人平台机构

液压驱动 6-SPS 并联机器人的输出部件(上平台)的位置与姿态取决于支撑其的六个液压缸长度,任何一个缸的长度变化都会影响到上平台的位置与姿态。如果要求实现上平台从一个位姿到另一个位姿的精确转变,就必须精确控制每一个液压缸的运动,因此可以对这六个液压缸组成的液压伺服系统采用通过并联六通道分别控制各个液压缸运动的控制策略。

单通道液压伺服系统的工作过程如下:微机系统的控制信号通过数/模转换,转变为模拟量电压信号,控制伺服阀,伺服阀再将电压信号转变为推动液压缸的流量信号,液压缸的位置输出又经过位置传感器输出电压信号,最后此电压信号经过模/数转换,转变为数字量,并将此数字量传给微机,用作控制算法中的外界信息反馈,如图 6-34 所示。

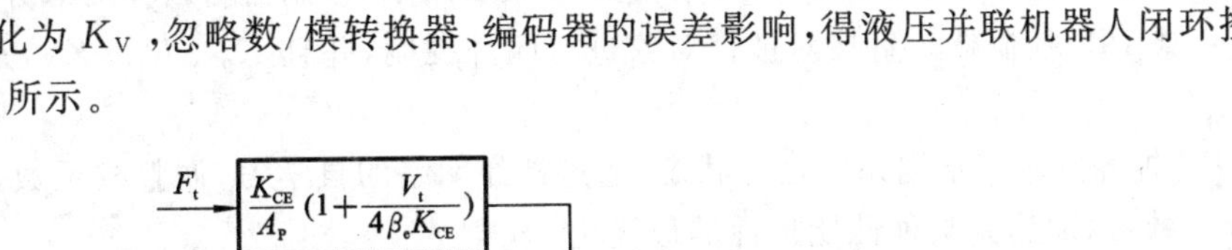

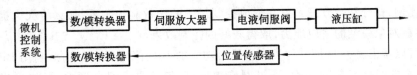

图 6-34 单通道液压伺服系统的工作过程

本系统的被控对象为伺服放大器、电液伺服阀和液压缸。把伺服放大器和电液伺服阀的传递函数简化为 K_V,忽略数/模转换器、编码器的误差影响,得液压并联机器人闭环控制方框图如图 6-35 所示。

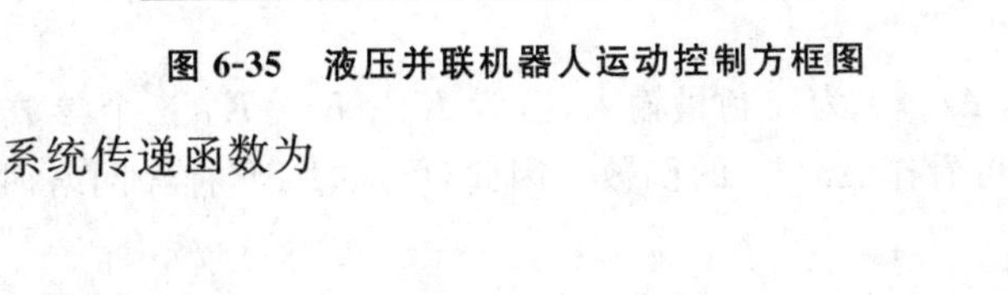

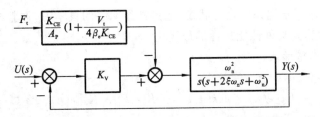

图 6-35 液压并联机器人运动控制方框图

通过图 6-35,得系统传递函数为

$$G(s)=\frac{Y(s)}{U(s)}=\frac{K_V\omega_n^2-\frac{K_{CE}}{A_P}(1+\frac{V_t}{4\beta_e K_{CE}}s)\omega_n^2F_t}{s(s^2+2\xi\omega_n s+\omega_n^2)+K_V\omega_n^2} \tag{6-77}$$

式中：K_V ——系统的电液伺服阀、伺服阀放大器的传递函数；

ω_n ——液压缸的固有频率；

K_{CE} ——总流量-压力系数；

ξ ——阻尼比；

β_e ——液压油的体积弹性模量；

A_P ——液压缸活塞有效面积；

V_t ——液压缸左右两腔及其伺服阀连接管路的容积之和；

F_t ——集中考虑作用在液压主动关节上的等效集中干扰力。

根据王洪瑞、李秋、宋维公的文献模型，系统的参数取值如下：$K_V=0.06$，$\omega_n=320$，$\xi=0.2$，$V_t=1.4\times10^{-4}$，$\beta_e=7\times10^8$，$K_{CE}=6.14\times10^{-12}$，$A_P=4.9\times10^{-4}$，$F_t=1000$，因此，本系统的传递函数为

$$G(s)=\frac{-0.01s+6142.72}{s^3+128s^2+102400s+6144} \tag{6-78}$$

此即为液压并联机器人的数学模型。

6.6.2 6-SPS 平台机构的神经网络 PID 控制

由于并联机器人存在高度非线性、控制模型的不确定性、强耦合性及控制任务要求的复杂性等特点，单纯的 PID 控制器很难满足要求。如果 PID 参数 K_p、K_i、K_d 能够实现在线自整定，调整好比例、积分和微分三个量在形成控制量中的函数制约关系，那么将大大提高 PID 控制对不同控制对象模型的适应能力，取得较好的控制效果。

由此，可以考虑将 PID 控制与具有自学习功能的 BP 神经网络相结合，利用 BP 神经网络具有逼近任意非线性函数的能力，通过网络权值、阈值的自学习自调整，寻找最优的 PID 参数，进行智能控制。

基于 BP 神经网络的 PID 控制系统结构如图 6-36 所示，控制器由以下两部分组成。

(1) 经典 PID 控制器。直接对被控对象进行闭环控制，并且 K_p、K_i、K_d 三个参数可在线自整定。

(2) BP 神经网络。根据系统运行状态，通过神经网络的自学习，调整权系数，自整定 PID 控制器的参数，以期达到某种性能指标的最优化。

将 PID 式写成增量形式：

$$\begin{aligned}\Delta u(k)&=u(k)-u(k-1)\\&=K_p[e(k)-e(k-1)]+K_ie(k)+K_d[e(k)-2e(k-1)+e(k-2)]\end{aligned} \tag{6-79}$$

由式(6-79)可知，$\Delta u(k)$ 为控制量输入，且为 K_p、K_i、K_d 三个参数的函数；系统输出量为 $\Delta y(k)$，即 $\Delta y(k)$ 可看作 $\Delta u(k)$ 的函数。因此，可通过 BP 神经网络训练和学习，找到最佳控制规律下的 K_p、K_i、K_d。

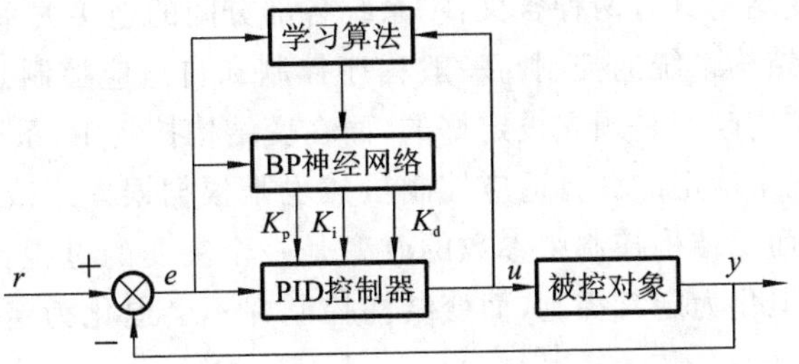

图 6-36　基于 BP 神经网络的 PID 控制系统结构

以式(6-78)所示的液压六自由度并联机器人数学模型为研究对象，取不同时刻液压驱动六自由度并联机器人的液压缸伸出杆长的实际值、理论值和偏差归一化后作为输入样本，以 PID 控制器的三个参数 K_p、K_i、K_d 作为输出结点，建立含有一个隐含层的三层 BP 神经网络，拓扑结构为 3-5-3 形式(隐含层和输出层神经元的激化函数均为 $f(x)=\frac{1}{1+e^{-x}}$)，通过自学习自调整 BP 网络的权值、阈值，优化 PID 参数，对并联机器人实施神经网络 PID 控制，具体参考闻新、周露、王丹力等的文献著作。

6.7　机器人变结构控制

早在 20 世纪 50 年代就已有学者提出了变结构控制(variable structure system，VSS)。限于当时的技术条件和控制手段，这种技术没有得到迅速发展。近年来，计算机技术的进步，使得变结构控制技术能很方便地实现，并不断充实和发展，成为非线性控制的一种简单而又有效的方法。

在动态控制过程中，变结构控制系统的结构根据系统当时的状态偏差及其各阶导数的变化，以跃变的方式按设定的规律做相应改变，它是一类特殊的非线性控制系统。滑模变结构控制就是其中一种。该类控制系统预先在状态空间设定一个特殊的超越曲面，由不连续的控制规律，不断变换控制系统结构，使其沿着这个特定的超越曲面向平衡点滑动，最后逐渐稳定至平衡点。

6.7.1　变结构控制原理

变结构控制系统具有如下特点：

(1) 对于系统参数的时变规律、非线性程度以及外界干扰等不需要精确的数学模型，只要知道它们的变化范围，就能对变结构控制系统进行精确的轨迹跟踪控制。

(2) 变结构控制系统的控制器设计对系统内部的耦合不必做专门的解耦。因为设计过程本身就是解耦过程，因此在多输入多输出系统中，多个控制器设计可按各自独立系统进行，其参数选择也不是十分严格的。

(3) 变结构控制系统进入滑动状态后，对系统参数及扰动变化反应迟钝，始终沿着设定滑线运动，因而具有很强的鲁棒性。

(4) 滑模变结构控制系统快速性好，无超调，计算量小，实时性强，很适合机器人控制。

变结构控制中的变结构具有两种含义：①系统各部分间的连接关系发生变化；②系统的参数发生变化。不过，变结构系统的控制与一般程序控制和自适应控制是不同的。程序控制在系统运行过程中系统结构改变是预先设定好的，而在变结构控制中，系统结构的改变是根据误差及其导数的变化情况来确定的。自适应控制虽然也是根据误差来改变系统的参数，但是这种改变是渐变的过程，而变结构控制中参数的改变是一个突变的过程。若控制对象参数不变化，自适应控制将逐渐退化为定常控制，而变结构控制并不会退化为定常控制，将始终保持为变结构控制。

下面让我们考虑一般非线性动态系统：

$$\boldsymbol{y}^{(n)}(t)=\boldsymbol{f}(\boldsymbol{x})+\boldsymbol{b}(\boldsymbol{x})\boldsymbol{u}(t)+\boldsymbol{d}(t) \tag{6-80}$$

式中：$\boldsymbol{u}(t)$ ——控制量；

$\boldsymbol{y}(t)$ ——输出量；

$\boldsymbol{x}$——状态向量，$\boldsymbol{x}=[y\quad \dot{y}\quad \cdots\quad y^{n-1}]^{\mathrm{T}}$ ；

$\boldsymbol{f}(\boldsymbol{x})$ ——状态的非线性函数，可能并不准确地知道，但假设知道它的不确定性范围 $|\Delta f(x)|$ ；

$\boldsymbol{b}(\boldsymbol{x})$ ——状态的非线性函数，也假定知道它的符号及不确定性的范围；

$\boldsymbol{d}(t)$ ——不确定的干扰项，也假定知道它的范围。

由此，在系统的模型参数 $\boldsymbol{f}(\boldsymbol{x})$ 和 $\boldsymbol{b}(\boldsymbol{x})$ 及干扰 $\boldsymbol{d}(t)$ 均不准确知道的情形下，设计有效的控制 $u(t)$ 以使系统的状态 $\boldsymbol{x}$ 跟踪给定状态 $\boldsymbol{x}_d=[y_d\quad \dot{y}_d\quad \cdots\quad \overset{n-1}{y_d}]^{\mathrm{T}}$。

取状态跟踪误差向量为

$$\tilde{\boldsymbol{x}}=\boldsymbol{x}_d-\boldsymbol{x}=[\tilde{y}\quad \dot{\tilde{y}}\quad \cdots\quad \overset{n-1}{\tilde{y}}]^{\mathrm{T}} \tag{6-81}$$

一般情况下可取开关超平面方程为

$$s=\overset{n-1}{\tilde{y}}+c_1\overset{n-2}{\tilde{y}}+c_{n-2}\dot{\tilde{y}}+c_{n-1}\tilde{y}=0 \tag{6-82}$$

式中：设计参数 $c_1,c_2,\cdots,c_{n-1}$ 由设计人员选择。为了减少选择参数，通常选择如下的开关面方程：

$$s=\left(\frac{\mathrm{d}}{\mathrm{d}t}+\lambda\right)^{n-1}\tilde{y}=0 \tag{6-83}$$

式中：$\lambda>0$。

这里，只有 λ 是要选择的设计参数，可根据对系统的频带要求来给定。例如，当 $n=2$ 时，开关面方程为

$$s=\frac{\mathrm{d}\tilde{y}}{\mathrm{d}t}+\lambda\tilde{y}=0 \tag{6-84}$$

当 $n=3$ 时开关面方程为

$$s=\frac{\mathrm{d}^2\tilde{y}}{\mathrm{d}t^2}+2\lambda\frac{\mathrm{d}\tilde{y}}{\mathrm{d}t}+\lambda^2\tilde{y}=0 \tag{6-85}$$

为了实现具有滑模变结构控制，并使得开关面在整个空间均具有“吸引力”，这就要求适当地设计控制规律 $u(t)$，使得

$$s\dot{s}\leqslant-\eta|s|\quad(\eta>0) \tag{6-86}$$

若式(6-86)得以满足，则不管系统的初始状态如何(即初始相点在何处)，系统的运动相点都将首先被“吸引”到 $s=0$ 开关面上，然后沿着开关面运动到原点。也就是说，该系统是大范围内渐进稳定的。这可以通过李雅普诺夫稳定性理论得到证实。若设 $V=s^2$ 为系统的李雅普诺夫函数，显然它是正定的，而式(6-86)保证了 $\frac{\mathrm{d}V}{\mathrm{d}t}=\frac{\mathrm{d}s^2}{\mathrm{d}t}=2s\dot{s}<0$，从而说明系统是大范围渐进稳定的。

由以上分析得出，系统的动态过程分为两段：第一段($0\sim t_1$)运动相点从初态开始运动到开关面上；第二段(t_1 以后)运动相点沿开关面继续运动到稳态值。下面来具体分析每一段的运动过程。

第一段：设 $t=t_1$ 时相点运动到开关面上，即 $s(t_1)=0$。设 $s(0)>0$，即 t 在 $(0,t_1)$ 期间 $s>0$，所以式(6-86)变为 $\dot{s}\leqslant-\eta$。两边积分得 $s(t_1)-s(0)\leqslant-\eta t_1$，即

$$t_1\leqslant\frac{s(0)}{\eta}\tag{6-87}$$

当 $s(0)<0$ 时，t 在 $(0,t_1)$ 期间 $s<0$，式(6-86)变为 $\dot{s}\geqslant\eta$。两边积分得 $s(t_1)-s(0)\geqslant\eta t_1$，即

$$t_1\leqslant\frac{-s(0)}{\eta}\tag{6-88}$$

联合求解式(6-87)和式(6-88)可得

$$t_1\leqslant\frac{|s(0)|}{\eta}\tag{6-89}$$

可见，第一段的过渡时间既取决于初态 $s(0)$，也取决于设计参数 η。初态 $|s(0)|$ 越大，t_1 越大；设计参数 η 选得越大，则 t_1 越小。

第二段：运动相点沿开关面运动到原点。它满足开关面方程，即

$$\left(\frac{\mathrm{d}}{\mathrm{d}t}+\lambda\right)^{n-1}\tilde{y}=0$$

其特征方程为 $(p+\lambda)^{n-1}=0$，它相当于 $n-1$ 个时间常数相同的惯性环节串联，每个环节的时间常数均为 $1/\lambda$，总的等效时间常数约为 $(n-1)/\lambda$。因而当相点运动到开关面后，系统的状态误差将以指数形式衰减到零。

6.7.2 机器人滑模变结构控制器

机器人的滑模变结构控制器的一般结构如图 6-37 所示。

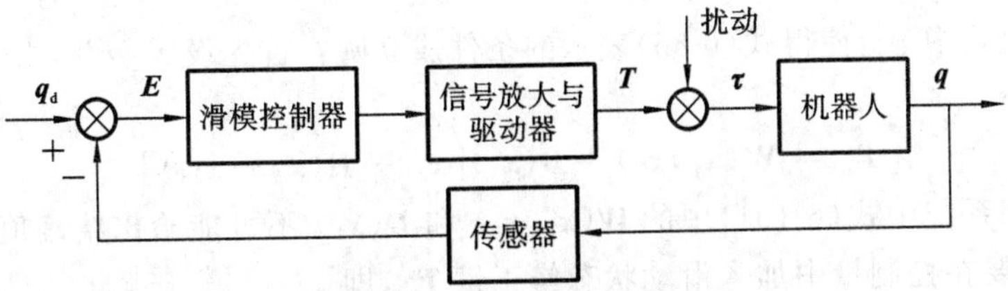

图 6-37 机器人的滑模变结构控制器

运用机器人动力学分析方法，可以得到含有 n 个关节的机器人动力学模型为

$$\boldsymbol{D}(\boldsymbol{q})\ddot{\boldsymbol{q}}+\boldsymbol{C}(\boldsymbol{q},\dot{\boldsymbol{q}})+\boldsymbol{G}(\boldsymbol{q})=\boldsymbol{T} \tag{6-90}$$

令 $\boldsymbol{W}(\boldsymbol{q},\dot{\boldsymbol{q}})=\boldsymbol{C}(\boldsymbol{q},\dot{\boldsymbol{q}})+\boldsymbol{G}(\boldsymbol{q})$，则式(6-90)变为

$$\boldsymbol{D}(\boldsymbol{q})\ddot{\boldsymbol{q}}+\boldsymbol{W}(\boldsymbol{q},\dot{\boldsymbol{q}})=\boldsymbol{T} \tag{6-91}$$

由于惯性矩阵 $\boldsymbol{D}(\boldsymbol{q})$ 总是非奇异矩阵，方程两边左乘 $\boldsymbol{D}^{-1}(\boldsymbol{q})$，整理得

$$\ddot{\boldsymbol{q}}=-\boldsymbol{D}^{-1}(\boldsymbol{q})\boldsymbol{W}(\boldsymbol{q},\dot{\boldsymbol{q}})+\boldsymbol{D}^{-1}(\boldsymbol{q})\boldsymbol{T} \tag{6-92}$$

令 $\boldsymbol{B}(\boldsymbol{q})=\boldsymbol{D}^{-1}(\boldsymbol{q})$，则

$$\ddot{\boldsymbol{q}}=-\boldsymbol{B}(\boldsymbol{q})\boldsymbol{W}(\boldsymbol{q},\dot{\boldsymbol{q}})+\boldsymbol{B}(\boldsymbol{q})\boldsymbol{T} \tag{6-93}$$

如果设状态变量 $\boldsymbol{x}_1=\boldsymbol{q}$，$\boldsymbol{x}_2=\dot{\boldsymbol{q}}$，则可将式(6-93)写成状态方程的形式

$$\begin{cases}\dot{\boldsymbol{x}}_1=\boldsymbol{x}_2\\ \dot{\boldsymbol{x}}_2=-\boldsymbol{B}(\boldsymbol{x}_1)\boldsymbol{W}(\boldsymbol{x}_1,\boldsymbol{x}_2)+\boldsymbol{B}(\boldsymbol{x}_1)\boldsymbol{T}\end{cases} \tag{6-94}$$

设期望的轨迹为 $\boldsymbol{q}_{\mathrm{d}}=\boldsymbol{x}_{1\mathrm{d}}$，$\dot{\boldsymbol{q}}_{\mathrm{d}}=\dot{\boldsymbol{x}}_{1\mathrm{d}}=\boldsymbol{x}_{2\mathrm{d}}$，则轨迹误差为

$$\boldsymbol{E}=\boldsymbol{x}_1-\boldsymbol{x}_{1\mathrm{d}} \tag{6-95}$$

进而

$$\begin{cases}\dot{\boldsymbol{E}}=\dot{\boldsymbol{x}}_1-\dot{\boldsymbol{x}}_{1\mathrm{d}}=\boldsymbol{x}_2-\boldsymbol{x}_{2\mathrm{d}}\\ \ddot{\boldsymbol{E}}=\ddot{\boldsymbol{x}}_1-\ddot{\boldsymbol{x}}_{1\mathrm{d}}=\dot{\boldsymbol{x}}_2-\dot{\boldsymbol{x}}_{2\mathrm{d}}\end{cases} \tag{6-96}$$

选择开关超平面函数为

$$\boldsymbol{S}=\dot{\boldsymbol{E}}+\boldsymbol{H}\boldsymbol{E} \tag{6-97}$$

式中：$\boldsymbol{S}=[s_1\quad s_2\quad \cdots\quad s_n]^{\mathrm{T}}$；

$\boldsymbol{E}=[e_1\quad e_2\quad \cdots\quad e_n]^{\mathrm{T}}$；

$\boldsymbol{H}=\mathrm{diag}[h_1\quad h_2\quad \cdots\quad h_n]$，$h_i=\mathrm{const}>0$。

假定系统状态被约束在开关平面上，则产生滑动运动的相应控制量 $\boldsymbol{T}$ 可由 $\dot{\boldsymbol{S}}=\boldsymbol{0}$ 求得。

由式(6-97)两边求导得

$$\dot{\boldsymbol{S}}=\ddot{\boldsymbol{E}}+\boldsymbol{H}\dot{\boldsymbol{E}} \tag{6-98}$$

由式(6-94)、式(6-96)、式(6-98)得

$$\dot{\boldsymbol{S}}=-\boldsymbol{B}(\boldsymbol{x}_1)\boldsymbol{W}(\boldsymbol{x}_1,\boldsymbol{x}_2)+\boldsymbol{B}(\boldsymbol{x}_1)\boldsymbol{T}-\dot{\boldsymbol{x}}_{2\mathrm{d}}+\boldsymbol{H}(\boldsymbol{x}_2-\boldsymbol{x}_{2\mathrm{d}}) \tag{6-99}$$

其对应元素可表示为

$$\dot{s}_i=-\sum_{j=1}^{n}b_{ij}w_j+\sum_{j=1}^{n}b_{ij}\tau_j-\dot{x}_{(n+i)\mathrm{d}}+h_i(x_{(n+i)}-x_{(n+i)\mathrm{d}}) \tag{6-100}$$

如何选择上式中 τ_j，使得式(6-86)表示的条件成立呢？首先设 $\dot{\boldsymbol{S}}=0$，由式(6-99)可得出控制量的估计值

$$\boldsymbol{T}^*=W(\boldsymbol{x}_1,\boldsymbol{x}_2)+\boldsymbol{D}(\boldsymbol{x}_1)[\dot{\boldsymbol{x}}_{2\mathrm{d}}-\boldsymbol{H}(\boldsymbol{x}_2-\boldsymbol{x}_{2\mathrm{d}})] \tag{6-101}$$

由于在控制系统中式(6-101)中的 $\boldsymbol{W}(\boldsymbol{x}_1,\boldsymbol{x}_2)$ 和 $\boldsymbol{D}(\boldsymbol{x}_1)$ 不可能给出精确值，所以称 $\boldsymbol{T}^*$ 为估计值，此时需要在控制量中加入滑动状态修正量 $\boldsymbol{T}_{\mathrm{g}}$，即

$$\boldsymbol{T}=\boldsymbol{T}^*+\boldsymbol{T}_{\mathrm{g}} \tag{6-102}$$

将式(6-101)和式(6-102)代入式(6-99)，得

$$\dot{\boldsymbol{S}} = \boldsymbol{B}(\boldsymbol{x}_1)\boldsymbol{T}_g \tag{6-103}$$

其对应元素可表示为

$$\dot{s}_i = \sum_{j=1}^{n} b_{ij}\tau_{gj} \tag{6-104}$$

根据变结构控制基本理论，使系统向滑动面运动，并确保产生滑动运动的条件为 $\dot{s}_i s_i < 0(i = 1,2,\cdots,n)$ 。由(6-104)得

$$\dot{s}_i = \sum_{j=1}^{n} b_{ij}\tau_{gj} = - c_i \mathrm{sgn}(s_i) \tag{6-105}$$

式中：$\mathrm{sgn}(s_i)$ —— s_i 的符号；c_i =const>0。此时，$\dot{s}_i s_i = - c_i |s_i| < 0$ 。

将式(6-105)写成矩阵形式：

$$\dot{\boldsymbol{S}} = \boldsymbol{B}(\boldsymbol{x}_1)\boldsymbol{T}_g = - \boldsymbol{C}\mathrm{sgn}(\boldsymbol{S}) \tag{6-106}$$

式中：$\boldsymbol{C} = \mathrm{diag}[c_1 \quad c_2 \quad \cdots \quad c_n]$ ；$\mathrm{sgn}(\boldsymbol{S}) = \mathrm{diag}[s_1 \quad s_2 \quad \cdots \quad s_n]$ 。

由式(6-106)，得滑动状态修正量

$$\boldsymbol{T}_g = - \boldsymbol{B}^{-1}(x_1)\boldsymbol{C}\mathrm{sgn}(\boldsymbol{S}) = - \boldsymbol{D}(\boldsymbol{x}_1)\boldsymbol{C}\mathrm{sgn}(\boldsymbol{S}) \tag{6-107}$$

其对应元素可表示为

$$\tau_{gi} = - \sum_{j=1}^{n} m_{ij}(x_1)c_i \mathrm{sgn}(s_i) \tag{6-108}$$

所以总的控制向量为

$$\boldsymbol{T} = \boldsymbol{W}(\boldsymbol{x}_1,\boldsymbol{x}_2) + \boldsymbol{D}(\boldsymbol{x}_1)[\dot{\boldsymbol{x}}_{2d} - \boldsymbol{H}(\boldsymbol{x}_2 - \boldsymbol{x}_{2d})] + \boldsymbol{D}(\boldsymbol{x}_1)\boldsymbol{C}\mathrm{sgn}(\boldsymbol{S}) \tag{6-109}$$

本章小结

本章首先讨论机器人控制系统的组成，分析了机器人电动机驱动的系统动力学建立过程，给出了常见的运动控制系统的结构；然后讨论了机器人单关节位置控制、单关节位置控制器增益参数确定、单关节位置控制器误差分析以及多关节位置控制；接着讨论了机器人力控制的手臂及环境建模，讨论了四种基于位置控制的力控制方式，随后又讨论了机器人的作业约束与控制策略以及力/位混合控制；最后讨论了并联机器人的神经网络 PID 控制和机器人的滑模变结构控制。

习　　题

1. 简述机器人控制系统的组成。

2. 推导如图 6-7 所示的带有转速计的机电系统模型。

3. 求如图 6-11、图 6-8 所示的永磁式直流力矩电动机驱动的单关节机械传动系统电枢电压输入和关节角位移输出之间的传递函数。

4. 求如图 6-9 所示的引入速度负反馈后的单关节机器人控制系统的开环传递函数和闭环传递函数。

5. 简述单关节位置偏差增益系数 K_P 的确定过程。

6. 简述单关节速度反馈信号放大器的增益系数 K_{vp} 的确定过程。
7. 简述单关节控制器的稳态误差。
8. 计算 6-SPS 平台机构的自由度。
9. 简述变结构控制的特点和含义。

第 7 章　工业机器人运动规划

本章在操作臂运动学和动力学的基础上，讨论在关节空间和笛卡儿空间中机器人运动的轨迹规划和轨迹生成方法。轨迹是指操作臂在运动过程中的位移、速度和加速度。而轨迹规划是根据作业任务的要求，计算出预期的运动轨迹。首先，对机器人的任务、运动路径和轨迹进行描述。然后由轨迹规划器对运动进行规划，轨迹规划器可使编程手续简化，只要求用户输入有关路径和轨迹的若干约束和简单描述，而复杂的细节问题则由规划器解决。并在计算机内部描述所要求的轨迹，即选择习惯规定及合理的软件数据结构。例如，用户只需给出手部的目标位姿，让规划器确定到达该目标的路径点、持续时间、运动速度等轨迹参数。最后，对内部描述的轨迹、实时计算机器人运动的位移、速度和加速度，生成运动轨迹。

7.1　机器人轨迹规划概述

7.1.1　机器人轨迹的概念

机器人轨迹泛指工业机器人在运动过程中的运动轨迹，即运动点的位移、速度和加速度。

机器人在作业空间要完成给定的任务，其手部运动必须按一定的轨迹(trajectory)进行。轨迹的生成一般是先给定轨迹上的若干个点，将其经运动学反解映射到关节空间，对关节空间中的相应点建立运动方程，然后按这些运动方程对关节进行插值，从而实现作业空间的运动要求，这一过程通常称为轨迹规划。工业机器人轨迹规划属于机器人低层规划，基本上不涉及人工智能的问题，本章仅讨论在关节空间或笛卡儿空间中工业机器人运动的轨迹规划和轨迹生成方法。

机器人运动轨迹的描述一般是对其手部位姿的描述，此位姿值可与关节变量相互转换。控制轨迹也就是按时间控制手部或工具中心走过的空间路径。

7.1.2　轨迹规划的一般性问题

通常将操作臂的运动看作是工具坐标系$\{T\}$相对于工件坐标系$\{S\}$的一系列运动。这种描述方法既适用于各种操作臂，也适用于同一操作臂上装夹的各种工具。对于移动工作台(例如传送带)，这种方法同样适用。这时，工件坐标位姿随时间而变化。

例如，图 7-1 所示搬运机器人将板件放入冲压机中的作业可以借助工具坐标系的一系列位姿 $P_i(i=1,2,\cdots,n)$来描述。这种描述方法不仅符合机器人用户考虑问题的思路，而且有利于描述和生成机器人的运动轨迹。

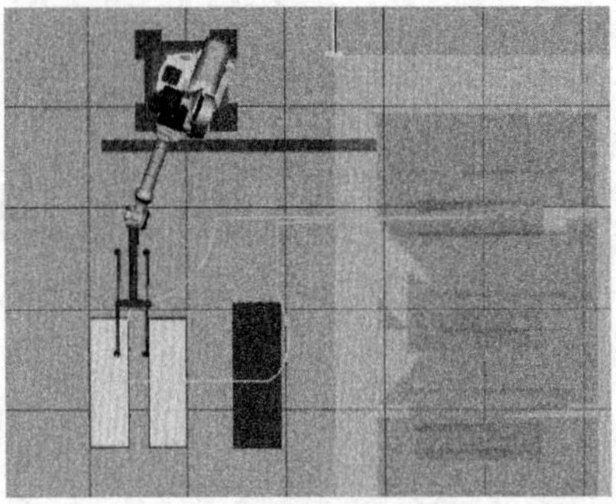

图 7-1　机器人将板件放入冲压机中的作业描述

用工具坐标系相对于工件坐标系的运动来描述作业路径是一种通用的作业描述方法。它把作业路径描述与具体的机器人、手爪或工具分离开来，形成了模型化的作业描述方法，从而使这种描述既适用于不同的机器人，也适用于在同一机器人上装夹不同规格的工具。在轨迹规划中，为叙述方便，也常用点来表示机器人的状态，或用它来表示工具坐标系的位姿，例如起始点、终止点就分别表示工具坐标系的起始位姿及终止位姿。

对点位作业(pick and place operation)的机器人(如用于上、下料)，需要描述它的起始状态和目标状态，即工具坐标系的起始值$\{T_0\}$和目标值$\{T_f\}$。在此，用“点”这个词表示工具坐标系的位姿。

对于另外一些作业，如弧焊和曲面加工等，不仅要规定操作臂的起始点和终止点，而且要指明两点之间的若干中间点(路径点)，沿特定的路径运动(路径约束)。这类作业称为连续路径运动(continuous-path motion)或轮廓运动(contour motion)。

在规划机器人的运动时，还需要弄清楚在其路径上是否存在障碍物(障碍约束)。路径约束和障碍约束的组合将机器人的规划与控制方式划分为四类，如表 7-1 所示。

表 7-1　机器人的规划与控制方式

		障碍约束	
		有	无
路径约束	有	离线无碰撞路径规则＋在线路径跟踪	离线路径规划＋在线路径跟踪
	无	位置控制＋在线障碍探测和避障	位置控制

本章主要讨论连续路径的无障碍的轨迹规划方法。轨迹规划器可形象地看成一个黑箱(见图 7-2)，其输入包括路径的“设定”和“约束”，输出的是操作臂末端手部的“位姿序列”，表示手部在各离散时刻的中间形位。操作臂最常用的轨迹规划方法有两种。

第一种方法要求用户对于选定的轨迹结点(插值点)上的位姿、速度和加速度给出一组显式约束(例如连续性和光滑程度等)，轨迹规划器从一类函数(例如 n 次多项式)中选取参数化轨迹，对结点进行插值，并满足约束条件。

第二种方法要求用户给出运动路径的解析式；轨迹规划器在关节空间或直角坐标空间中确定一条轨迹来逼近预定的路径。

在第一种方法中，约束的设定和轨迹规划均在关节空间进行。由于对操作臂手部(直角坐

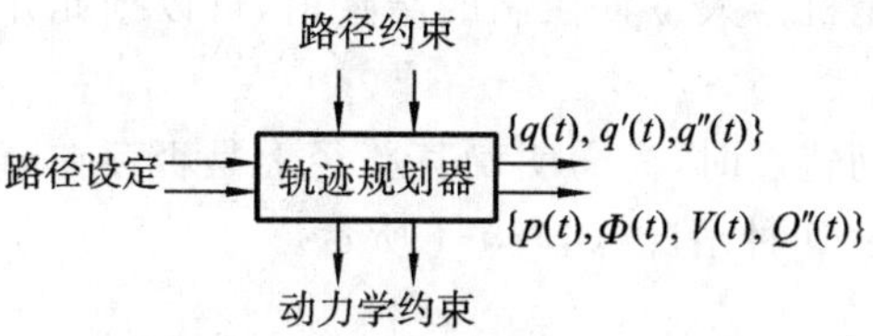

图 7-2 机器人运动规划方法描述

标形位)没有施加任何约束,用户很难弄清手部的实际路径,因此可能会发生与障碍物相碰。第二种方法的路径约束是在直角坐标空间中给定的、而关节驱动器是在关节空间中受控的。因此,为了得到与给定路径十分接近的轨迹,首先必须采用某种函数逼近的方法将直角坐标路径约束转化为关节坐标路径约束,然后确定满足关节路径约束的参数化路径。

轨迹规划既可在关节空间也可在直角空间进行,但是所规划的轨迹函数都必须连续和平滑,以使操作臂的运动平稳。在关节空间进行规划时,是将关节变量表示成时间的函数,并规划它的一阶和二阶时间导数;在直角空间进行规划时,是指将手部位姿、速度和加速度表示为时间的函数。而相应的关节位移、速度和加速度由手部的信息导出。通常通过运动学反解得出关节位移、用逆雅可比求出关节速度,用逆雅可比及其导数求解关节加速度。

用户根据作业给出各个路径结点后,规划器要完成解变换方程、进行运动学反解和插值运算等。在关节空间进行规划时,大量工作是对关节变量的插值运算。下面讨论关节轨迹的插值计算。

7.1.3 轨迹的生成方式

运动轨迹的描述或生成有以下几种方式。

(1) 示教-再现运动。这种运动由人手把手示教机器人,定时记录各关节变量,得到沿路径运动时各关节的位移时间函数 $q(t)$;再现时,按内存中记录的各点的值产生序列动作。

(2) 关节空间运动。这种运动直接在关节空间里进行。由于动力学参数及其极限值直接在关节空间里描述,所以用这种方式求最短时间运动很方便。

(3) 空间直线运动。这是一种直角空间里的运动,它便于描述空间操作,计算量小,适宜简单的作业。

(4) 空间曲线运动。这是一种在描述空间中用明确的函数表达的运动,如圆周运动、螺旋运动等。

7.1.4 轨迹规划涉及的主要问题

为了描述一个完整的作业,往往需要将上述运动进行组合。通常这种规划涉及以下几方面的问题。

(1) 对工作对象及作业进行描述,用示教方法给出轨迹上的若干个结点(knot)。

(2) 用一条轨迹通过或逼近结点,此轨迹可按一定的原则优化,如加速度平滑得到直角空间的位移时间函数 $X(t)$或关节空间的位移时间函数 $q(t)$;在结点之间如何进行插补,即根据轨迹表达式在每一个采样周期实时计算轨迹上点的位姿和各关节变量值。

(3) 以上生成的轨迹是机器人位置控制的给定值,可以据此并根据机器人的动态参数设计一定的控制规律。

(4) 规划机器人的运动轨迹时,尚需明确其路径上是否存在障碍约束的组合。一般将机器人的规划与控制方式分为四种情况,如表 7-1 所示。

7.2 插补方式分类

7.2.1 插补方式分类

点位控制(PTP 控制)通常没有路径约束,多以关节坐标运动表示。点位控制只要求满足起、终点位姿,在轨迹中间只有关节的几何限制、最大速度和加速度约束;为了保证运动的连续性,要求速度连续,各轴协调。连续轨迹控制(CP 控制)有路径约束,因此要对路径进行设计。路径控制与插补方式分类如表 7.2 所示。

表 7-2 路径控制与插补方式分类

路径控制	不插补	关节插补(平滑)	空间插补
点位控制 PTP	(1) 各轴独立快速到达; (2) 各关节最大加速度限制	(1) 各轴协调运动定时插补; (2) 各关节最大加速度限制	
连续路径控制 CP		(1) 在空间插补点间进行关节定时插补; (2) 用关节的低阶多项式拟合空间直线使各轴协调运动; (3) 各关节最大加速度限制	(1) 直线、圆弧、曲线等距插补; (2) 起停线速度、线加速度给定,各关节速度、加速度限制

7.2.2 机器人轨迹控制过程

机器人的基本操作方式是示教-再现,即首先教机器人如何做,机器人记住了这个过程,于是它可以根据需要重复这个动作。操作过程中,不可能把空间轨迹的所有点都示教一遍使机器人记住,这样太烦琐,也浪费很多计算机内存。实际上,对于有规律的轨迹,仅示教几个特征点,计算机就能利用插补算法获得中间点的坐标,如直线需要示教两点,圆弧需要示教三点,通过机器人逆向运动学算法由这些点的坐标求出机器人各关节的位置和角度($\theta_1, \theta_2, \cdots, \theta_n$),然后由后面的角位置闭环控制系统实现要求的轨迹上的一点。继续插补并重复上述过程,从而实现要求的轨迹。

机器人轨迹控制过程如图 7-3 所示。

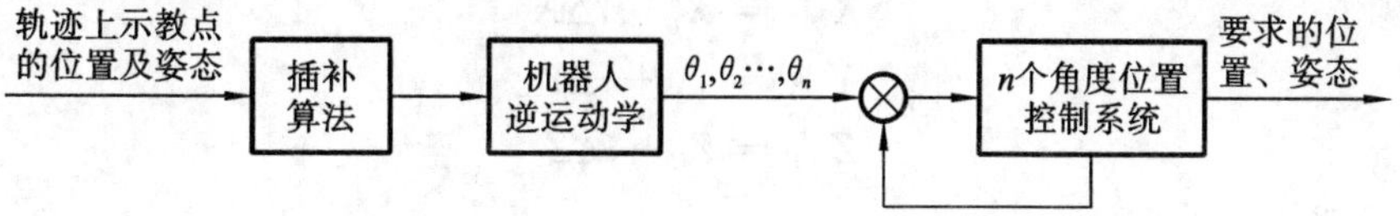

图 7-3 机器人轨迹控制过程

7.3 机器人轨迹插值计算

给出各个路径节点后，轨迹规划的任务包含解变换方程，进行运动学反解和插值计算。在关节空间进行规划时，需进行的大量工作是对关节变量的插值计算。

7.3.1 直线插补

直线插补和圆弧插补是机器人系统中的基本插补算法。对于非直线和圆弧轨迹，可以采用直线或圆弧逼近，以实现这些轨迹。

空间直线插补是在已知该直线始末两点的位置和姿态的条件下，求各轨迹中间点（插补点）的位置和姿态。由于在大多数情况下，机器人沿直线运动时其姿态不变，所以无姿态插补，即保持第一个示教点时的姿态。当然在有些情况下要求变化姿态，这就需要姿态插补，可仿照下面介绍的位置插补原理处理，也可参照圆弧的姿态插补方法解决，如图 7-4 所示。已知直线始末两点的坐标值 $P_0(X_0,Y_0,Z_0)$、$P_e(X_e,Y_e,Z_e)$及姿态，其中 P_0、P_e是相对于基坐标系的位置。这些已知的位置和姿态通常是通过示教方式得到的。设 v 为要求的沿直线运动的速度；t_s为插补时间间隔。

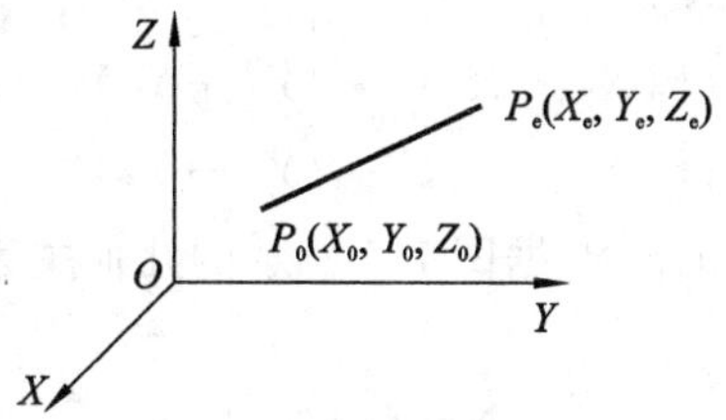

图 7-4 空间直线插补

为减少实时计算量，示教完成后，可求出：

直线长度 $L=\sqrt{(X_e-X_0)^2+(Y_e-Y_0)^2+(Z_e-Z_0)^2}$

t_s间隔内行程 $d=vt_s$

插补总步数（取整数） $N=L/d+1$

各轴增量

$$\Delta X=(X_e-X_0)/N$$
$$\Delta Y=(Y_e-Y_0)/N$$
$$\Delta Z=(Z_e-Z_0)/N$$

各插补点坐标值

$$X_{i+1} = X_i + i\Delta X$$
$$Y_{i+1} = Y_i + i\Delta Y$$
$$Z_{i+1} = Z_i + i\Delta Z$$

式中：$i=0,1,2,\cdots,N$。

7.3.2 圆弧插补

1. 平面圆弧插补

平面圆弧是指圆弧平面与基坐标系的三大平面之一重合，以 XOY 平面圆弧为例。已知不在一条直线上的三点 P_1、P_2、P_3 及这三点对应的机器人手端的姿态，如图 7-5 和图 7-6 所示。

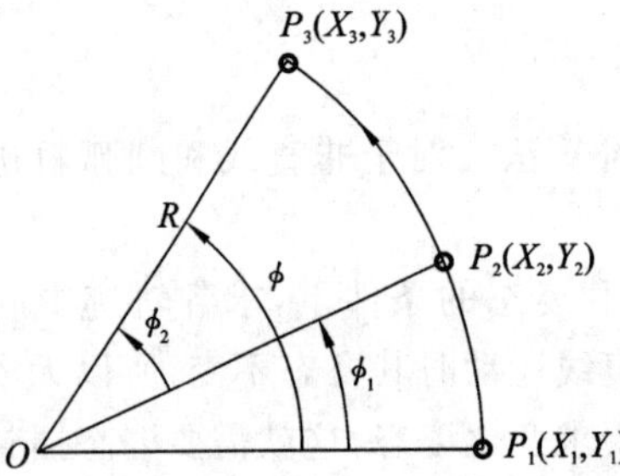

图 7-5 由已知的三点 P_1、P_2、P_3 决定的圆弧

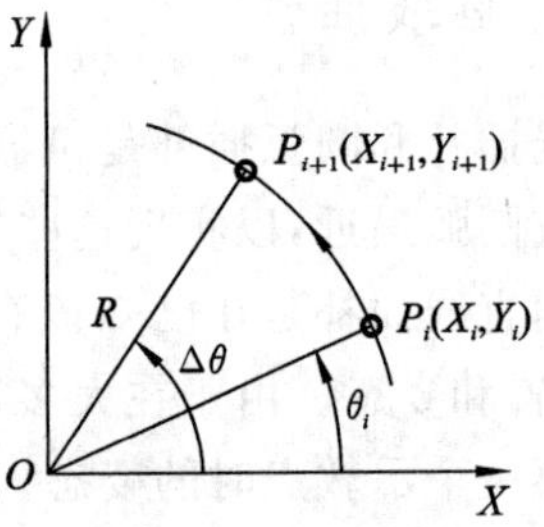

图 7-6 圆弧插补

设 v 为沿圆弧运动速度；t_s 为插补时时间隔。类似直线插补情况计算出：

(1) 由 P_1、P_2、P_3 决定的圆弧半径 R。

(2) 总的圆心角 $\phi=\phi_1+\phi_2$，即

$$\phi_1 = \arccos\{[(X_2-X_1)^2+(Y_2-Y_1)^2-2R^2]/2R^2\}$$
$$\phi_2 = \arccos\{[(X_3-X_2)^2+(Y_3-Y_2)^2-2R^2]/2R^2\}$$

(3) t_s 时间内角位移量 $\Delta\theta=t_s v/R$，据图 7-6 所示的几何关系求各插补点坐标。

(4) 总插补步数（取整数）

$$N=\phi/\Delta\theta+1$$

对 P_{i+1} 点的坐标，有

$$X_{i+1} = R\cos(\theta_i+\Delta\theta) = R\cos\theta_i\cos\Delta\theta - R\sin\theta_i\sin\Delta\theta = X_i\cos\Delta\theta - Y_i\sin\Delta\theta$$

式中：$X_i=R\cos\theta_i$；$Y_i=R\sin\theta_i$。

同理有

$$Y_{i+1} = R\sin(\theta_i+\Delta\theta) = R\sin\theta_i\cos\Delta\theta + R\cos\theta_i\sin\Delta\theta = Y_i\cos\Delta\theta + X_i\sin\Delta\theta$$

由 $\theta_{i+1}=\theta_i+\Delta\theta$ 可判断是否到插补终点。若 $\theta_{i+1}\leqslant\phi$，则继续插补下去；当 $\theta_{i+1}>\phi$ 时，则修正最后一步的步长 $\Delta\theta$，并以表示 $\Delta\theta'$，$\Delta\theta'=\phi-\theta_i$，故平面圆弧位置插补为

$$\begin{cases} X_{i+1} = X_i\cos\Delta\theta - Y_i\sin\Delta\theta \\ Y_{i+1} = Y_i\cos\Delta\theta + X_i\sin\Delta\theta \\ \theta_{i+1} = \theta_i + \Delta\theta \end{cases}$$

2. 空间圆弧插补

空间圆弧是指三维空间任一平面内的圆弧，此为空间一般平面的圆弧问题。

空间圆弧插补可分三步来处理：

(1) 把三维问题转化成二维，找出圆弧所在平面。

(2) 利用二维平面插补算法求出插补点坐标(X_{i+1},Y_{i+1})。

(3) 把该点的坐标值转变为基础坐标系下的值，如图 7-7 所示。

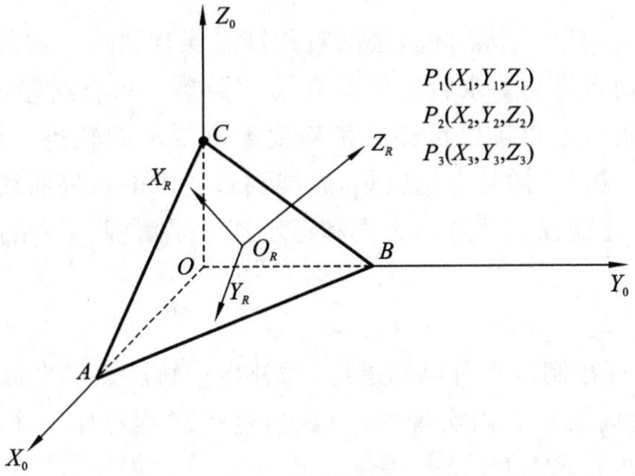

图 7-7 基础坐标与空间圆弧平面的关系

通过不在同一直线上的三点 P_1、P_2、P_3 可确定一个圆及三点间的圆弧，其圆心为 O_R，半径为 R，圆弧所在平面与基础坐标系平面的交线分别为 AB、BC、CA。

建立圆弧平面插补坐标系，即把 $O_RX_RY_RZ_R$ 坐标系原点与圆心 O_R 重合，设 $O_RX_RY_RZ_R$ 平面为圆弧所在平面，且保持 Z_R 为外法线方向。这样，一个三维问题就转化成平面问题，可以应用平面圆弧插补的结论。

求解两坐标系（见图 7-7）的转换矩阵，令 $\boldsymbol{T}_R$ 表示由圆弧坐标 $O_RX_RY_RZ_R$ 至基础坐标系 $OX_0Y_0Z_0$ 的转换矩阵。

若 Z_R 轴与基础坐标系 Z_0 轴的夹角为 α，X_R 轴与基础坐标系 X_0 轴的夹角为 θ，则可完成下述步骤：

①将 $X_RY_RZ_R$ 的原点 O_R 放到基础原点 O 上；②绕 Z_R 轴转 θ，使 X_0 与 X_R 平行；③再绕 X_R 轴转 α 角，使 Z_0 与 Z_R 平行。

这三步完成了 $X_RY_RZ_R$ 向 $X_0Y_0Z_0$ 的转换，故总转换矩阵应为

$$\boldsymbol{T}_R=\boldsymbol{T}(X_{O_R},Y_{O_R},Z_{O_R})\boldsymbol{R}(Z,\theta)\boldsymbol{R}(X,\alpha)=\begin{bmatrix}\cos\theta & -\sin\theta\cos\theta & \sin\theta\cos\theta & X_{O_R}\\ \sin\theta & \cos\theta\cos\alpha & -\cos\theta\sin\alpha & Y_{O_R}\\ 0 & \sin\alpha & \cos\alpha & Z_{O_R}\\ 0 & 0 & 0 & 1\end{bmatrix} \tag{7-1}$$

式中：X_{O_R}、Y_{O_R}、Z_{O_R} 为圆心 O_R 在基础坐标系下的坐标值。

欲将基础坐标系的坐标值表示在 $O_RX_RY_RZ_R$ 坐标系，则要用到 $\boldsymbol{T}_R$ 的逆矩阵

$$
\boldsymbol{T}_R^{-1}=\begin{bmatrix}\cos\theta & \sin\theta & 0 & -(X_{O_R}\cos\theta+Y_{O_R}\sin\theta)\\ -\sin\theta\cos\theta & \cos\theta\cos\alpha & \sin\alpha & -(X_{O_R}\sin\theta\cos\theta+Y_{O_R}\cos\theta\cos\alpha+Z_{O_R}\sin\alpha)\\ \sin\theta\sin\alpha & -\cos\theta\sin\alpha & \cos\alpha & -(X_{O_R}\sin\theta\sin\alpha+Y_{O_R}\cos\theta\sin\alpha+Z_{O_R}\cos\alpha)\\ 0 & 0 & 0 & 1\end{bmatrix}
$$

7.3.3 定时插补与定距插补

由上述可知，机器人实现一个空间轨迹的过程即是实现轨迹离散的过程，如果这些离散点间隔很大，则机器人运动轨迹与要求轨迹可能有较大误差。只有这些插补得到的离散点彼此距离很近，才有可能使机器人轨迹以足够的精确度逼近要求的轨迹。模拟 CP 控制实际上是多次执行插补点的 PTP 控制，插补点越密集，越能逼近要求的轨迹曲线。

插补点要多么密集才能保证轨迹不失真和运动连续平滑呢？可采用定时插补和定距插补方法来解决。

1. 定时插补

从图 7-3 所示的轨迹控制过程可以知道，每插补出一轨迹点的坐标值，就要转换成相应的关节角度值并加到位置伺服系统以实现这个位置，这个过程每隔一个时间间隔 t_s 完成一次。为保证运动的平稳，显然 t_s 不能太长。

由于关节型机器人的机械结构大多属于开链式，刚度不高，t_s 一般不超过 25 ms(40 Hz)，这样就产生了 t_s 的上限值。当然，t_s 越小越好，但它的下限值受到计算量限制，即对于机器人的控制，计算机要在 t_s 时间里完成一次插补运算和一次逆向运动学计算。对于目前的大多数机器人控制器，完成这样一次计算约需几毫秒。这样产生了 t_s 的下限值。当然，应当选择 t_s 接近或等于它的下限值，这样可保证较高的轨迹精度和平滑的运动过程。

以一个 XOY 平面里的直线轨迹为例说明定时插补的方法。

设机器人需要的运动轨迹为直线，运动速度为 v(mm/s)，时间间隔为 t_s(ms)，则每个 t_s 间隔内机器人应走过的距离为

$$P_iP_{i+1}=vt_s \tag{7-2}$$

可见两个插补点之间的距离正比于要求的运动速度，两点之间的轨迹不受控制，只有插补点之间的距离足够小，才能满足一定的轨迹精度要求。

机器人控制系统易于实现定时插补，例如采用定时中断方式每隔 t_s 中断一次进行一次插补，计算一次逆向运动学，输出一次给定值。由于 t_s 仅为几毫秒，机器人沿着要求轨迹的速度一般不会很高，且机器人总的运动精度不如数控机床、加工中心高，故大多数工业机器人采用定时插补方式。

当要求以更高的精度实现运动轨迹时，可采用定距插补。

2. 定距插补

由式(7-2)可知，v 是要求的运动速度，它不能变化，如果要两插补点的距离 P_iP_{i+1} 恒为一个足够小的值，以保证轨迹精度，t_s 就要变化。也就是在此方式下，插补点距离不变，但 t_s 要随着不同工作速度 v 的变化而变化。

这两种插补方式的基本算法相同，只是定时固定 t_s 易于实现，定距保证轨迹插补精度，但

t_s要随之变化，实现起来比前者困难。

7.3.4 关节空间插补

如上所述，路径点（节点）通常用工具坐标系以相对于工件坐标系位姿来表示。为了求得在关节空间形成所要求的轨迹，首先用运动学反解将路径点转换成关节矢量角度值，然后对每个关节拟合一个光滑函数，使之从起始点开始，依次通过所有路径点，最后到达目标点。

对于每一段路径，各个关节运动时间均相同，这样保证所有关节同时到达路径点和终止点，从而得到工具坐标系应有的位置和姿态。但是，尽管每个关节在同一段路径中的运动时间相同，各个关节函数之间却是相互独立的。

总之，关节空间法是以关节角度的函数来描述机器人的轨迹的，关节空间法不必在直角坐标系中描述两个路径点之间的路径形状，计算简单、容易。再者，由于关节空间与直角坐标空间之间并不是连续的对应关系，因而不会发生机构的奇异性问题。

在关节空间中进行轨迹规划，需要给定机器人在起始点、终止点手臂的形位。对关节进行插值时，应满足一系列约束条件，例如抓取物体时，手部运动方向（初始点），提升物体离开的方向（提升点），放下物体（下放点）和停止点等节点上的位姿、速度和加速度的要求；与此相应的各个关节位移、速度、加速度在整个时间间隔内连续性要求；其极值必须在各个关节变量的容许范围之内等。在满足所要求的约束条件下，可以选取不同类型的关节插值函数生成不同的轨迹。

1. 三次多项式插值

在操作臂运动的过程中，由于对应于起始点的关节角度θ_0是已知的，而终止点的关节角度θ_f可以通过运动学反解得到，因此，运动轨迹的描述，可用起始点关节角与终止点关节角度的一个平滑插值函数$\theta(t)$来表示。$\theta(t)$在$t_0=0$时刻的值是起始关节角度θ_0，终端时刻t_f的值是终止关节角度θ_f。显然，有许多平滑函数可作为关节插值函数，如图7-8所示。

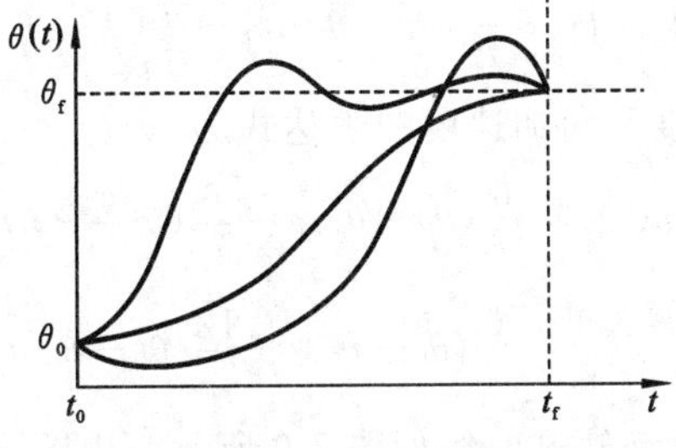

图7-8 基础坐标与空间圆弧平面的关系

为实现单个关节的平稳运动，轨迹函数$\theta(t)$至少需要满足四个约束条件，即两端点位置约束和两端点速度约束。

端点位置约束是指起始位姿和终止位姿分别所对应的关节角度。$\theta(t)$在时刻$t_0=0$时的值是起始关节角度θ_0，在终端时刻t_f时的值是终止关节角度θ_f，即

$$\begin{cases}\theta(0)=\theta_0\\ \theta(t_f)=\theta_f\end{cases} \tag{7-3}$$

为满足关节运动速度的连续性要求，另外还有两个约束条件，即在起始点和终止点的关节速度要求。在当前的情况下，可简单地设定为零，即

$$\begin{cases}\dot{\theta}(0)=\theta_0\\ \dot{\theta}(t_{\mathrm{f}})=0\end{cases}\tag{7-4}$$

上面给出的四个约束条件可以唯一地确定一个三次多项式

$$\theta(t)=a_0+a_1t+a_2t^2+a_2t^3\tag{7-5}$$

运动过程中的关节速度和加速度则为

$$\begin{cases}\dot{\theta}(t)=a_1+2a_2t+3a_3t^2\\ \ddot{\theta}=2a_2+6a_3t\end{cases}\tag{7-6}$$

为求得三次多项式的系数 a_0，a_1，a_2 和 a_3，代以给定的约束条件，有方程组

$$\begin{cases}\theta_0=a_0\\ \theta_{\mathrm{f}}=a_0+a_1t_{\mathrm{f}}+a_2t_{\mathrm{f}}^2+a_3t_{\mathrm{f}}^3\\ 0=a_1\\ 0=a_1+2a_2t_{\mathrm{f}}+3a_3t_{\mathrm{f}}^2\end{cases}\tag{7-7}$$

求解该方程组，可得

$$\begin{cases}a_0=\theta_0\\ a_1=0\\ a_2=\dfrac{3}{t_{\mathrm{f}}^2}(\theta_{\mathrm{f}}-\theta_0)\\ a_3=-\dfrac{2}{t_{\mathrm{f}}^3}(\theta_{\mathrm{f}}-\theta_0)\end{cases}\tag{7-8}$$

对于起始速度及终止速度为零的关节运动，满足连续平稳运动要求的三次多项式插值函数为

$$\theta(t)=\theta_0+\frac{3}{t_{\mathrm{f}}^2}(\theta_{\mathrm{f}}-\theta_0)t^2-\frac{2}{t_{\mathrm{f}}^3}(\theta_{\mathrm{f}}-\theta_0)t^3\tag{7-9}$$

由式(7-9)可得关节角速度和角加速度的表达式为

$$\begin{cases}\dot{\theta}(t)=\dfrac{6}{t_{\mathrm{f}}^2}(\theta_{\mathrm{f}}-\theta_0)t-\dfrac{6}{t_{\mathrm{f}}^3}(\theta_{\mathrm{f}}-\theta_0)t^2\\ \ddot{\theta}(t)=\dfrac{6}{t_{\mathrm{f}}^2}(\theta_{\mathrm{f}}-\theta_0)-\dfrac{12}{t_{\mathrm{f}}^3}(\theta_{\mathrm{f}}-\theta_0)t\end{cases}\tag{7-10}$$

三次多项式插值的关节运动轨迹曲线如图 7-9 所示。由图可知，其速度曲线为抛物线，相应的加速度曲线为直线。

这里再次指出：这组解只适用于关节起始、终止速度为零的运动情况。对于其他情况，后面另行讨论。

例 7-1 设有一台具有转动关节的机器人，其在执行一项作业时关节运动历时 2 s。根据需要，其上某一关节必须运动平稳，并具有如下作业状态：初始时，关节静止不动，位置 $\theta_0=0°$；运动结束时 $\theta_{\mathrm{f}}=90°$，此时关节速度为 0。试根据上述要求规划该关节的运动。

解 根据要求，可以对该关节采用三次多项式插值函数来规划其运动。已知 $\theta_0=0°$，$\theta_{\mathrm{f}}=$

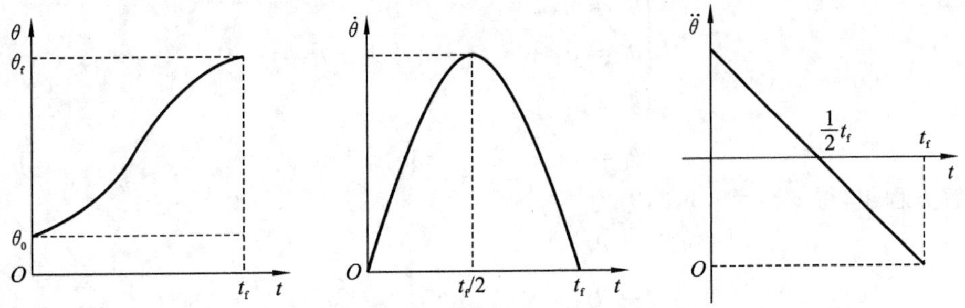

(a)角位移　　(b)角速度　　(c)角加速度

图 7-9　三次多项式插值的关节运动轨迹

$90°$，$t_f=2$ s，代入式(7-8)可得三次多项式的系数

$$a_0=0.0,\quad a_1=0.0,\quad a_2=22.5,\quad a_3=-67.5$$

由式(7-5)和式(7-6)可确定该关节的运动轨迹，即

$$\theta(t) = 22.5t^2 + 67.5t^3$$
$$\dot{\theta}(t) = 45.0t + 202.5t^2$$
$$\ddot{\theta}(t) = 45 + 405.0t$$

2. 过路径点的三次多项式插值

一般情况下，要求规划过路径点的轨迹。如图 7-10 所示，机器人作业除在 A、B 点有位姿要求外，在路径点 C、D 也有位姿要求。对于这种情况，假如末端执行器在路径点停留，即各路径点上速度为 0，则轨迹规划可连续直接使用前面介绍的三次多项式插值方法；但若末端执行器只是经过，并不停留，就需要将前述方法推广。

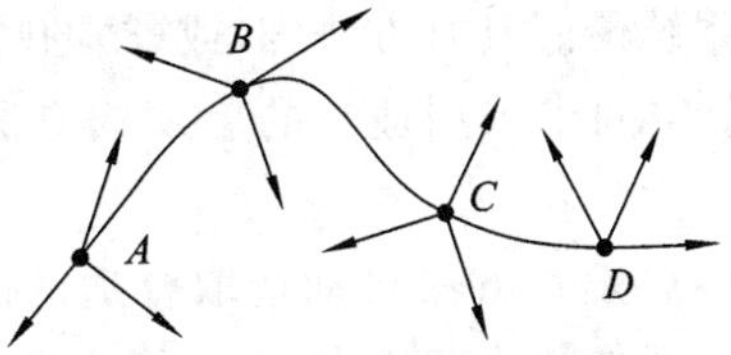

图 7-10　机器人作业路径点

实际上，可以把所有路径点也看作是"起始点"或"终止点"，求解逆运动学，得到相应的关节矢量值。然后确定所要求的三次多项式插值函数，把路径点平滑地连接起来。但是，在这些"起始点"和"终止点"的关节运动速度不再是零。

设路径点上的关节速度已知，在某段路径上，起始点为 θ_0 和 $\dot{\theta}_0$，终止点为 θ_f 和 $\dot{\theta}_f$，这时，确定三次多项式系数的方法与前所述完全一致，只是速度约束条件变为

$$\begin{cases}\dot{\theta}(0)=\dot{\theta}_0\\ \dot{\theta}(t_f)=\dot{\theta}_f\end{cases}\tag{7-11}$$

利用约束条件确定三次多项式系数，有

$$
\begin{cases}
\theta_0 = a_0 \\
\theta_f = a_0 + a_1 t_f + a_2 t_f^2 + a_3 t_f^3 \\
\dot{\theta} = a_1 \\
\dot{\theta}_f = a_1 + 2a_2 t_f + 3a_3 t_f^2
\end{cases}
\tag{7-12}
$$

求解方程组，得 $a_i(i=0,1,2,3)$ 为

$$
\begin{cases}
a_0 = \theta_0 \\
a_1 = \dot{\theta}_0 \\
a_2 = \dfrac{3}{t_f^2}(\theta_f - \theta_0) - \dfrac{2}{t_f}\dot{\theta}_0 - \dfrac{1}{t_f}\dot{\theta}_f \\
a_3 = -\dfrac{2}{t_f^3}(\theta_f - \theta_0) + \dfrac{1}{t_f^2}(\dot{\theta}_0 + \dot{\theta}_f)
\end{cases}
\tag{7-13}
$$

实际上，由式(7-13)确定的三次多项式描述了起始点和终止点具有任意给定位置和速度的运动轨迹，是式(7-4)的推广。当路径点上的关节速度为 0，即 $\dot{\theta}_0 = \dot{\theta}_f = 0$ 时，式(7-13)与式(7-8)完全相同，这就说明了由式(7-13)确定的三次多项式描述了起始点和终止点具有任意给定位置和速度约束条件的运动轨迹。

剩下的问题就是如何来确定路径点上的关节速度。可由以下三种方法确定。

(1) 根据工具坐标系在直角坐标空间中的瞬时线速度和角速度来确定每个路径点的关节速度。

对于方法(1)，利用操作臂在此路径点上的逆雅可比，把该点的直角坐标速度"映射"为所要求的关节速度。当然，如果操作臂的某个路径点是奇异点，这时就不能任意设置速度值。按照方法(1)生成的轨迹虽然能满足用户设置速度的需要，但是逐点设置速度毕竟要耗费很大的工作量。因此。机器人的控制系统最好具有方法(2)或(3)的功能，或者二者兼而有之。

(2) 在直角坐标空间或关节空间中采用适当的启发式方法，由控制系统自动地选择路径点的速度。

对于方法(2)，系统采用某种启发式方法自动选取合适的路径点速度。图 7-11 表示一种启发式选择路径点速度的方式。图中 θ_0 为起始点；θ_D 为终止点，θ_A、θ_B 和 θ_C 是路径点，用细实线表示过路径点时的关节运动速度。这里所用的启发式信息从概念到计算方法都很简单，即假设用虚线段把这些路径点依次连接起来，如果相邻线段的斜率在路径点处改变符号，则把速度选定为零；如果相邻线段不改变符号，则选取路径点两侧的线段斜率的平均值作为该点的速度。因此，根据规定的路径点，系统就能够按此规则自动生成相应的路径点速度。

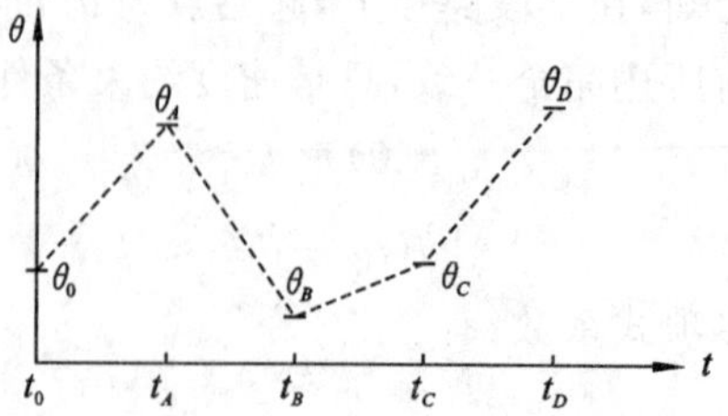

图 7-11　路径点上速度的自动生成

(3) 为了保证每个路径点上的加速度连续，由控制系统按此要求自动地选择路径点的速度。

对于方法(3)，为了保证路径点处的加速度连续，可以设法用两条三次曲线在路径点处按一定规则连接起来，拼凑成所要求的轨迹。其约束条件是：连接处不仅速度连续，而且加速度也连续，下面具体地说明这种方法。

设所经过的路径点处的关节角度为 θ_v，与该点相邻的前后两点的关节角分别为 θ_0 和 θ_g，设其路径点处的关节加速度连续。如果路径点用三次多项式连接，试确定多项式的所有系数。

该机器人路径可分为 θ_0 到 θ_v 段及 θ_v 到 θ_g 段两段，可通过由两个三次多项式组成的样条函数连接。设从 θ_0 到 θ_v 的三次多项式插值函数为

$$\theta_1(t) = a_{10} + a_{11}t + a_{12}t^2 + a_{13}t^3$$

而从 θ_v 到 θ_g 的三次多项式插值函数为

$$\theta_2(t) = a_{20} + a_{21}t + a_{22}t^2 + a_{23}t^3$$

上述两个三次多项式的时间区间分别是 $[0, t_{f1}]$ 和 $[0, t_{f2}]$，若要保证路径点处的速度及加速度均连续，即存在下列约束条件

$$\begin{cases} \dot{\theta}_1(t_{f1}) = \dot{\theta}_2(0) \\ \dot{\theta}_1(t_{f1}) = \theta_2(0) \end{cases}$$

根据约束条件建立的方程组为

$$\begin{cases} \theta_0 = a_{10} \\ \theta_v = a_{10} + a_{11}t_{f1} + a_{12}t_{f1}^2 + a_{13}t_{f1}^3 \\ \theta_v = a_{20} \\ \theta_g = a_{20} + a_{21}t_{f2} + a_{22}t_{f2}^2 + a_{23}t_{f2}^3 \\ 0 = a_{11} \\ 0 = a_{21} + 2a_{22}t_{f2} + 3a_{23}t_{f2}^2 \\ a_{11} + 2a_{12}t_{f1} + 3a_{13}t_{f1}^2 = a_{21} \\ 2a_{12} + 6a_{13}t_{f1} = 2a_{22} \end{cases}$$

上述约束条件组成含有 8 个未知数的 8 个线性方程。对于 $t_{f1} = t_{f2} = t_f$ 的情况，这个方程组的解为

$$\begin{cases} a_{10} = \theta_0 \\ a_{11} = 0 \\ a_{12} = \dfrac{12\theta_v - 3\theta_g - 9\theta_0}{4} \\ a_{13} = \dfrac{-8\theta_v + 3\theta_g + 5\theta_0}{4t_f^3} \end{cases}$$

$$\begin{cases} a_{20} = \theta_v \\ a_{21} = \dfrac{3\theta_g - 3\theta_0}{4t_f} \\ a_{22} = \dfrac{-6\theta_v + 3\theta_g + 3\theta_0}{2t_f^2} \\ a_{23} = \dfrac{8\theta_v - 5\theta_g - 3\theta_0}{4t_f^3} \end{cases}$$

在更一般的情况下，包含许多路径点的机器人轨迹可用多个三次多项式表示。包括各路径点处加速度连续的约束条件构成的方程组能表示成矩阵的形式，由于系数矩阵是三角阵，路径点的速度易于求出。

3. 高阶多项式插值

若对于运动轨迹的要求更为严格，约束条件增多，三次多项式就不能满足需要，要用更高阶的多项式对运动轨迹的路径段进行插值。

例如，对某段路径的起始点和终止点都规定了关节的位置、速度和加速度，则要用一个五次多项式进行插值，即

$$\theta(t) = a_0 + a_1 t + a_2 t^2 + a_3 t^3 + a_4 t^4 + a_5 t^5 \tag{7-14}$$

多项式的系数 $a_0, a_1, \cdots, a_5$ 必须满足 6 个约束条件

$$\begin{cases} \theta_0 = a_0 \\ \theta_f = a_0 + a_1 t_f + a_2 t_f^2 + a_3 t_f^3 + a_4 t_f^4 + a_5 t_f^5 \\ \dot{\theta}_0 = a_1 \\ \dot{\theta}_f = a_1 + 2a_2 t_f + 3a_3 t_f^2 + 4a_4 t_f^3 + 5a_5 t_f^4 \\ \ddot{\theta}_0 = 2a_2 \\ \ddot{\theta}_f = 2a_2 + 6a_3 t_f + 12a_4 t_f^2 + 20a_5 t_f^3 \end{cases} \tag{7-15}$$

4. 用抛物线过渡的线性插值

在关节空间轨迹规划中，对于给定起始点和终止点的情况选择线性函数插值较为简单，如图 7-12 所示。然而，单纯线性插值会导致起始点和终止点的关节运动速度不连续，且加速度无穷大，显然，在两端点会造成刚性冲击。

为此，应对线性函数插值方案进行修正，在线性插值两端点的邻域内设置一段抛物线形缓冲区段。由于抛物线函数对于时间的二阶导数为常数，即相应区段内的加速度恒定，这样保证起始点和终止点的速度平滑过渡，从而使整个轨迹上的位置和速度连续。线性函数与两段抛物线函数平滑地衔接在一起形成的轨迹称为带有抛物线过渡域的线性轨迹，如图 7-13 所示。

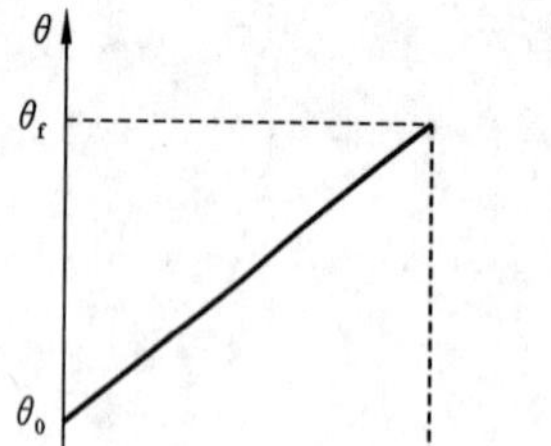

图 7-12　两点间的线性插值轨迹

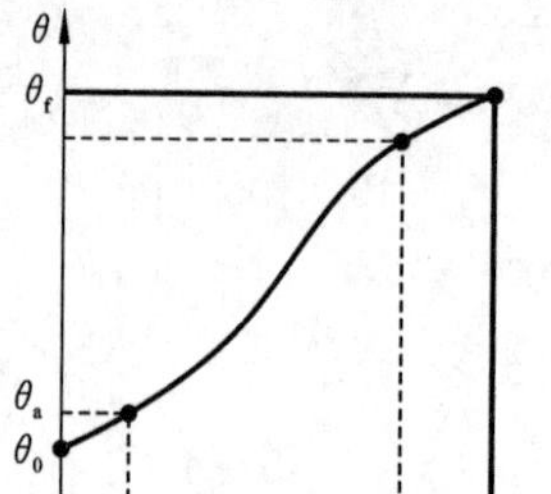

图 7-13　带有抛物线过渡域的线性轨迹

为了构造这段运动轨迹，假设两端的抛物线轨迹具有相同的持续时间 t_a，具有大小相同而符号相反的恒加速度 $\ddot{\theta}$。对于这种路径规划存在有多个解，其轨迹不唯一，如图 7-14 所示。但是，每条路径都对称于时间中点 t_h 和位置中点 θ_h。

要保证路径轨迹的连续、光滑，即要求抛物线轨迹的终点速度必须等于线性段的速度，故

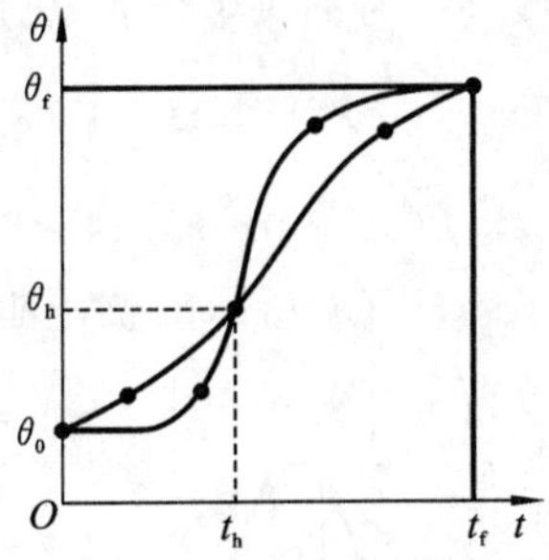

图 7-14 轨迹的多解性与对称性

有下列关系

$$\ddot{\theta}t_a = \frac{\theta_h - \theta_a}{t_h - t_a} \tag{7-16}$$

式中：θ_a——对应于抛物线持续时间 t_a 的关节角度。θ_a 的值可以按式(7-17)求出：

$$\theta_a = \theta_0 + \frac{1}{2}\ddot{\theta}t_a^2 \tag{7-17}$$

设关节从起始点到终止点的总运动时间为 t_f，则 $t_f = 2t_h$，并注意到

$$\theta_h = \frac{1}{2}(\theta_0 + \theta_f) \tag{7-18}$$

则由式(7-16)至式(7-18)得

$$\ddot{\theta}t_a^2 - \ddot{\theta}t_f t_a + (\theta_f - \theta_0) = 0 \tag{7-19}$$

一般情况下，θ_0、θ_f、t_f是已知条件，这样，据式(7-16)可以选择相应的 $\ddot{\theta}$ 和 t_a，得到相应的轨迹。通常的做法是先选定加速度 $\ddot{\theta}$ 的值，然后按式(7-19)求出相应的 t_a：

$$t_a = \frac{t_f}{2} - \frac{\sqrt{\ddot{\theta}^2 t_f^2 - 4\ddot{\theta}(\theta_f - \theta_0)}}{2\ddot{\theta}} \tag{7-20}$$

由式(7-20)可知，为保证 t_a 有解，加速度值 $\ddot{\theta}$ 必须选得足够大，即

$$\ddot{\theta} \geqslant \frac{4(\theta_f - \theta_0)}{t_f^2} \tag{7-21}$$

当式(7-21)中的等号成立时，轨迹线性段的长度缩减为零，整个轨迹由两个过渡域组成，这两个过渡域在衔接处的斜率(关节速度)相等；加速度 $\ddot{\theta}$ 的取值愈大，过渡域的长度会变得愈短，若加速度趋于无穷大，轨迹又复归到简单的线性插值情况。

例 7-3 θ_0、θ_f和 t_f的定义同例 7-1，若将已知条件改为 $\theta_0 = 15°$，$\theta_f = 75°$，$t_f = 3$ s，试设计两条带有抛物线过渡的线性轨迹。

解 根据题意，按式(7-21)定出加速度的取值范围，为此，将已知条件代入式(7-21)中，有 $\ddot{\theta} \geqslant 26.67°/s^2$。

(1) 设计第一条轨迹。对于第一条轨迹，如果选 $\ddot{\theta} = 42°/s^2$，由式(7-17)算出过渡时间 t_{a1}，则

$$t_{a1} = \left(\frac{3}{2} - \frac{\sqrt{42^2 \times 3^2 - 4 \times 42 \times (75 - 15)}}{2 \times 42}\right) \text{s} = 0.59 \text{ s}$$

用式(7-17)和(7-16)计算过渡域终了时的关节位置 θ_{a1} 和关节速度 $\dot{\theta}_1$，得

$$\theta_{a1} = 15° + (\frac{1}{2} \times 42 \times 0.59^2)° = 22.3°$$

$$\dot{\theta}_1 = \ddot{\theta}_1 t_{a1} = (42 \times 0.59)°/s = 24.78°/s$$

据上面计算得出的数值可以绘出如图 7-15(a)所示的轨迹曲线。

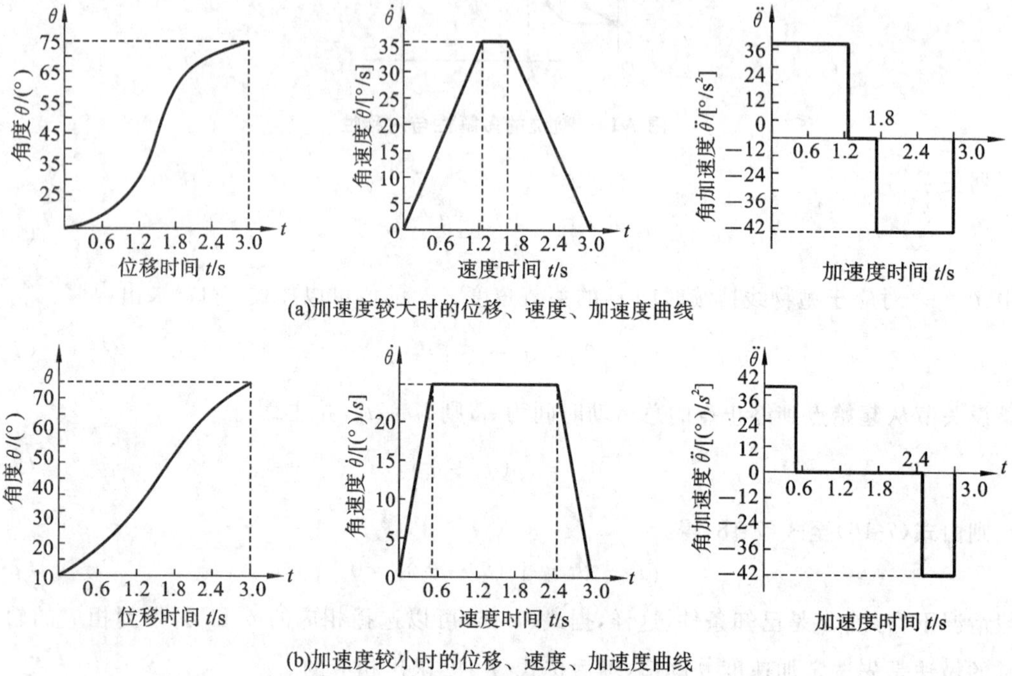

图 7-15　带有抛物线过渡的线性插值

(2) 设计第二条轨迹。对于第二条轨迹，若选择 $\ddot{\theta}_2 = 27°/s^2$，可求出

$$t_{a2} = \left(\frac{3}{2} - \frac{\sqrt{27^2 \times 3^2 - 4 \times 42(75-15)}}{2 \times 27}\right) s = 1.33\ s$$

$$\theta_{a2} = 15 + (\frac{1}{2} \times 27 \times 1.33^2)° = 38.88°$$

$$\dot{\theta}_2 = \ddot{\theta}_2 t_{a2} = (27 \times 1.33)°/s = 35.91°/s$$

相应的轨迹曲线如图 7-15(b)所示。

用抛物线过渡的线性函数插值进行轨迹规划的物理概念非常清楚，即如果机器人每一关节电动机采用等加速、等速和等减速运动规律，则关节的位置、速度、加速度随时间变化的曲线如图 7-15 所示。

若某个关节的运动要经过一个路径点，则可采用带抛物线过渡域的线性路径方案。如图 7-16 所示，关节的运动要经过一组路径点，用关节角度 θ_j、θ_k 和 θ_l 表示其中三个相邻的路径点，以线性函数将每两个相邻路径点之间相连，而所有路径点附近都采用抛物线过渡。

应该注意到：各路径段采用抛物线过渡域线性函数所进行的规划，机器人的运动关节并不能真正到达那些路径点。即使选取的加速度充分大，实际路径也只是十分接近理想路径点，如

图 7-16 所示。

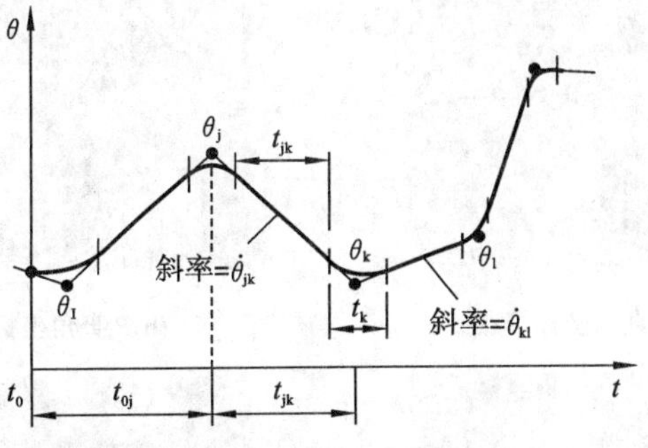

图 7-16　多段带有抛物线过渡域的线性轨迹

7.4　机器人手部路径的轨迹规划

7.4.1　操作对象的描述

由前述可知，任一刚体相对参考系的位姿是用与它固连的坐标系来描述的。刚体上相对于固连坐标系的任一点用相应的位置矢量 $\boldsymbol{P}$ 表示；任一方向用方向余弦表示。给出刚体的几何图形及固连坐标系后，只要规定固连坐标系的位姿，便可重构该刚体在空间的位姿。

例如如图 7-17 所示的钢板，其中心与固接坐标系的工具中心点 TCP 重合。钢板厚度为 4 mm，中心取为坐标原点，长 1800 mm，宽 600 mm，则可根据固连坐标系的位姿重构钢板在空间的位姿和几何形状。

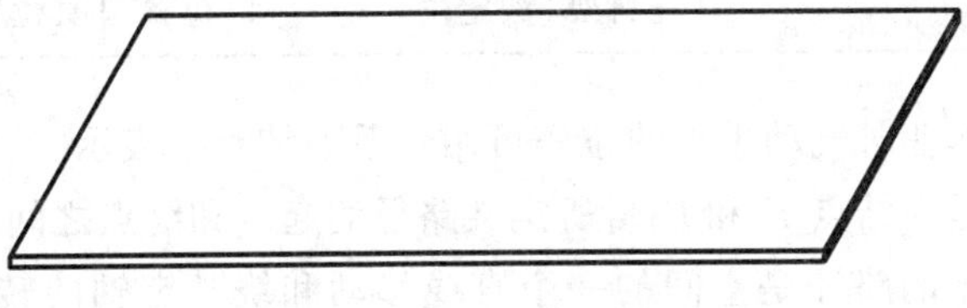

图 7-17　操作对象的描述

7.4.2　作业的描述

机器人的作业过程可用手部位姿结点序列来规定，每个结点可用工具坐标系相对于作业坐标系的齐次变换来描述。相应的关节变量可用运动学反解程序计算。

如图 7-18 所示的机器人搬运作业，要求把钢板从原料平台上取出，并放入托料架进行定位，再移动预放料位置，最后放入到冲压机的模具中，用符号表示沿轨迹运动的各结点的位姿，使机器人能沿细实线运动并完成作业。设定 $P_i(i=0,1,2,3,\cdots,n)$为气动吸盘手爪必须经过的直角坐标结点。参照这些结点的位姿将作业描述为如表 7-3 所示的手部的一连串运动和动作。

第一个结点 P_1 对应一个变换方程，从而解出相应的机器人的变换${}^0\boldsymbol{T}_6$，由此得到作业描述的基本结构：作业结点 P_i 只对应机器人变换${}^0\boldsymbol{T}_6$，从一个变换到另一变换通过机器人运动

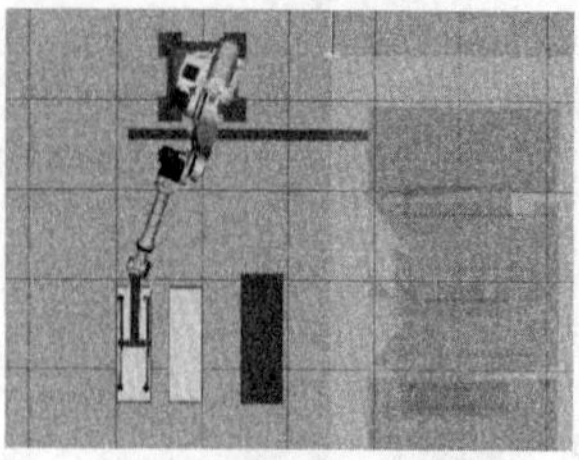

(a)P_1直角坐标结点

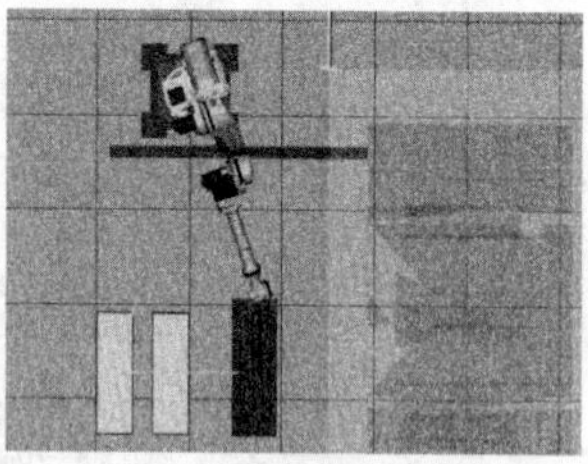

(b)P_4直角坐标结点

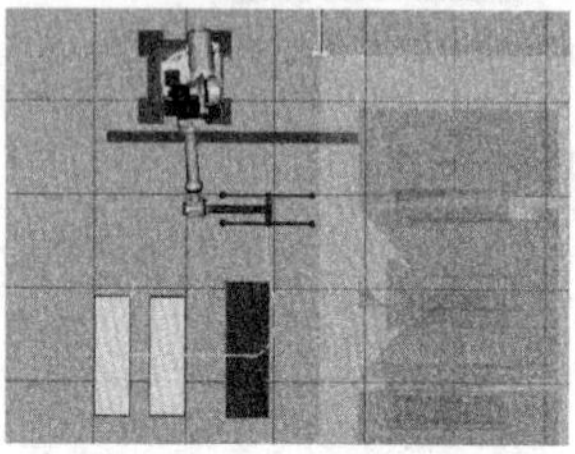

(c)P_7直角坐标结点

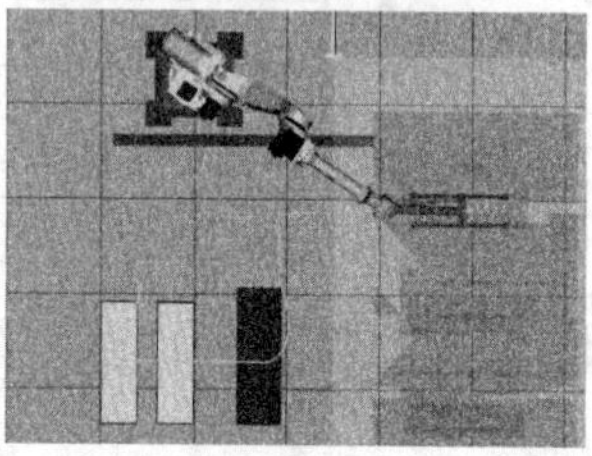

(d)P_8直角坐标结点

图 7-18　机器人搬运作业的轨迹

实现。

表 7-3　机器人搬运作业过程

结点	P_0	P_1	P_2	P_3	P_4	P_5	P_6	P_7	P_8	P_9	P_{10}
运动	INIT	MOVE	MOVE	GRASP	MOVE	MOVE	GRASP	MOVE	MOVE	RELEASE	MOVE
目标	原始	接近钢板	到达	抓住	接近托料架	放入托架定位	抓住	预放料位置	接近模具位置	松夹	移开

机器人完成此项作业时气动手爪的位姿可用一系列结点来表示。在直角坐标空间中进行轨迹规划的首要问题是在结点 P_i 和 P_{i+1} 所定义路径的起点和终点之间，如何生成一系列中间点。两节点之间最简单的路径是空间的一个直线移动和绕某定轴的转动。运动时间给定之后，则可以产生一个使线速度和角速度受控的运动。如图 7-18 所示，要生成从结点原位 P_0 运动到接近钢板 P_1 的轨迹，更一般地，从任一节点 P_i 到下一节点 P_{i+1} 的运动可表示为

$$^{0}\boldsymbol{T}_6\,^{6}\boldsymbol{T}_T = ^{0}\boldsymbol{T}_B\,^{B}\boldsymbol{P}_i$$

即

$$^{0}\boldsymbol{T}_6 = ^{0}\boldsymbol{T}_B\,^{B}\boldsymbol{P}_i\,^{6}\boldsymbol{T}_T^{-1} \tag{7-22}$$

到

$$^{0}\boldsymbol{T}_6 = ^{0}\boldsymbol{T}_B\,^{B}\boldsymbol{P}_{i+1}\,^{6}\boldsymbol{T}_T^{-1} \tag{7-23}$$

的运动。

式中：$^{6}\boldsymbol{T}_T$——工具坐标系$\{T\}$相对末端连杆系$\{6\}$的变换；

$^{B}P_i$ 和 $^{B}P_{i+1}$——两结点 P_i 和 P_{i+1} 相对坐标系$\{B\}$的齐次变换。

可将气动手爪从结点 P_i 到结点 P_{i+1} 的运动看成是与气动手爪固接的坐标系的运动，按前述运动学知识可求其解，此处从略。

7.5 移动机器人路径规划

为了使移动机器人能够正确地到达目的地，如图 7-19 所示，我们就必须对机器人的运动进行控制。为了实现这一目标，就必须解决路径设计、位置估计、轨迹控制等问题，即路径规划问题。

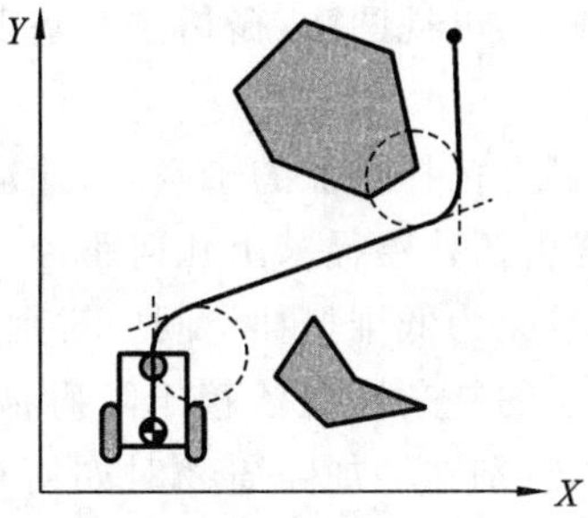

图 7-19 带路障的移动机器人路径规划示意图

7.5.1 移动机器人路径规划技术

移动机器人的路径规划问题是移动机器人研究领域中的一项重要的研究内容，可以描述为：移动机器人依据某个或某些性能指标（如工作代价最小、行走路线最短、行走时间最短等），在运动空间中找到一条从起始状态到目标状态、可以避开障碍物的最优或者接近最优的路径。通常来讲，路径规划选择路径的最短距离，即从起点到目标点的路径的最短长度作为性能指标。在以往的研究中，移动机器人路径规划方法，根据环境信息的已知程度，可以分为两种类型：基于全局地图信息的路径规划（简称全局路径规划）和基于局部地图信息的路径规划（简称局部路径规划）。全局路径规划能够处理完全已知环境（障碍物的位置和形状预先给定）下的路径规划，前提是需要建立移动机器人所在环境的全局地图模型；然后在建立的全局地图模型上使用搜索寻优算法获得最优路径。因此，全局路径规划涉及两部分问题：环境模型的建立和路径搜索策略。对移动机器人路径规划系统的主要要求如下。

（1）在环境地图中寻找一条路径，保证机器人沿该路径移动时，不与外界发生碰撞。

（2）能够处理用传感器感知的环境模型中的不确定因素和路径执行中出现的误差。

（3）通过使机器人避开外界物体而使其对机器人的传感器感知范围的影响降到最小。

（4）能够按照需要找到最优路径。

根据以上要求，移动机器人路径规划中涉及 4 个相关问题。

（1）机器人如何从环境中获取周围的障碍物信息和其他相关信息。

（2）机器人如何根据内部及外部传感器来判断当前处于地图中的什么位置。

（3）机器人如何根据其处于当前地图的位置和当前地图中的信息确定行动策略。

（4）如何产生合适的驱动信号使机器人运动在预定的轨迹上。

为解决这些问题，要对相应的 4 个技术进行研究。

(1) 传感技术。

(2) 自定位技术。

(3) 运动控制。

(4) 规划和决策。

7.5.2 移动机器人全局规划方法

全局路径规划的方法有：拓扑法、可视图法、栅格法及基于智能算法的全局路径规划。

1. 拓扑法

拓扑法是将规划空间分割成具有拓扑特征的子空间，并建立拓扑网络，在拓扑网络上寻找起始点到目标点的拓扑路径，最终由拓扑路径求出几何路径。拓扑法的基本思想是降维法，即将高维几何空间中求路径的问题转化为低维拓扑空间中辨别连通性问题。其优点在于利用拓扑特征大大缩小了搜索空间。算法的复杂性仅依赖于障碍物的数目，理论上是完备的。缺点是建立拓扑网络的过程相当复杂，特别在增加障碍物时如何有效地修正已经存在的拓扑网络及如何提高图形速度是有待解决的问题。

2. 可视图法

可视图法把机器人视为一点，将机器人、目标点和多边形障碍物的各顶点进行组合连接，要求机器人和障碍物各顶点之间、目标点和障碍物各顶点之间以及各障碍物顶点与顶点之间的连线，均不能穿越障碍物，即直线是可视的。搜索最优路径的问题就转化为从起始点到目标点经过这些可视直线的最短距离问题。运用优化算法，可删除一些不必要的连线以简化视图，缩短搜索时间。该法能够求得最短路径，但缺点是路径搜索时间长，并且，如果假设机器人的尺寸大小忽略不计，会导致机器人规划的通过障碍物顶点时的路径离障碍物太近甚至接触到障碍物。

切线图法和 Voronoi 图法对可视图法进行了改进。切线图（见图 7-20）用障碍物的切线表示弧，因此是从起始点到目标点的最短路径的图，即移动机器人必须几乎接近障碍物行走。缺点是如果控制过程中产生位置误差，移动机器人碰撞的可能性很高。图 7-21 用尽可能远离障碍物的路径表示弧，因此，从其起始节点到目标节点的路径将会增长，但采用这种控制方式时，即使产生较大的位置误差，移动机器人也不会碰到障碍物。

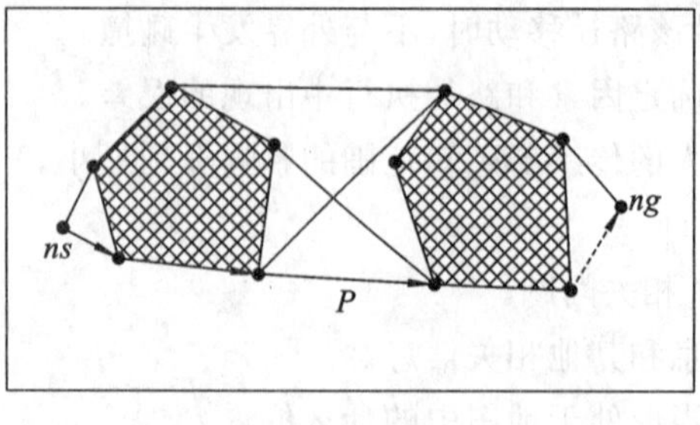

图 7-20 切线图

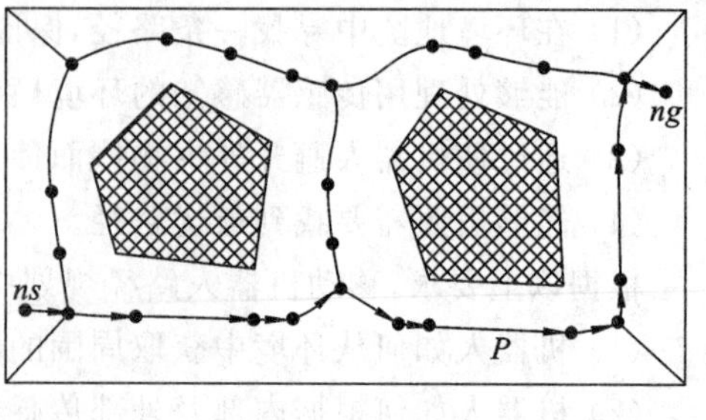

图 7-21 Voronoi 图

3. 栅格法

栅格法是由 W. E. Howden 在 1968 年提出的。栅格法将机器人工作环境分解成一系列具有二值信息的网格单元,工作空间中障碍物的位置和大小一致,并且在机器人运动过程中,障碍物的位置和大小不发生变化。用尺寸相同的栅格对机器人的二维工作空间进行划分,栅格的大小以机器人自身的尺寸为准。若某个栅格范围内不含任何障碍物,则称此栅格为自由栅格;反之,称为障碍栅格。自由空间和障碍物均可表示为栅格块的集成。栅格的标识方法有两种:直角坐标法和序号法。多采用四叉树或八叉树表示工作环境,并通过优化算法完成路径搜索。该方法以栅格为单位记录环境信息,栅格粒度越小,障碍物的表示越精确,但会占用大量的存储空间,算法的搜索范围将按指数增加。栅格的粒度太大,规划的路径会很不精确。

A^*算法是最常用的基于栅格地图进行移动机器人路径规划的优化算法之一。它是一种静态路网中求解最短路径最有效的直接搜索方法,也是解决许多搜索问题的有效算法。A^*算法是一种启发式搜索算法。通过启发函数引导算法的搜索方向,应用 A^* 算法最终可以找到一条最优的路径。但是在大的搜索环境下,A^*算法的效率比较低。

4. 基于智能算法的全局路径规划

近年来,研究者将各种智能算法应用于移动机器人的全局路径规划研究中,取得了大量的成果。例如,基于协作进化思想的粒子群优化算法,减少了路径搜索的耗时;遗传算法和模拟退火算法应用于移动机器人路径规划的研究中,利用遗传算法中的交叉和变异操作以及 Metropolis 准则来评价路径的适应函数,提高了路径规划效率;基于粒子群优化的多机器人协同路径规划方法,将每一个机器人看做一个粒子,通过粒子间的信息传递来实现多机器人的气味搜索任务;利用改进模拟退火算法与共轭方向法对机器人全局路径规划问题进行寻优;蚁群算法可以用来在图中寻找优化路径的几率型算法,常用来解决移动机器人的全局路径规划问题。蚁群算法(ant colony optimization,ACO),又称蚂蚁算法,由 Marco Dorigo 于 1992 年在他的博士论文中引入,其灵感来源于蚂蚁在寻找食物过程中发现路径的行为。蚁群算法是一种模拟进化算法。研究表明该算法具有许多优良的性质。蚁群算法是一种求解组合最优化问题的新型通用启发式方法,该方法具有正反馈、分布式计算和富于建设性的贪婪启发式搜索的特点。但是蚁群算法有收敛速度慢、容易陷入局部最优解等问题。现在关于蚁群算法的研究热点大都集中在如何解决这两个问题上。出现了诸如最大最小蚁群算法、遗传算法与蚁群算法相结合等改进的蚁群算法。

7.5.3 移动机器人局部规划方法

局部路径规划方法以不知道环境中的障碍物位置的信息为前提,移动机器人仅通过传感器感知自身周围环境与自身状态。由于无法获得环境的全局信息,局部路径规划侧重于考虑移动机器人当前的局部环境信息,利用传感器获得的局部环境信息寻找一条从起点到目标点的与环境中的障碍物无碰撞的最优路径并需要实时地调整路径规划策略。

常用的适用于局部路径规划的方法有事例学习法、滚动窗口法、人工势场法、智能算法以及行为分解法。

1. 事例学习法

移动机器人需要在进行路径规划前合理地建立适合路径规划求解的事例库。事例库的建立过程为将移动机器人路径规划所需问题或知识(环境信息或路径信息)转化为具体事例存入事例库，当移动机器人遇到新问题时，将已经建好的事例库中的事例与之比较进行分析。

2. 滚动窗口法

滚动窗口法属于预测控制理论中的一种次最优方法。基于滚动窗口法的移动机器人路径规划方法将移动机器人获得的局部环境信息建立成一个“窗口”，通过循环计算这个含有自身周围环境信息的“窗口”实现路径规划。在滚动计算的每一步，用启发式方法获得子目标，利用生成的子目标在当前的滚动窗口中进行实时规划。随着滚动窗口的推进，不断利用获得的信息更新子目标直到完成规划任务。

3. 人工势场法

人工势场法使用两个力场的叠加引导移动机器人完成路径规划任务。其中环境中的障碍物产生排斥力场，阻止移动机器人靠近；目标点产生吸引力场，吸引力场包围着目标点，吸引力场一般是一个球形，在无障碍环境中驱使机器人至目标点。排斥力场包围着障碍物，在障碍环境中，排斥力场存在于障碍物周围区域阻止机器人向目标点移动，机器人在吸引力和多个排斥力共同作用下运动。现有的关于人工势场法应用于移动机器人路径规划的文献的研究热点主要集中于通过对引力势函数与斥力势函数的优化和改进或添加其他附加条件来解决人工势场法局部极小点问题。

4. 基于智能算法的局部路径规划

基于智能算法的局部路径规划主要有：针对人工势场法的局部最小问题提出一种解决方案，该方案使用遗传算法对障碍物斥力角度的改变并设定的虚拟最小局部区域的半径进行路径优化；利用人工势场法处理基于 PSO 算法获得的路径规划结果，之后使用均值滤波的方法优化结果，得到连续的平滑路径；量子计算和机器学习理论相结合，适用于移动机器人自主导航的量子强化学习算法，该算法受量子测量中的崩溃现象的启发，采用概率计算的方法选择行为并将量子计算中的振幅放大理论应用到强化学习中，基于机器人平台的实验表明了提出的量子强化学习算法有更强的鲁棒性。

1986 年，Brooks 首先提出一种叫做包容式控制结构的行为协调技术，为基于行为的移动机器人路径规划技术的研究奠定了基础，行为分解法也称基于行为的机器人路径规划方法，常被用来解决移动机器人的局部路径规划问题，近年来受到了广泛的关注。根据近年来的研究成果，基于行为的路径规划过程由一系列独立的子行为组成，子行为根据获得的传感器信息完成特定的任务。移动机器人使用不同的子行为来处理在环境中遇到的不同问题，通过对子行为进行合理定义并且设定子行为的开启与结束条件，来使移动机器人在环境中遇到不同问题时能够有较好的应对策略并且尽快地完成路径规划任务，这样做减少了规划的复杂程度。

本章小结

本章讨论了在关节空间和笛卡儿空间中工业机器人运动的轨迹规划和轨迹生成方法。首先描述了轨迹规划一般性问题、轨迹生成方式和轨迹规划涉及的主要问题；然后，详细介绍了插补方式的分类、常用的插补算法，描述了轨迹控制方法，通过实时计算工业机器人运动的位移、速度和加速度，生成运动轨迹，每一轨迹点的计算时间要与轨迹更新速率合拍；最后，概要地描述了移动机器人的路径规划技术，介绍了移动机器人的全局规划方法和局部规划方法。

习　　题

1. 轨迹规划的定义是什么？简述轨迹规划的方法。

2. 设只有一个自由度的旋转关节机械手处于静止状态时，$\theta=150^\circ$，要在 3 s 内平稳运动到达终止位置：$\theta=750^\circ$，并且在终止点的速度为零，试求三次多项式插补公式。

3. 单连杆机器人的转动关节，从 $\theta=-5^\circ$ 静止开始运动，要想在 4 s 内使该关节平滑地运动到 $\theta=+80^\circ$ 的位置停止。试按下述要求确定运动轨迹：

(1) 关节运动依三次多项式插值方式规划。

(2) 关节运动按抛物线过渡的线性插值方式规划。

4. 自主移动机器人的导航问题要解决的是以下三个问题：①“我现在何处”；②“我要往何处去”；③“要如何到该处去”。全局路径规划和局部路径规划分别解决的是哪些问题？各自主要有哪些典型的方法？

第 8 章　机器人语言与编程

8.1　概述

伴随着机器人的发展，机器人语言也得到了发展和完善，机器人语言已经成为机器人技术的一个重要组成部分。机器人的功能除了依靠机器人的硬件支撑外，相当一部分是依靠机器人语言编程来完成的。早期的机器人由于功能单一，动作简单，可采用固定程序或者示教方式来控制机器人的运动。随着机器人作业动作的多样化和作业环境的复杂化，依靠固定程序或示教方式已经满足不了要求，必须依靠能适应作业和环境变化的机器人语言编程来完成机器人目标任务。

用户接触到的语言都是机器人公司自己开发的针对用户的语言平台，通俗易懂，如 KUKA、ABB 等。在这一层次，每一个机器人公司都有自己语法规则和语言形式。此语言平台一般是针对用户，由商用机器人公司提供。在这个语言平台之后是一种基于硬件相关的高级语言平台，如 C 语言、基于 IEC61131 标准语言等，是机器人公司做机器人系统开发时所使用的语言平台，该层语言平台主要进行运动学和控制方面的编程，此语言平台一般是针对机器人开发厂商，由控制系统厂商提供。再底层就是硬件语言，如基于 Intel 硬件的汇编指令等，此平台语言一般针对控制系统开发商，由芯片硬件厂商提供。

机器人语言种类繁多，而且不断有新的编程语言出现。因为机器人功能不断拓展，需要新的语言来支撑其相应功能。另一方面，机器人语言多是针对某种类型的具体机器人而开发的，所以机器人语言的通用性差，几乎一种新的机器人问世，就有一种新的机器人语言与之配套。

由于多种原因，机器人公司的编程语言都不相同，例如，KUKA 公司的机器人编程语言称为 KRL，ABB 公司的机器人编程语言称为 RAPID，安川公司的机器人编程语言称为 FORMI-II，Staubli 公司、Fanuc 公司等都有专用的编程语言，从这一角度来讲，现阶段机器人的程序还不具备通用性。利用不同编程语言所编制的程序，在程序格式、命令形式、编辑操作上有所区别，但其程序的结构、命令的功能及程序编制的基本方法类似。只要掌握了一种机器人的编程方法，其他机器人的编程也较为容易。

8.2　机器人编程要求与语言类型

8.2.1　机器人编程要求

机器人编程语言也和一般程序语言一样，应当具有结构简明、概念统一，容易扩展等特点。

从实际应用的角度来讲，机器人语言不仅应当简单易学，并且应具有良好的对话性，以使操作者可以方便操纵机器人来工作。另外，在工作过程中，几何模型是不断变化的，因此高水平的机器人编程语言还能够做出适用于目标物体和环境的几何模型，以减小编程难度。

一般来讲，对机器人的编程要求如下。

1. 能够建立世界模型

进行机器人编程时，需要一种描述物体在三维空间内运动的方式，需要给机器人及相关物体建立一个基础坐标系。这个坐标系称为“世界坐标系”。机器人工作时，也建立其他坐标系，同时建立这些坐标系与基础坐标系的变换关系。机器人编程系统应具有在各种坐标系下描述物体位姿的能力和建模能力。

2. 能够描述机器人的作业

机器人作业的描述与环境模型密切相关，编程语言水平决定了描述水平。机器人语言需要给出作业顺序，由语法和词法定义输入语句，并由它描述整个作业。比如，装配作业可描述为世界模型的系列状态，这些状态可由工作空间内所有物体的位姿给定，这些位姿也可利用物体间的空间关系来说明。

3. 能够描述机器人的运动

描述机器人的运动是机器人编程语言的基本功能之一。用户能够运用语言中的运动语句与路径规划器连接，允许用户规定路径上的点及目标点，决定是否采用点插补运动或笛卡儿直线运动。用户还可以控制运动速度或运动持续时间。

4. 允许用户规定执行流程

同一般的计算机编程语言一样，机器人编程系统允许用户规定执行流程，包括试验和转移、循环、调用子程序、中断等。通常需要某种传感器来监控不同的过程，通过中断或登记通信，机器人系统能够反应由传感器检测到的一些事件。

5. 有良好的编程环境

好的编程环境有助于提高程序员的工作效率。大多数机器人编程语言有中断功能，能够在程序开发和调试过程中每次只执行一条单独语句。根据机器人编程特点，其支撑软件应具有下列功能。

1）在线修改和立即重新启动功能

机器人作业需要复杂的动作和较长的执行时间，在失败后从头开始运行程序并不总是可行的。因此，支撑软件必须有在线修改程序和随时重新启动的能力。

2）传感器的输出和程序追踪功能

机器人和环境之间的实时相互作用常常不能重复，因此，支撑软件应能随着程序追踪记录传感器输出值。

3）仿真功能

可以在没有机器人和工作环境的情况下测试程序，可有效地进行不同程序的模拟调试。

6. 需要人机接口和综合传感信号

在编程和作业过程中，应便于人与机器人之间进行信息交换，以便在运动出现故障时能及时处理；在控制器设置紧急安全开关确保安全；而且，随着作业环境和作业内容复杂程度的增加，需要功能强大的人机接口。

机器人语言的一个极其重要的部分是与传感器的相互作用。语言系统应能提供一般的决策结构,以便根据传感器的信息来控制程序的流程。

8.2.2 机器人编程语言类型

从描述操作命令的角度来看,机器人编程语言的水平可以分为:动作级、对象级和任务级。

1. 动作级

动作级编程语言是最低一级的机器人语言。动作级编程语言以机器人末端执行器和动作为中心来描述各种操作,要在程序说明每个动作,通常由使机械手末端从一个位置到另一个位置的一系列命令组成。AL(VAL)、LUNA 属于这一类语言。

2. 对象级

对象级编程语言是比动作级编程语言高一级的编程语言。对象级编程语言描述操作物与操作物之间的关系,通过近似自然语言的方式描述作业对象的状态变化。指令语句是复合语句结构,用表达式记述作业对象的位姿时序数据及作业用量、作业对象承受的力、力矩等时序数据。使用时必须明确描述操作对象之间的关系和机器人与操作对象之间的关系,特别适于组装作业。AUTOPASS、LUMA、RAPT 等属于这一类语言。

3. 任务级

任务级编程语言是比较高级的机器人语言,也是最理想的机器人高级语言。只要按照某种原则给出最初的环境模型和最终的工作状态,机器人可以一边思考,一边动作。任务级系统软件必须能把指定的工作任务翻译为执行该任务的程序。显然,任务级语言的构成十分复杂,它必须具有人工智能的推理系统和大型知识库,这种语言目前仍处于基础研究阶段,还有许多问题有待解决。

8.3 编程语言系统和基本功能

8.3.1 机器人语言系统

机器人编程语言包括语言本身和处理系统,更像是一个计算机系统,包括硬件、软件和被控设备。机器人编程语言系统的组成可用图 8-1 表示,图中箭头表示信息流向。机器人语言的所有指令均通过控制机经过程序编译、解释后发出控制信号;控制机一方面向机器人发出运动控制信号,另一方面向外围设备发出控制信号;周围环境(机器人作业空间内的作业对象位姿及作业对象之间的相互关系)通过感知系统把环境信息通过控制机反馈给指令。

8.3.2 机器人语言系统的基本功能

机器人语言系统能够支持机器人编程、控制以及与外围设计、传感器和机器人的接口,同时还能支持和控制系统的通信。应具备运动、运算、决策、通信、工具、传感数据处理等基本功能。

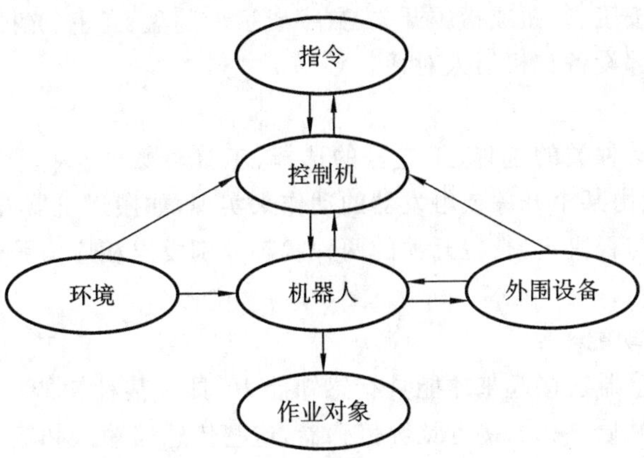

图 8-1 机器人编程语言系统组成

1. 运动功能

运动功能是机器人最基本的功能。机器人的设计目的是用它来代替人的繁复劳动，因此，不管机器人功能有多复杂，其运动控制依然是其基本功能，也是机器人语言系统的基本功能。

机器人的运动功能就是机器人用最简单的语言向各关节伺服装置提供一系列关节位置及姿态信息，由伺服系统实现运动。对于具有路径轨迹要求的运动，这一系列位姿必须同时开始和同时结束运动，即多关节协调运动。

运动描述的坐标系可以根据需要来定义，如笛卡儿坐标系、关节坐标系、工具坐标系及工件坐标系等，最佳的情况是所定义的坐标系与机器人的形状无关。

运动描述可以分为绝对运动和相对运动。绝对运动每一次把工具带到工作空间的绝对位置，该位置与本次运动的起始位置无关；相对运动到达的位置与起始位置有关，是对起始位置的一个相对值，一个相对运动的运动子程序能够从最后一个相对运动出发，把工具带回到它的初始位置。

2. 运算功能

运算功能是机器人最重要的功能之一。对于装有传感器的机器人，所进行的主要是解析几何运算，包括机器人的正解、逆解、坐标及矢量运算等。根据运算结果，机器人能自行决定工具或手爪下一步应到达的位置。

3. 决策功能

所谓决策功能是指机器人根据作业空间范围内的传感信息不做任何运算而做出的决断决策。这个决策功能一般用条件转移指令由分支程序来实现。条件满足则执行一个分支，不满足则执行另一个分支。决策功能需要使用这样一些条件：符号校验（正、负或零）、关系检验（大于、小于、不等于）、布尔校验（开或关、真或假）、逻辑校验（逻辑位值）以及集合校验（一个集合的数、空集等）等。

4. 通信功能

通信功能指的是机器人系统与操作人员的通信，包括机器人向操作人员要求信息和操作人员获取机器人的状态、机器人的操作意图等，其中许多通信功能由外部设备来协助提供。

机器人通过信号灯、绘图仪或图形显示屏、声音或语言合成器等外部设备向操作人员提供信息。操作人员通过按钮、旋钮或指压开关、数字或字母键盘、光笔、光标指示器或数字转换板以及光电阅读机等外部设备与机器人对话。

5. 工具功能

工具功能包括工具种类的选择、工具号的选择、工具参数的选择及工具的动作(开关、分合)。工具的动作一般由某个开关或触发器的动作来实现,如搬运机器人搬运手爪的开合由气缸上行程开关的触发与否决定,行程开关的两种状态分别发出相应信号使气缸运动,从而完成手爪的开合。

6. 传感数据处理功能

机器人只有与传感器连接起来才能具有感知能力,具有某种智能。机器人中的传感器多种多样,有力和力矩、触觉、视觉、接近觉等传感器,这些传感器输入和输出信号的形式、性质及强弱不同,往往需要进行大量的复杂运算和处理。

8.4 常用的机器人编程语言

自机器人出现以来,美国、日本等也同时开始进行机器人语言的研究。美国斯坦福大学于1973年研制出世界上第一种机器人语言——WAVE语言。WAVE是一种机器人动作语言,即语言功能以描述机器人的动作为主,兼以力和接触的控制,还能配合视觉传感器进行机器人的手、眼协调控制。

在WAVE语言的基础上,1974年斯坦福大学人工智能实验室又开发出一种新的语言,称为AL语言。这种语言与高级计算机语言ALGOL结构相似,是一种编译形式的语言,带有一个指令编译器,能在实时机上控制,用户编写好的机器人语言源程序经编译器编译后对机器人进行任务分配和作业命令控制。AL语言不仅能描述手爪的动作,而且可以记忆作业环境和该环境内物体和物体之间的相对位置,实现多台机器人的协调控制。

美国IBM公司也一直致力于机器人语言的研究,取得了不少成果。1975年,IBM公司研制出ML语言,主要用于机器人的装配作业。随后该公司又研制出另一种语言——AUTO-PASS语言,这是一种用于装配的更高级语言,它可以对几何模型类任务进行半自动编程。

美国的Unimation公司于1979年推出了VAL语言。它是在BASIC语言基础上扩展的一种机器人语言,因此具有BASIC的内核与结构,编程简单,语句简练。VAL语言成功地用于PUMA和UNIMATE型机器人。1984年,Unimation公司又推出了在VAL基础上改进的机器人语言——VALⅡ语言。VALⅡ语言除了含有VAL语言的全部功能外,还增加了对传感器信息的读取,使得可以利用传感器信息进行运动控制。而后来Staubli收购了Unimation公司后,又开发了VAL 3机器人编程语言。

20世纪80年代初,美国Automatix公司开发了RAIL语言,该语言可以利用传感器的信息进行零件作业的检测。同时,麦道公司研制了MCL语言,这是一种在数控自动编程语言——APT语言的基础上发展起来的一种机器人语言。MCL特别适用于由数控机床、机器人等组成的柔性加工单元的编程。

机器人的功能不断拓展,需要新的语言来配合其工作。各家工业机器人公司的机器人编程语言都不相同,各家有各家自己的编程语言。但是,不论变化多大,其关键特性都很相似。

比如 Staubli 机器人的编程语言叫 VAL 3，风格和 Basic 相似；ABB 的叫做 RAPID，风格和 C 相似；还有 Adept Robotics 的 V+，Fanuc、KUKA、MOTOMAN 都有专用的编程语言，但是大都相似。下面就常见的几种机器人编程语言做简单介绍。

8.4.1 AL 语言

AL 语言是 20 世纪 70 年代中期美国斯坦福大学人工智能研究所开发研制的一种机器人语言，它是在 WAVE 的基础上开发出来的，也是一种动作级编程语言，但兼有对象级编程语言的某些特征，使用于装配作业。AL 语言设计的原始目的是用于具有传感器信息反馈的多台机器人或机械手的并行或协调控制编程。它的结构及特点类似于 PASCAL 语言，可以编译成机器语言在实时控制机上运行，具有实时编译语言的结构和特征，如可以同步操作、条件操作等。许多子程序和条件监测语句增加了该语句的力传感和柔顺控制能力。当一个进程需要等待另一个进程完成时，可以使用适当的信号语句和等待语句。这些语句和其他的一些语句可以对两个或两个以上的机器臂进行坐标控制，利用手和手臂运动控制命令还可控制位移、速度、力和力矩。

1. 变量的表达及特征

AL 变量的基本类型有标量、矢量、旋转、坐标系、变换。

1）标量

标量是浮点数，可以进行加、减、乘、除和指数运算，也可以进行三角函数和自然对数的运算，运算的优先级别与一般计算机语言一致。AL 中的标量有时间、距离、角度、力或者它们的组合，并可以处理这些量的量纲。

AL 中有几个预先定义的标量。如：

SCALAR　PI；｛PI＝3.14159｝

SCALAR　TRUE,FALSE；｛ TRUE ＝1,FALSE ＝0｝

2）矢量

和数学中的矢量具有相似的意义，且具有相同的运算。利用 VECTOR 函数可以由三个标量表达式来构造矢量。

同样，在 AL 中有几个预先定义过的矢量：

VECTOR　xhat,yhat,zhat,nilvect;{xhat←VECTOR(1,0,0);yhat←VECTOR(0,1,0);}

{zhat←VECTOR(0,0,1);nilvect←VECTOR(0,0,0)}

3）旋转

旋转型变量用来描述轴的旋转或绕某个轴的旋转以表示姿态。用函数 ROT 来构造，ROT 函数有两个参数：一个是旋转轴，用矢量表示；另一个是旋转角度。旋转规则按右手法则进行。

nilrot 是 AL 语言中预先定义的变量。

nilrot←ROT(zhat,0 * deg)

4）坐标系

AL 通过函数 FRAME 来建立坐标系，以描述作业空间中对象物体的姿态和位置。该函数有两个参数：一个表示姿态的旋转，另一个表示位置的向量。

AL 中定义 STATION 表示工作空间的基准坐标系。

5）变换

TRANS 型变量用来进行坐标系间的变换，有旋转和矢量两个参数。在执行时，先相对于作业空间的基坐标系旋转，然后对向量参数相加，进行平移操作。

AL 语言中有一个预先定义 TRANS 变量是 niltrans，定义为：

niltrans←TRANS(nilrot,nilvect)

有了上述几种数据类型，就可以方便地描述作业环境和作业对象。

2. 主要语句及其功能

1）运动语句

MOVE 语句用来描述机器人由初始位姿到目标位姿的运动。定义了 barm 为蓝色机械手，yarm 为黄色机械手。为了保证两台机械手不使用时能处于平衡状态，AL 语言定义了相应的停放位置 bpark 和 ypark。

基本的 MOVE 语句具有如下形式：

MOVE<机械手>TO<目的地><修饰子句>

例如，要求在任意位置的蓝色机械手运动到停放位置，所用的语句是：

MOVE barm TO bpark;

要求在 4 s 内将蓝色机械手移动到停放位置，所用的语句是：

MOVE barm TO bpark WITH DURATION＝4 * seconds;

要求蓝色机械手从当前位置向下移动 2 in，所用的语句是：

MOVE barm TO @－2 * zhat * inches;（语句中的符号“@”表示当前位置）

2）手爪控制语句

手爪控制语句的一般形式为：

OPEN <手爪>TO <开度>

CLOSE <手爪>TO <开度>

3）控制语句

与 PASCAL 语言类似，控制语句有下面几种：

IF<条件>THEN<语句>ELSE<语句>

WHILE<条件>DO<语句>

CASE<语句>

DO<语句>UNTIL<条件>

8.4.2 VAL 3 语言

VAL 3 语言是 Staubli 收购了 Unimation 公司后，发展起来的机器人编程语言，是一种在工业安装操作应用范围内控制史陶比尔(Staubli)机械手的高级编程语言。

1. 主要特征

VAL 3 语言具备了标准实时信息语言的大部分可能性，并增加了在机械手方面的控制功能:机械手控制工具,几何模型设计工具,程序输入输出控制工具。

VAL 3 语言由软件应用组成。一个 VAL 3 软件应用包括程序和数据,一个 VAL 3 软件应用也可以引用其他被用作库或作为用户类型定义的软件应用。软件应用程序是机械手编制程序的独立软件,该机械手与 CS8 控制器相连。一个 VAL 3 应用程序包括:语句组、总体变量表、程序库。参数(长度单位、执行存储器的大小)可用来设置一个 VAL 3 应用程序,但这些参数不能通过 VAL 3 指令访问,只能通过 CS 8 控制器的用户界面进行更改。

只有当一个应用程序包含一个 start( )程序和 stop( )程序时才能启动,控制器 CS 8 管理一个 VAL 3 软件应用的启动,一次只能启动一个 VAL 3 软件应用。当一个 VAL 3 软件应用运行时,它的 start( )程序被执行,最后一项任务完成时,VAL 3 软件应用自动停止,然后就执行 stop( )程序。如果仍有任务未执行,由程序库创建的所有任务便都按照其被创建时的相反顺序被一一删除。

2. 数据类型

1) 简单类型

(1) bool 类型　bool 类型的常量或变量的可能数值为 true 或 false,在默认情况下,一个 bool 类型变量的初始值为 false。

(2) num 类型　num 类型可建立一个大约 14 个有效数字的数值。因此,每次数字计算最多精确到 14 个有效数字。

(3) string 类型　string 类型变量可以储存文本,支持标准 Unicode 字符集。一个字符串以 128 字节保存,一个字符串的字符最大数量由所用的字符决定。因此,一个 ASCII 字符串的最大长度为 128 个字符,中文字符串的最大长度为 42 个字符。

(4) dio 类型　dio 类型变量用于将一个 VAL 3 应用与系统的数字输入/输出联系起来,系统默认初始值是一个不确定的链路。因此,所有使用 dio 类型的变量,没有与一个在系统中申明的输入/输出链接的指令均会产生一个执行错误。

(5) aio 类型　aio 类型变量允许将一个 VAL 3 应用与系统的模拟输入/输出联系起来。

(6) sio 类型　sio 类型用于将一个 VAL 3 变量与一个串行口或一个 Ethernet socket connection 连接起来。系统输入输出串口一直是激活的,在 VAL 3 程序进行读或写访问时,Ethernet socket connection 接口打开;当 VAL 3 软件应用停止时,Ethernet socket connection 接口就自动关闭。sio 变量系统默认初始值是一个不确定的链路,因此,没有与一个在系统中申明的输入/输出链接时会产生一个执行错误。sio 输入输出特性:在系统中被定义的专用于通信类型的参数;字符串的最后一个字符,用于 string 类型的使用;一个通信的超时等待。

2) 结构类型

一个结构类型集合了多个简单类型而形成一个新的、更高级别的类型,每个子类型都有一个名称,可以作为一个结构字段单独对它们进行访问。VAL 3 支持的结构类型如下。

(1) trsf 类型用于描述一个平面直角坐标系相对另一个坐标系的位置和方向。其字段如下:

num x	x 轴的平移
num y	y 轴的平移
num z	z 轴的平移

num rx　　绕 x 轴旋转

num ry　　绕 y 轴旋转

num rz　　绕 z 轴旋转

x,y,z 用长度单位表示(英寸或毫米),rx,ry,rz 用度表示。trsf 类型系统初始化时默认值为{0 0 0 0 0 0}。

(2) frame 类型用来定义在自动化设备中的参考坐标系位置。只有一个可访问的字段：

trsf trsf　　在参考坐标系中的坐标系

一个 frame 类型变量的参量坐标系统在它初始化时被定义。

(3) tool 类型用来定义一个安装在机器人上的工具的几何形状和动作。其字段为：

trsf trsf　　在它的基本工具中的工具中间点的位置

dio gripper　　用于启动工具的输出

num otime　　打开工具的时限(s)

num ctime　　关闭工具的时限(s)

(4) point 类型用于定义在自动化装置中机器人的工具的位置和方向。其字段如下：

trsf trsf　　参考坐标系中点的位置

config config　　用于到达目标位置的手臂设置

(5) joint 类型用于定义机械手每个旋转轴的角度位置和每个线性轴的线性位置。其字段为：

num j1　　轴 1 的角度位置或线性位置

num j2　　轴 2 的角度位置或线性位置

num j3　　轴 3 的角度位置或线性位置

num j…　　轴…的角度位置或线性位置

一个 joint 类型变量的域默认初始值为 0。

(6) config 类型用于机器人的手臂设置,用来给一个给定的笛卡儿位置定义允许的形态,它取决于使用的机器人手臂的类型。对于 staubli RX/TX 机器人手臂,其域按顺序如下：

shoulder　　肩部姿态

elbow　　肘部姿态

wrist　　腕部姿态

对于 staubli RS/TS 机器人手臂,config 类型仅限于 shoulder 字段。

(7) mdesc 类型用于机器人的运动参数(速度、加速度、混合),其字段顺序如下：

num accel　　最大允许关节加速度,以机器人的额定加速度的%表示

num vel　　最大允许关节速度,以机器人的额定速度的%表示

num decal　　最大允许关节减速度,以机器人的额定减速度的%表示

num trel　　工具中心点的最大允许平移速度,用毫米/秒或英寸/秒表示

num rvel　　工具中心点的最大允许旋转速度,用度/秒表示

blend blend　　混合模式：off(无混合),joint 或 cartesian(混合)

num leave　　在混合模式 joint 和 cartesian 中,在混合开始的目标点和下一个目标点之间的距离,用毫米或英寸表示

num reach　　　　在混合模式 joint 和 cartesian 中，在混合停止的目标点和下一个目标点之间的距离用毫米或英寸表示；

默认时，一个 mdesc 类型变量用{100,100,100,9999,9999,joint,50,50}来初始化。

3）用户类型

VAL 3 语言还支持用户类型。一个用户类型可以将简单类型、结构类型，甚至其他用户类型组合成一个新的数据类型。用户类型是在一个 VAL 3 应用中定义的结构类型，它可以作为一个标准类型用在应用中，用户类型增加程序的抽象层次，使它们更容易理解、开发和维护。

8.4.3 IML 语言

IML 是一种着眼于末端执行器的动作级语言，由日本九州大学开发而成。IML 语言的特点是编程简单，能人机对话，适合于现场操作，许多复杂动作可由简单的指令来实现，易被操作者掌握。

IML 用直角坐标系描述机器人和目标物的位置和姿态。坐标系分两种：一种是机座坐标系，一种是固连在机器人作业空间上的工作坐标系。语言以指令形式编程，可以表示机器人的工作点、运动轨迹、目标物的位置及姿态等信息，从而可以直接编程。往返作业可不用循环语句描述，示教的轨迹能定义成指令插到语句中，还能完成某些力的施加。

IML 语言的主要指令有：运动指令 MOVE、速度指令 SPEED、停止指令 STOP、手指开合指令 OPEN 及 CLOSE、坐标系定义指令 COORD、轨迹定义命令 TRAJ、位置定义命令 HERE、程序控制指令 IF…THEN、FOREACH 语句、CASE 语句及 DEFINE 等。

8.5 机器人的示教编程

8.5.1 示教编程特点

目前，大部分机器人应用仍采用示教编程方式，示教编程一般可分为手把手示教编程和示教器示教编程两种方式。

手把手示教编程：操作人员利用示教手柄引导末端执行器经过所要求的位置，同时由传感器检测出机器人各关节处的坐标值，并由控制系统记录、存储，实际工作时，机器人的控制系统会重复再现示教过的轨迹和操作。这种编程方式主要用于喷漆、弧焊等要求实现连续轨迹控制的工业机器人。

示教器示教编程：操作人员通过示教器，手动控制机器人的关节运动，使机器人运动到预定的位置，同时将该位置进行记录，并传递到机器人控制器中，之后的机器人可根据指令自动重复该任务。这种编程方式主要集中在搬运、码垛、焊接等领域。

示教编程的优点：编程门槛低、简单方便、不需要环境模型；对实际的机器人进行示教时，可以修正机械结构带来的误差。常应用在一些简单、重复、轨迹或定位精度要求不太高的作业中。

示教编程的缺点：示教在线编程过程烦琐、效率低；精度完全是靠示教者的目测决定，而且对于复杂的路径示教在线编程难以取得令人满意的效果。

8.5.2 示教编程举例

下面以安川 NX100 机器人搬运为例，说明示教器编程。

搬运工件的程序点如图 8-2 所示。程序点 1(5、10)——初始位置；程序点 2——抓取位置附近(抓取前)；程序点 3——抓取位置；程序点 4——抓取位置附近(抓取后)；程序点 6——放置位置附近(放置前)；程序点 7——放置辅助位置；程序点 8——放置位置；程序点 9——放置位置附近(放置后)。

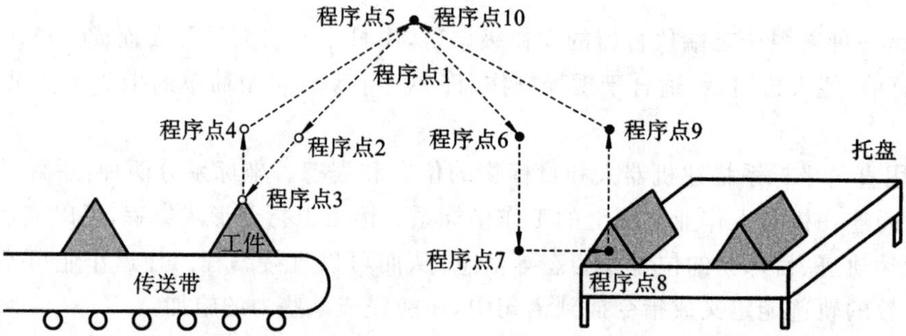

图 8-2　搬运工件程序点示意图

1. 示教前的准备

(1) 把动作模式设定为示教模式，确认模式旋钮对准"TEACH"；

(2) 按"伺服准备"键，接通伺服电源；

(3) 在主菜单选择"程序"，在子菜单选择"新建程序"；

(4) 显示新建程序画面后，按"选择"键；

(5) 显示字符输入画面后，输入程序名，按"回车"键后登录；

(6) 光标移动到"执行"上，按"选择"键，程序登录，画面上显示该程序，"NOP"和"END"命令自动生成。

2. 示教

1) 程序点 1

(1) 把机器人移动到空旷的位置，握住安全开关，接通伺服电源，用轴操作键把机器人移动到适合作业装备的位置；

(2) 按"插补方式"键，把插补方式设定为关节插补；

(3) 光标放在行号 0000 处，按"选择"键；

(4) 把光标移动到右边的"VJ=＊.＊＊"上，按"转换"键的同时按光标键，设定再现速度，如设为 25%；

(5) 按"回车"键，输入程序点 1(行 0001)，编辑界面如下：

```
0000          NOP
0001          MOVJ VJ= 25.00
0002          END
```

2）程序点 2

(1) 用轴操作键设置机器人可能抓取工件的姿态，选取机器人在接近工件时不与工件发生干涉的方向、位置；

(2) 按“回车”键，输入程序点 2，界面如下：

```
0000          NOP
0001          MOVJ VJ= 25.00
0002          MOVJ VJ= 25.00
0003          END
```

3）程序点 3

(1) 按手动速度键，让状态显示区显示中速；

(2) 用轴操作键把机器人移动到抓取位置，保持程序点 2 的姿态不变；

(3) 按“插补方式”键，设定插补方式为直线插补“MOVL”，输入缓冲行显示“MOVL V=11.0”；

(4) 光标位于行号处，按“选择”键，并移动光标到“V=11.0”上，按“选择”键，使之成为数值输入状态，输入希望的速度，比如 100 mm/s，再按“回车”键；

(5) 按“回车”键，输入程序点 3，界面如下：

```
0000          NOP
0001          MOVJ VJ= 25.00
0002          MOVJ VJ= 25.00
0003          MOVL V= 100.0
0004          END
```

(6) 按“抓手 1 通/断”键，输入缓冲行显示“HAND 1 ON”，按“回车”键，输入“HAND”命令；

(7) 按“命令一览”键，显示命令一览，把光标移动到“控制”上，按“选择”键，然后把光标移动到“TIMER”上，按“选择”键，缓冲行显示“TIMER T=1.00”；

(8) 把光标移动到“T==1.00”上，按“选择”键，成为数值输入状态，输入所希望的值，比如 0.5 s，按“回车”键；

(9) 按“回车”键，输入“TIMER”命令，再次按“命令一览”键。

4）程序点 4

(1) 用轴操作键把机器人移动到抓取位置附近，移动时，选择与周边设备和工具不发生干涉的方向、位置(通过位于抓取位置正上方，和程序点 2 在同一位置也没关系)；

(2) 光标位于行号处，按“选择”键，输入缓冲行显示“MOVL V=11.0”，把光标移动到“V=11.0”上，按“选择”键，使之成为数值输入状态，输入希望的速度，这里取 100 mm/s，按“回车”键；

(3) 按“回车”键，输入程序点 4，编辑界面如下：

```
0000        NOP
0001        MOVJ VJ= 25.00
0002        MOVJ VJ= 25.00
0003        MOVL V= 100.0
0004        HAND 1 ON
0005        TIMER T= 0.5
0006        MOVL V= 100.0
0007        END
```

5) 程序点 6

(1) 用轴操作键设定机器人放置工作的姿态，在机器人接近工作台时，选择把持的工件与堆积的工件干涉的场所，并决定放置位置(通常放置在辅助位置的正上方)；

(2) 按“插补方式”键，设计插补方式为关节插补，输入缓冲行显示“MOVJ VJ=0.78”；

(3) 光标位于行号处，按“选择”键，在输入缓冲行把光标移动“VJ=0.78”上，按“转换”键的同时按光标键，设定再现速度，比如设定 25%；

(4) 按“回车”键，输入程序点 6，编辑界面如下：

```
0000        NOP
0001        MOVJ VJ= 25.00
0002        MOVJ VJ= 25.00
0003        MOVL V= 100.0
0004        HAND 1 ON
0005        TIMER T= 0.5
0006        MOVL V= 100.0
0007        MOVJ VJ= 25.00
0008        MOVJ VJ= 25.00
0009        END
```

6) 程序点 7

(1) 为避免工件放置时与已放置的工件发生干涉，设置一个辅助位置，姿态与程序点 6 相同；

(2) 按“插补方式”键，设定插补方式为直线插补“MOVL”，并设置希望的速度 100 mm/s，并按“回车”键；

(3) 按“回车”键，输入程序点 7，编辑界面如下：

```
0000        NOP
0001        MOVJ VJ= 25.00
0002        MOVJ VJ= 25.00
0003        MOVL V= 100.0
0004        HAND 1 ON
```

```
0005          TIMER T= 0.5
0006          MOVL V= 100.0
0007          MOVJ VJ= 25.00
0008          MOVJ VJ= 25.00
0009          MOVL V= 100.0
0010          END
```

7) 程序点 8

(1) 按手动速度键，让状态显示区显示中速；

(2) 用轴操作键把机器人移到放置位置，保持程序点 7 的姿态不变；

(3) 光标位于行号处，按“选择”键，在输入缓冲行，把速度设定为 50.0 mm/s；

(4) 按“回车”键，输入程序点 8，编辑界面如下：

```
0000          NOP
0001          MOVJ VJ= 25.00
0002          MOVJ VJ= 25.00
0003          MOVL V= 100.0
0004          HAND 1 ON
0005          TIMER T= 0.5
0006          MOVL V= 100.0
0007          MOVJ VJ= 25.00
0008          MOVJ VJ= 25.00
0009          MOVL V= 100.0
0010          MOVL V= 50.0
0011          END
```

(5) 按“抓手 1 通/断”键，将光标移到输入缓冲行“HAND 1 ON”的“ON”上，按“转换”键的同时按光标键，直到显示为“OFF”，修改通断方式；

(6) 按“回车”键，输入“HAND”命令；

(7) 按“命令一览”键，将光标移动到缓冲行显示“TIMER T=1.00” 的“T=1.00”上，输入所希望的值，这里取 0.5 s，按“回车”键；

(8) 按“回车”键，输入“TIMER”命令，再次按“命令一览”键。

8) 程序点 9

(1) 用轴操作键把机器人移动到放置位置附近，选择工件和工具不干涉的方向、位置(通常是在放置位置的正上方)；

(2) 光标位于行号处，按“选择”键，在输入缓冲行，把速度设定为 100.0 mm/s；

(4) 按“回车”键，输入程序点 9，编辑界面如下：

```
0000        NOP
0001        MOVJ VJ= 25.00
0002      MOVJ VJ= 25.00
0003        MOVL V= 100.0
0004        HAND 1 ON
0005        TIMER T= 0.5
0006        MOVL V= 100.0
0007        MOVJ VJ= 25.00
0008        MOVJ VJ= 25.00
0009        MOVL V= 100.0
0010        MOVL V= 50.0
0011        HAND 1 OFF
0012        TIMET T= 0.5
0013        MOVL V= 100.0
0014        END
```

3. 轨迹和动作确认

(1) 把模式旋钮旋至“PLAY”，设定为再现模式；

(2) 在主菜单中选择“实用工具”，再选择“设定特殊运行”，设定为“限速运行”为有效，限速运行时，所有动作都以低于示教模式限制速度(通常为 250 mm/s)动作，速度低于限制速度的程序点按示教速度动作；

(3) 确定周围环境安全，按启动键，确认机器人正确运行；

(4) 如果搬运轨迹合适，便以实际速度运行，“限速运行”处于“无效”状态时，机器人以示教的速度运行。

8.6 机器人离线编程及其系统

机器人是一个可以进行编程的智能机械装置，机器人编程能力的提高能提高机器人的智能性。随着机器人应用范围的扩大，机器人要完成的作业任务的难度也越来越高，合理并有效地编制好机器人的作业任务显得十分重要。示教再现的编程方法由于操作简单可行使其得到了广泛的应用，但在实际应用中也存在一些问题。

(1) 机器人示教的精度难以保证，而在遇到复杂路径的情况时更难以达到比较好的示教效果；

(2) 机器人的示教再现编程过程非常烦琐，经常需要反复示教才能达到效果；

(3) 对于要参考外部变化信息而进行路径规划应用的情况，再现编程难以解决。

机器人离线编程利用计算机图形学的成果，建立起机器人及其工作环境的几何模型，再利用一些规划算法，通过对图形的控制和操作，在离线的情况下进行轨迹规划。通过对编程结果进行三维图形动画仿真，以检验编程的正确性，最后将生成的代码传到机器人控制系统，以控制机器人运动,完成给定任务。

离线编程在机器人领域有很大的发展空间,其研究方向已经引起很多研究人员的重视。随着科技的进步,机器人离线编程将成为机器人领域的发展方向。

8.6.1 机器人离线编程的特点

离线编程系统可以使机器人的安全性得到增强,使机器人工作的时间得到增加。离线编程也是机器人编程语言的一种拓展,通过此系统可以使CAM/CAD与机器人之间建立起相应的联系。

离线编程系统是在机器人系统中的图形模型的基础上对机器人实际工作环境进行模拟的情况下来完成编程的,所以为了让编程的结果可以更加符合实际情况,系统可以自行计算出实际模型与仿真模型间所存在的误差,并使两者的误差尽可能减小。

离线编程克服了在线示教编程的很多缺点,充分利用了计算机的功能,减少了编写机器人程序所需要的时间成本,同时也降低了在线示教编程的不便。离线编程具有以下优点。

(1) 增加了机器人的正常工作时间,当需要对其他的任务编程时,机器人仍然可以在现在的作业上正常工作,互不打扰,提高了机器人利用率,进而提高生产线工作效率,适宜小批量、柔性化生产;

(2) 可以利用高级语言对复杂作业编程,并自动规划最优路径;

(3) 可以使编程人员远离具有危险的现场环境;

(4) 便于与系统集成,机器人与系统结合,达到机器人与CAD/CAM的一体化;

(5) 修改机器人的程序将十分方便。

8.6.2 机器人离线编程系统的组成

机器人离线编程系统的组成框图如图8-3所示,主要由用户接口、机器人系统的三维几何构造、运动学计算、轨迹规划、动力学仿真、传感器仿真、并行操作、通信接口和误差的校正等九部分组成。

1. 用户接口

用户接口是计算机和操作人员之间信息交互的唯一途径,直接决定离线编程系统的优劣。因此在设计离线编程系统方案时,建立的用户接口要方便实用、界面直观,以方便快捷地进行人机交互。离线编程的用户接口一般要求有图形仿真界面和文本编辑界面:图形仿真界面用于对机器人及环境的图形仿真和编辑;文本编辑界面用于对机器人程序的编辑、编译等。用户可以通过操作鼠标等交互工具改变屏幕机器人及环境几何模型的位置和姿态。通过通信接口,联机至用户接口可以实现对实际机器人的控制,使之与屏幕机器人的位姿一致。

2. 机器人系统的三维几何构造

三维几何构造是离线编程的特色之一,正是有了三维几何构造模型才能进行图形和环境的仿真。构造三维几何模型时最好将机器人系统进行适当简化,仅保留其外部特征和构件间的相互关系,忽略构件内部细节,因为三维构造的目的不是研究构件其内部结构,而是用图形方式模拟机器人的运动过程,检验运动轨迹的正确性和合理性。

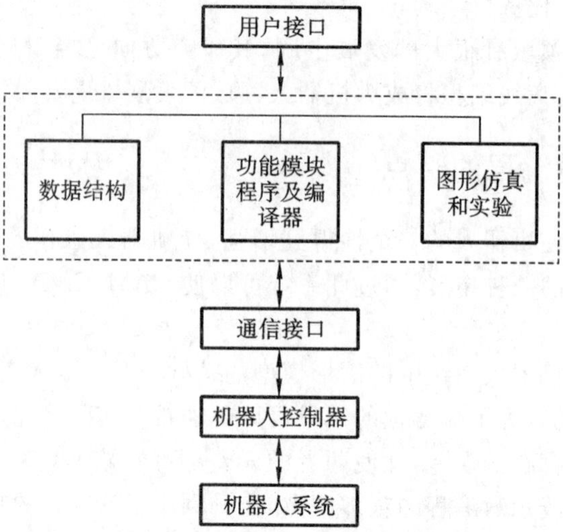

图 8-3　机器人离线编程系统的组成框图

三维几何构造的核心是机器人及其环境的图形构造。构造工作单元中的机器人、夹具、零件和工具的三维几何模型，最好采用现成的 CAD 模型，直接从 CAD 系统获得，可实现 CAD 数据共享。

三维几何构造的方法有结构立体表示、扫描变换表示和边界表示三种。结构立体几何表示所覆盖的形体较多；扫描变换表示便于生成轴对称图形；边界表示便于形体的数字表示、运算、修改和显示。进行机器人的三维几何构造时，一般采用这三种方法的综合。

三维几何构造时要考虑用户使用的方便性，构造后要能够自动生成机器人系统的图形信息和拓扑信息，便于修改，并保证构造的通用性。

3. 运动学计算

运动学计算分两部分：运动学正解和运动学逆解。正解是给出机器人运动参数和关节变量，计算机器人末端位姿；反解则是由给定的末端位姿计算相应的关节变量值。在离线编程系统中，应具有自动生成运动学正解和逆解的功能。

就机器人正逆解而言，是一个复杂的数学运算过程，尤其是逆解需要解高阶矩阵方程，求解过程非常繁复，而且每一种机器人正、逆解的推导过程又不相同。所以在机器人的运动学求解中人们一直在寻求一种正、逆解的通用求解方法，以能适用于大多数机器人的求解。

4. 轨迹规划

离线编程系统除了对机器人运动学计算外，还应该对机器人在工作空间的运动轨迹进行仿真。机器人的运动轨迹分为两种类型：①自由运动，只对初始状态和目标状态运动参数进行定义，而对中间过程的运动参数无任何要求，离线编程系统自动选择一条最佳路径来实现运动要求；②对路径形态有要求的运动，离线编程系统为实现其运动要求，轨迹规划器接收路径设定和约束条件输入，按照路径形态和误差的要求用插补方法求出起点和终点之间按时间排列的中间形状（位姿、速度、加速度）序列，在路径控制中，离线编程系统还应具备可达空间的计算、碰撞的检测等功能。

5. 动力学仿真

当机器人的负载较轻或空载时，离线编程系统根据运动轨迹要求确定的机器人运动轨迹，不会因机器人的动力学特性变化而产生太大的误差。但当机器人处于高速或重载的情况下，则必须要考虑机器人动力学特性，需要对轨迹规划进行机器人动力学仿真，对过大的轨迹误差进行修正。

6. 传感器仿真

对传感器进行构型、传感器信号的仿真及误差校正也是离线编程系统的重要内容。

传感器的功能可以通过几何图形仿真。比如，触觉信息的获取可将触觉阵列的几何模型分解成一些小的几何块阵列，然后通过对每一几何块和物体间干涉的检查，并将所有和物体发生干涉的几何块用颜色编码，通过图形显示可以得到接触的信息；接近觉传感器的几何模型可用一长方体表示，长方体的大小即为传感器所测的范围，将长方体分块，每一块表示传感器所测距离的一个单位，通过计算传感器模型的每一块和外界物体相交的集合进行接近觉的仿真。

7. 并行操作

一些机器人应用场合需要两台或两台以上的机器人协调作业，另外，即使是一个机器人工作时，也常常需要和传送带、变位机及视觉系统等同步配合，因此，离线编程系统应能够对多个装置工作进行仿真，提供同一时刻对多个装置进行仿真的技术，即平行操作。

8. 通信接口

在离线编程系统中，通信接口起着连接软件系统和机器人控制柜的桥梁作用，利用通信接口，可以把仿真系统所生成的机器人运动程序转换成机器人控制柜可以接收的代码。目前，不同的机器人生产厂家所使用的机器人语言差异比较大，给离线编程系统的通用性带来很大的限制。所以接口的标准化是通信接口的发展方向。

9. 误差校正

由于离线编程系统中机器人的仿真模型与实际的机器人模型之间存在误差，因此离线编程系统中误差校正环节是必不可少的。

误差产生的原因很多：

(1) 机器人的几何精度误差；

(2) 动力学变形误差；

(3) 控制机及离线编程系统的字长；

(4) 控制算法；

(5) 工作环境。

如何有效地消除误差，是离线编程系统实用化的关键。

8.6.3 离线编程系统的发展

机器人离线编程系统的研究有了很大的进步，很大程度上满足了工业生产的需求，但是离线编程的实用化程度不深，仍有很多技术需要进一步研究。

(1) 机器人离线编程中人机接口的研究和应用。友好的人机界面、直观的仿真演示及人性化的语言信息都是必需的。

(2) 机器人运动学研究。要充分考虑到运动学逆解、多解问题。

(3) 各种轨迹规划算法的进一步研究。规划一方面要考虑到环境的复杂性、运动性和不确定性，另一方面又要充分注意计算的复杂性。

(4) 错误检测和修复技术。系统执行过程中发生错误是难免的，应对系统的运行状态进行检测以监视错误的发生，并采用相应的修复技术。此外，最好能达到错误预报，以避免不可恢复动作错误的发生。

(5) 仿真精度的提高。研究更加实用的误差标定方法，结合辅助设备，如视觉传感器系统扫描工作车间，自动建立工作空间模型，自动采集模型数据，提高建模精度。采用传感器实时检测机器人，自动补偿误差。

本章小结

本章内容对机器人语言与编程做了系统的介绍，了解机器人语言系统的构成和目前常用的几种机器人语言。虽然由于各种原因现阶段机器人的程序还不具备通用性，但其程序的结构、命令的功能及程序编制的基本方法类似。只要掌握了一种机器人的编程方法，其他机器人的编程也较为容易掌握。通过示教编程实例，理解示教编程特点。示教再现的编程方法由于操作简单而得到了广泛的应用，但在实际应用中也存在一些问题，离线编程克服了在线示教编程的很多缺点，充分利用了计算机的功能，对机器人编程语言进行拓展，可以使 CAM/CAD 与机器人之间建立起相应的联系。随着科技的进步，机器人离线编程将成为机器人领域的发展方向。

习　　题

1. 从描述操作命令的角度来看，机器人编程语言的水平可分为哪几级？
2. 机器人编程语言系统的基本功能是什么？
3. 试述机器人示教编程的过程及特点。
4. 机器人离线编程的系统组成有哪些？

第9章　机器人应用及发展趋势

9.1　机器人应用

9.1.1　工业机器人应用

我国工业机器人市场需求的持续增长促使产量数据颇为可观。根据工信部数据，2015 年我国工业机器人产量约为 3.3 万台，2016 年达到 7.24 万台，增长 119.50%；2017 年超过 13 万台，增长 81%。未来，随着政策红利进一步释放，产业短板逐步得到弥补，市场体系不断完善，我国工业机器人的发展前景仍然值得期待。根据 IFR 统计，2016 年全球共销售了 29 万台工业机器人，主要应用于汽车、电子、金属、化学/塑料等领域的搬运、焊接、组装等流程中，其中，我国市场工业机器人消费量为 8.89 万台，占全球的 30%。2017 年全球共销售了 38 万台工业机器人，我国市场的消费量为 13.8 万台，超过全球总销量的三分之一。

从应用情况来看，在国内，汽车行业是工业机器人最大的应用行业，比亚迪、吉利、上海通用、上海大众、广州本田、长安福特及奇瑞等多个国内外领先汽车制造商的生产线上都已广泛应用了工业机器人。

预计未来 10～20 年内，工业机器人的市场潜力和应用规模都将持续增长。促进发展的有利因素主要有以下几个方面。一是中国工业结构升级步伐加快，且国家政策重点支持。随着“中国制造 2025”的正式出台，中国制造业产业结构调整将不断深化，工业机器人作为先进制造业中不可替代的重要装备，已成为衡量一个国家制造业水平和科技水平的重要标志，国家各部委十分重视工业机器人的研发。工信部重点扶持以工业机器人为代表的智能制造，实现中国高端装备制造的重大跨越。二是批量产品质量均一性和生产效率要求提升。今后应用企业将对生产线提出更多的柔性和敏捷性要求，而工业机器人的大规模应用正好可以满足要求。三是工业机器人应用范围逐渐扩大。目前已覆盖到工程机械、轨道交通、低压电器、电力、IC 装备、军工、烟草、金融、医药、冶金及印刷出版等众多行业，应用潜力无限。四是中国人口红利对经济发展的驱动力减弱，劳动力成本上升。中国工业经济增速放缓，新型工业化道路大趋势逐渐清晰，原先廉价的劳动力成本上涨，产品制造要求逐渐提高，工业机器人的大范围应用可降低生产成本。

从行业结构变化趋势来看，目前，汽车、电子工业仍是国内工业机器人主要应用领域，其市场占比将保持领先优势，但随着各应用领域的不断拓展，汽车和电子工业的占比份额将有所下降，预计每年占比份额将下滑 1～2 个百分点。而市场份额相对较小的应用领域，比如塑料橡胶、食品、军工、医药设备、轨道交通等领域的市场占比将适当增长。近年来国家十分重视环保和民生问题，塑料橡胶等高污染行业、民生相关的食品饮料以及制药行业，机器人作为实现自动化、绿色化生产的重要工具，能帮助相关企业进行产业结构调整，机器人的应用将不断深化细化。

从区域结构变化趋势来看，东南沿海各省产业基础丰厚、经营思想先进、资金优势明显、用工成本不断上涨、机器换人进程稳步推进；东北、华北、西北区域在各地方政府的逐渐重视下，应用数量占比有不同程度的增加，华北和东北地区占比增幅较大，预计平均每年实现 1 个百分点的增长，西北、西南市场份额也将有所增加。

9.1.2 服务机器人应用

德国国际机器人联合会(IFR)发布的《世界机器人——服务机器人 2017》市场报告指出，服务机器人的增长速度远远超过了其他类型机器人。到 2020 年，家庭或个人使用的服务机器人销量将会达到 4000 多万台，服务机器人企业数量也在逐渐增长。

服务型机器人包含了除工业机器人以外的所有机器人。工业机器人具有高速、准确完成某一动作的特征，而服务机器人在样式和功能上与工业机器人均有很大不同，其市场范围也比工业机器人更加广泛。许多行业报告都会将专业服务机器人(如应用于军事或医疗中的机器人)和家庭及个人用机器人(如智能真空吸尘器和智能玩具)区分开来。家庭和个人用机器人设计简单、价格较低，目前年销量高达数百万台；专业服务机器人设计更为复杂，价格更高，目前每年的销量约数万台。

农业机器人(如拥有挤奶系统的机器人)占了大约 1/10 的专业服务机器人市场份额，医疗服务机器人是服务机器人中最贵的一种机器人，外骨骼康复机器人是专业服务机器人中比较特殊的一种机器人，主要用途是帮助病人康复行走或减轻病人承载自身的体重。专业服务机器人市场需求增长最快的是用于物流行业的自动导引车(AGV)机器人。

家用/个人用机器人的主要用途是家务劳动，如吸尘和修剪草坪等；另一类发展较快的家用/个人用机器人是娱乐机器人(如智能玩具)。

随着服务机器人应用领域日益扩展，与人类的互动将更为频繁，服务机器人的发展依赖于控制系统。深度学习算法以及计算机视觉、机器学习、智能语音等多种智能算法的应用，使得服务机器人的机器视觉、人机交互能力以及基于大数据的机器学习能力等方面的人工智能水平也将呈现质的飞跃，甚至具有“人格化”的特征。近年来，全球服务机器人在技术和需求均全面爆发，伴随着机器人的扶持政策逐渐出台，行业快速发展，服务机器人的市场增长速度远远超于其他种类机器人。

9.1.3 空中机器人应用

自 2015 年起，无人机行业可谓风头强劲，国内外一时间涌现了大大小小无数无人机企业。可以说，无人机已成为一面创业“金招牌”。无人机行业的兴起，加上被一致看好的行业前景，吸引了大量投资者的涌入。尤其是当美国监管机构允许无人机有限商业运营之后，更是加快了全球资本进入无人机的速度。当前，除了大疆(见图 9-1)之外，国内外还有多家涉及无人机业务的知名企业以及初创企业。

图 9-1 大疆无人机

有“空中机器人”之称的无人机，能够在无人驾驶的条件下完成各种复杂的空中飞行和负载任务，其研发、制造、应用是衡量一个国家科技创新和高端制造业水平的重要标志。在消费级无人机行业，中国可谓当之无愧的“领飞者”。业内专家表示，智能化、小型化、编队化将成为民用无人机未来的发展方向。以编队化为例，对于航拍无人机来说，编队飞行可以在立体空间内快速采集多角度影像资料；对物流无人机来说，编队飞行可以更加灵活地派送货物甚至协力运输。

9.1.4 医疗及康复机器人应用

目前，医疗机器人的实际应用主要集中在外科手术领域，具体来说，医疗机器人在脑神经外科、心脏修复、胆囊摘除手术、人工关节置换、整形外科、泌尿科手术等方面得到了广泛的应用。

迄今为止，人类在医用机器人研制上已有所建树，其中较著名的当属美国研发的“达·芬奇系统”，如图 9-2 所示。这种手术机器人得到了美国食品和药物管理局认证，它拥有 4 只机械触手。在医生操纵下，“达·芬奇系统”可以精确完成心脏瓣膜修复手术和癌变组织切除手术。

随着技术的发展，机器人将向医疗的各个领域渗透，将涵盖外科手术、医院服务、助残、家庭看护和康复等层面，开创临床医学的新天地，各种新型医用机器人机构、新型手术工具、医学图像采集和处理技术、远程信息传输技术、智能传感器、智能轮椅、智能康复设备及其他相关技术等仍是研究热点。

9.1.5 教育机器人应用

当前，机器人教育的理念正在世界各地不断发酵。据世界教育机器人大赛(WER)资料显示，全球每年有 50 多个国家和地区的 50 多万孩子参加各级选拔赛，而这个数字还在不断扩大之中，这意味着机器人教育背后仍有巨大的市场空间尚待挖掘。

图 9-2　达・芬奇机器人

纵观全球，根据北京师范大学智慧学习研究院发布的《2016 全球教育机器人发展白皮书》，综合目前教育机器人市场产品、产业链与市场规模，全球教育机器人市场规模到 2021 年可能达到 111 亿美元。可以预见，在教育机器人这片未知的蓝海面前，必然会有越来越多的企业、机构和资本纷至沓来，加剧市场竞争的激烈程度。

9.1.6　救援机器人应用

救援机器人，为救援而采取先进科学技术研制的机器人，如地震救援机器人，它是一种专门用于大地震后在地下废墟中寻找幸存者执行救援任务的机器人。这种机器人配备了彩色摄像机，热成像仪和通信系统，还可携带生命探测仪，相当于给生命探测仪装上了腿脚，让它自主进入垮塌建筑内部。但该机器人要由救援人员携带到垮塌建筑附近使用，基于人身安全考虑，作用范围有限，探测不到建筑物的更深处。该机器人携带生命探测仪可以使探测区域大幅提高。下面通过两个实例展开介绍。

1. 废墟洞穴可变形搜救机器人

如图 9-3 所示，由沈阳自动化所在“废墟搜索与辅助救援机器人”课题下研发的废墟搜救可变形机器人，可进入坍塌建筑内部，利用自身携带的红外摄像机、声音传感器将废墟内部的图像、语音信息实时传回后方控制台，供救援人员快速确定幸存者的位置及周围环境。同时，还能为实施救援提供救援通道的信息。

2. 探测呼吸和体温的机器人“Quince”

如图 9-4 所示，由千叶工业大学研制的探测呼吸和体温的机器人“Quince”。这款机器人体积小巧，装配有 4 组履带式轮子以及 6 个电动马达。其机械臂可以递送食物或者其他补给。Quince 最令人感兴趣的地方莫过于传感器。它除了红外感应器同时携带了二氧化碳探测器，能够探测人体呼吸和体温状况，以便及时将被救者身体状况及时反映给救援人员。

图 9-3 废墟搜救可变形机器人

图 9-4 探测呼吸和体温的机器人“Quince”

9.2 未来机器人发展趋势

未来几年，随着“中国制造 2025”等重要发展战略进一步深入实施，制造业转型升级持续推进，我国汽车产业、建筑业、采矿业、农业和公共建设、水利建设等领域机器人应用加快发展，我国工业机器人市场需求还将持续增长。此外，在物流自动化的大趋势下，物流领域的搬运、分拣机器人等细分市场还将迎来较高应用增幅，将推动工业机器人热潮继续升级，市场规模保持稳步增长。

接下来，虽然我国工业机器人产业仍然面临艰巨的发展形势，但是随着国家各项支持政策的加速落地，工业结构调整步伐加快，经济创新驱动力不断增强，我国工业机器人产业的发展还将得到更为有利的支撑。因此，我国工业机器人产业未来发展前景依然十分值得期待。

未来机器人发展具有三个特点。

1. 通用软件平台降低机器人行业门槛

电脑和智能手机的快速普及主要的内在动力就是通用的操作系统和应用软件，机器人也一样。不同的机器人厂商使用的操作系统、中间件以及编程语言各有区别，增加了使用成本和机器人应用范围。通用软件平台（操作系统）将能解决这一问题，让使用机器人像使用智能手机一样便利。

目前通用软件平台有多种，包括微软也推出了商用机器人软件开发平台。应用最广泛的是美国 Willow Garage 公司开发的 ROS，它就像应用在机器人上的安卓系统，配合类似手机 APP 分发渠道的软件开发社区，目前支持 ROS 的机器人已经有 40 多种，包括 FANUC、ABB、安川、ADEPT 等大型企业，未来有很大潜力成为通用的、标准的机器人控制系统。

关于 ROS 的一组数据：2015 年，VC 在基于 ROS 操作系统的机器人公司投资超过 1.5 亿美元。2015 年 5 月全球共有 70000 多个独立 IP 下载了 900 万次 ROS 程序包。截止 2015 年 ROS 开发者社区里面的 1840 位成员一共写出了 1000 万行代码。

2. 人机协作促进机器人普及

人机协作是工业机器人发展的新形态，把人的智能和机器人的高效率结合在一起，共同完成作业；简单来说就是“人”直接用“手”来操作机器人。人机协作是机器人进化的必然选择，特点是安全、易用、成本低，普通工人可以像使用电器一样操作它。

协作机器人和传统工业机器人，就是个人电脑和专业大型计算机的区别。它不再需要非常专业的工程师安装调试和复杂的系统集成，开箱后对普通工人简单培训即可使用。未来传统工业机器人更多用在大批量、周期性强、高节拍的全自动生产线，协作机器人用在个性化、小规模、变动频繁的小型生产线或者人机混线的半自动环境。

协作机器人更深层的意义在于，随着价格的下降，未来 3～5 年有潜力成为中小企业和家庭都能使用的桌面级设备。应用范围也不限于工业，在医疗、农业、服务业也有用武之地，是机器人走向融合的开始。

3. 机器视觉、深度学习让机器人更智能

人工智能首先应用于工业机器人领域，主要就是机器视觉和深度学习。机器视觉是现有的机器人从自动化设备转变为智能机器的一个关键因素。最初是作为机器人的辅助工具，提高柔性和对工作环境的反馈，主要应用于引导和定位、检测和识别等，随着工业大数据和深度学习的发展，未来将使机器视觉成为智能生产系统的主导，做出决策和预判断。

深度学习推动机器人摆脱预编程序的束缚，真正走向智能化。深度学习使机器人可以像人一样通过学习掌握新的技能，适应未知的工作环境。深度学习在工业机器人的应用分为三个层次，①机器人通过试错学会新技能；②多台共享经验提高学习效率；③机器人可以预防并且自行修复故障。目前已经到了第二个阶段。

2016 年是深度学习元年，深度学习走向商业化和开源。Fanuc 和人工智能初创企业 Preferred Networks 合作推出了深度学习机器人，无需工程师调试可自己学会挑选工件。ABB、丰田都在开发基于深度学习的工业产品，国际巨头谷歌、Facebook、特斯拉都宣布开源其深度学习服务。

(4) 产业化。为了让所研发的机器人商品化、实用化，不能仅仅把重点放在单元技术的开发上，首先要把机器人作为一个系统来确定它的功能和所进行的工作内容。以往，许多公司的做法是以公司为主导把研发出来的机器人提供给用户，但是在机器人采购和应用中，必须首先让用户掌握主动权，必须向用户讲明机器人的应用目的。在此基础上，分析机器人所进行的工作和人的动作所处的周边环境，就机器人的作用、功能和成本等进行透彻的论证，来完成机器人的制作，这个过程特别是在机器人普及的初级阶段是不可或缺的。所以，机器人产业化首先应该从容易实现这个过程的领域出发，逐渐地扩大到其他领域。

本章小结

本章结合最新的行业动态介绍了工业机器人、服务机器人、空中机器人、医疗及康复机器人、教育机器人、救援机器人的应用情况，列举了各类机器人应用的实例，接下来又分析了各类机器人在未来的发展趋势及特点。通过本章节的学习读者能够了解各类机器人的应用情况，对机器人行业的发展有一个清晰的认识。

习　　题

1. 论述工业机器人的发展趋势。
2. 论述工业机器人的应用准则。
3. 未来机器人发展有哪些特点?

参考文献

[1] 刘极峰,丁继斌.机器人技术基础[M].北京:高等教育出版社,2015.
[2] 李云江.机器人概论[M].北京:机械工业出版社,2016.
[3] 宋伟刚,柳洪义.机器人技术基础[M].北京:冶金工业出版社,2015.
[4] 周伯英.工业机器人设计[M].北京:机械工业出版社,1995.
[5] 孙杏初,钱锡康.PUMA-262型机器人结构与传动分析[J].机器人,1990,12(5):51-55.
[6] 李云江.机器人概论[M].北京:机械工业出版社,2016.
[7] 郭洪红.工业机器人技术[M].西安:西安电子科技大学出版社,2016.
[8] Saeed B Niku.机器人学导论——分析、控制及应用[M].2版.北京:电子工业出版社,2013.
[9] 吕冬冬,郑松.工业机器人开放式控制系统研究综述[J].电气自动化,2017,39(1):88-91.
[10] 黄剑斌.人机碰撞环境中机械臂的笛卡儿阻抗控制系统研究[D].哈尔滨:哈尔滨工业大学,2009.
[11] 王云飞.基于实时以太网及KRTS的机器人控制系统研究[D].济南:山东大学,2015.
[12] 高明辉,张杨,张少擎,等.工业机器人自动钻铆集成控制技术[J].航空制造技术,2013,56(20):74-76.
[13] 孙树栋.工业机器人技术基础[M]:西安:西北工业大学出版社,2006.
[14] 日本机器人学会.新版机器人技术手册[M].北京:科学出版社,2007.
[15] Whitney DE. Historical perspective and state of the art in robot force control[J]. Proc. 1985 IEEE Conference on Robotics and Automation(1985). 262-268.
[16] Whitney D E. Quasi-static assembly of compliantly supported rigid parts[J]. ASME Journal of Dynamic Systems, Measurement, and Control, 104(1982) pp. 65-77.
[17] Hollis et al. A six degree of Freedom magnetically levitated variable compliance fine motion wrist, Proc. ISRR(1987) pp. 241-248.
[18] S. Iwaki. The optimal location of electromagnets in multiple degree of freedom magnetically suspended actuators, ASME, Journal of DSMC. Vol. 112 (1990) pp. 690—695.
[19] 宋伟刚.机器人学——运动学、动力学与控制[M].北京:科学出版社,2007.
[20] 蔡自兴,谢斌.机器人学[M].3版.北京:清华大学出版社,2000.
[21] 黄真,孔令富,方跃法.并联机器人机构学理论及控制[M].北京:机械工业出版社,1997.

[22] 王洪瑞，李秋，宋维公. 一种柔性结构的模糊控制器应用于并联机器人位置控制系统的研究[J]. 燕山大学学报，1998，22(1)：79-87.
[23] 闻新，周露，王丹力. Matlab 神经网络应用设计[M]. 北京：科学出版社，2001.
[24] 贺利乐. 并联机器人机构的运动性能分析与智能控制[M]. 西安：陕西科学技术出版社，2006.
[25] 蔡自兴，谢斌. 机器人学[M]. 3 版. 北京：清华大学出版社，2015.
[26] 郭彤颖，安东，等. 机器人技术基础及应用[M]. 北京：清华大学出版社，2017.
[27] 谢存禧，张铁. 机器人技术及其应用[M]. 北京：机械工业出版社，2012.
[28] 熊有伦. 机器人技术基础[M]. 武汉：华中科技大学出版社，1996.
[29] 朱世强. 机器人技术及应用[M]. 杭州：浙江大学出版社，2000.
[30] 高国富. 机器人传感器及应用[M]. 北京：化学工业出版社.
[31] 熊有伦，丁汉，刘恩仓. 机器人学[M]. 北京：机械工业出版社，1993.